mechapia
NO.1 Mechapia Technical knowledge portal

治工具 設計製圖 實習

치공구 설계제도 실습

테크노공학기술연구소 저

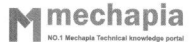

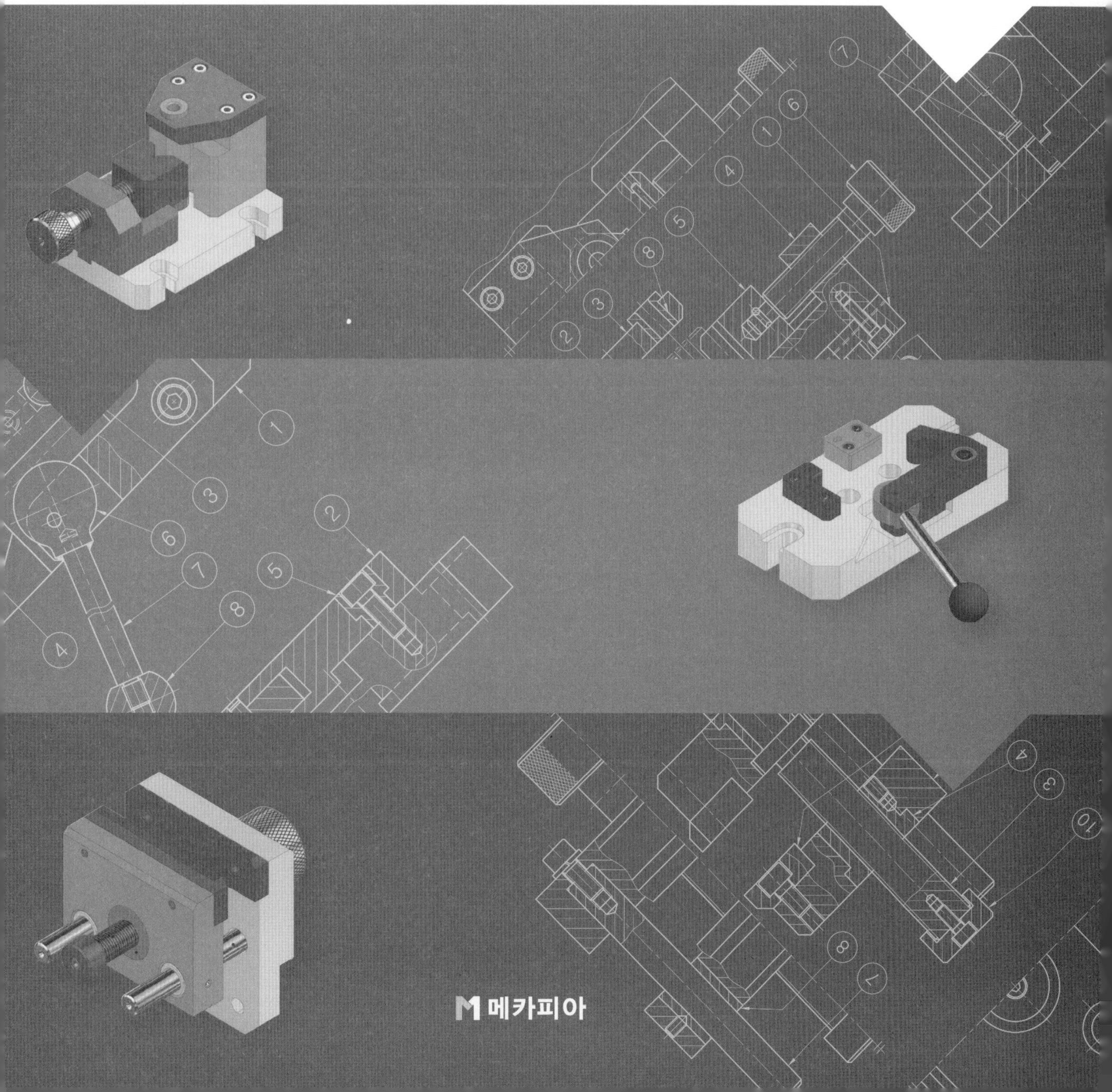

메카피아

治工具設計製圖 實習
치공구설계제도실습

인 쇄	2022년 8월 30일 초판 1쇄 인쇄
발 행	2022년 9월 05일 초판 1쇄 발행
저 자	테크노공학기술연구소 저
발행처	도서출판 메카피아
발행인	노수황
대표전화	1544-1605
주 소	서울특별시 영등포구 국회대로76길 18
	3층 3호(14) (여의도동, 오성빌딩)
전자우편	mechapia@mechapia.com
팩 스	02-6008-9111
제작관리	조성준
기 획	메카피아 편집부
마케팅	영업부
표지 · 편집	포인기획
등록번호	제2014-000036호
등록일자	2010년 02월 01일
ISBN	979-11-6248-147-9 13550
정 가	20,000원

※ 이 책은 저작권법에 의해 보호를 받는 저작물로 무단 전재나 복제를 금지하며,
※ 이 책 내용의 전부 또는 일부를 이용하려면 반드시 저작권자나 발행인의 서면동의를 받아야 합니다.
※ 파본 및 낙장은 구입하신 서점에서 교환하여 드립니다.

Foreword _머리말

우리나라에 치공구(治工具) 기술이 본격적으로 도입된 것은 1970년 초반이라고 하며 예전 일본의 기술서적이나 해외 번역서를 보면 치공구는 '가공에 사용하는 공구와 공작물의 위치결정 및 고정을 실시하는 기구의 총칭'으로 정의하고 있다.

오늘날 치공구(治工具)는 가공 분야뿐만 아니라 자동화를 비롯한 여러 산업 분야에서 치공구의 개념이 널리 보급되어 활용되고 있다. 제품을 제조하는 과정에서 반드시 필요한 수단으로 공작물을 가공하거나 조립하거나 검사하는 등의 공정에서 공작물의 정확한 위치결정 기능과 작업 중에 공작물이 움직이지 않도록 클램핑하는 기능, 공작물의 형상조건에 따른 변형 방지를 위한 지지 및 홀딩하는 기능을 갖춘 것으로 치공구는 공작물을 허용공차 내에서 제조하는데 사용되는 생산용 특수공구(special tool)로 이해하면 크게 무리가 없을 것이다.

이처럼 치공구는 제품의 호환성, 경제성, 생산성을 향상시키는데 필요한 보조기구나 장치로서 크게 지그(Jig)와 고정구(Fixture)로 분류할 수 있는데 이 책을 통해 치공구에 대한 개념을 정확히 이해하고, 관련 기술을 축적해 나가는데 미흡하나마 도움이 될 수 있기를 간절히 바라는 바이다.

안타깝게도 국가기술자격으로 시행되던 치공구설계산업기사가 응시자 저조, 전문교육의 부재 등의 이유로 올해부터 기계설계산업기사와 통합이 되었는데 개인적으로도 상당히 아쉬움이 남는 부분이다.

이 책은 치공구 기술에 대한 올바른 이해와 다양한 치공구설계 도면을 해독하고, 정확한 도면을 작성할 수 있는 능력을 기를 수 있으며, 국가기술자격시험 응시에도 도움이 될 수 있도록 다음과 같이 구성하였다.

- 첫째, 치공구설계 제도 및 도면해독과 작성능력을 기르기 위해 다양한 지그와 고정구 예제 도면을 풍부하게 수록하였다.
- 둘째, 제작도면 작성에 관련된 기계제도법과 KS 규격의 활용 및 치수공차와 끼워맞춤, 기하공차 등을 학습할 수 있도록 구성하였다.
- 셋째, 도면을 이해하기 쉽도록 조립도, 부품도는 물론 3D 모델링 도면을 함께 수록하였으며 2차원 CAD 및 3차원 CAD 실습에도 활용할 수 있도록 하였다.
- 넷째, 기계제도의 규격 및 관련 내용은 최신 개정 ISO 및 KS규격을 기준으로 작성되었으며 이론과 실습을 병행할 수 있도록 배려하였다.

이 책에 수록된 다양한 치공구 도면을 분석하고 CAD 실습을 통해 충실히 학습한다면 관련 기술에 대한 전문 지식을 습득하고, 실무 산업현장에서 요구하는 현장맞춤형 엔지니어로 성장하는데 많은 도움이 될 것으로 기대한다.

끝으로 본서를 출간하는데 여러모로 도움을 주신 도서출판 메카피아 관계자 여러분께 깊은 감사를 드린다.

저자 올림

Contents _목차

PART 01 치공구설계 개요

Section 01 치공구(Jig & Fixture)의 개념 — 10
- Lesson 01 치공구의 정의 — 10
- Lesson 02 치공구의 3요소 — 14
- Lesson 03 치공구의 그룹 테크놀러지(Group Technology)화 — 15
- Lesson 04 치공구 사용 상의 이점 — 16
- Lesson 05 치공구 설계의 기본원칙 — 17

Section 02 치공구의 분류 — 18
- Lesson 01 작업용도 및 내용에 따른 분류 — 18
- Lesson 02 성능 상의 분류 — 18
- Lesson 03 모양 상의 분류 — 19
- Lesson 04 지그용 클램프의 기구 상의 분류 — 19

Section 03 지그(Jig)의 형태별 종류와 특성 — 20
- Lesson 01 형판 지그(Template jig) — 20
- Lesson 02 판형 지그(Plate Jig) — 23
- Lesson 03 테이블 또는 개방형 지그(Table or open Jig) — 23
- Lesson 04 샌드위치 지그(Sandwich Jig) — 24
- Lesson 05 링 지그(Ring Jig) — 24
- Lesson 06 바깥지름 지그(Diameter Jig) — 25
- Lesson 07 바이스형 지그(Vise Jig) — 26
- Lesson 08 앵글플레이트 또는 니이형 지그(Angle plate or knee Jig) — 26
- Lesson 09 분할 지그(Indexing Jig) — 27
- Lesson 10 리프 지그(Leaf Jig) — 27
- Lesson 11 채널 지그(Channel Jig) — 28
- Lesson 12 박스 지그(Box or tumble Jig) — 29
- Lesson 13 트러니언 지그(Trunnion Jig) — 29
- Lesson 14 다단 지그(Multistation Jig) — 30
- Lesson 15 펌프 지그(Pump Jig) — 31

Section 04 고정구의 형태별 종류 — 32
- Lesson 01 플레이트 고정구(Plate Fixture) — 32
- Lesson 02 앵글 플레이트 고정구(Angle-plate Fixture) — 32
- Lesson 03 바이스-조 고정구(Vise-jaw type Fixture) — 33

Lesson 04	분할 고정구(Indexing Fixture)	34
Lesson 05	멀티스테이션 고정구(Multistation Fixture)	35
Lesson 06	총형 고정구(Profiling Fixture)	35
Lesson 07	모듈러 지그 시스템(Modular jig system)	36

Section 05 치공구의 표준화　　37

PART 02 끼워맞춤 설계

Lesson 01	끼워맞춤의 두가지 요소	40
Lesson 02	끼워맞춤 공차의 적용 요령	40
Lesson 03	상용하는 끼워맞춤	41
Lesson 04	끼워맞춤의 종류 및 적용 예	43
Lesson 05	끼워맞춤 표시방법	51
Lesson 06	끼워맞춤 관계 용어	52
Lesson 07	끼워맞춤의 틈새와 죔새	53
Lesson 08	구멍 기준식과 축 기준식 끼워맞춤	54
Lesson 09	끼워맞춤 상태에 따른 분류	57
Lesson 10	많이 사용되는 끼워맞춤의 종류와 적용 예	61
Lesson 11	끼워맞춤된 제품도면의 공차기입법	63
Lesson 12	구멍 기준과 축 기준	63

PART 03 기하공차 적용

Lesson 01	기하공차 적용 테크닉(국가기술자격증 실기 적용 예)	66
Lesson 02	데이텀의 선정의 기준 원칙 및 우선순위 선정방법(자격 시험 과제 도면에서의 예)	67
Lesson 03	동력전달장치의 기하공차 적용 예	67
Lesson 04	부품도에 기하공차 적용하기	69
Lesson 05	공압 실린더에 기하공차 적용하기	81

PART 04

치공구요소 KS규격

Lesson 01	고정 부시(Press fit bush)	92
Lesson 02	삽입부시(Renewable bush)	93
Lesson 03	라이너 부시(Liner bush)	95
Lesson 04	노치형 부시	96
Lesson 05	드릴지그 실례	97
Lesson 06	지그 설계의 치수 표준	97

PART 05

클램프 설계 실습

Lesson 01	수동 클램프	102
Lesson 02	스토퍼 유니트	106
Lesson 03	연마기 고정 V-블록	110
Lesson 04	WORK CLAMP JIG	114
Lesson 05	나사 클램프	118
Lesson 06	더브테일 클램프	122
Lesson 07	바이스 클램프	126
Lesson 08	V-블록 클램프	130
Lesson 09	캠 레버 클램프-1	134
Lesson 10	캠 레버 클램프-2	138
Lesson 11	측면 클램프-1	142
Lesson 12	측면 클램프-2	146

PART 06 지그와 고정구 설계 실습

Lesson 01	공압 클램프	152
Lesson 02	싱글 조 클램프	156
Lesson 03	밀링 클램프	160
Lesson 04	밀링 고정구	164
Lesson 05	바이스	168
Lesson 06	드릴지그-1	172
Lesson 07	드릴지그-2	176
Lesson 08	드릴지그-3	180
Lesson 09	드릴지그-4	184
Lesson 10	드릴지그-5	188
Lesson 11	드릴지그-6	192
Lesson 12	리밍지그-1	196
Lesson 13	리밍지그-2	200
Lesson 14	탁상 드릴지그-1	204
Lesson 15	탁상 드릴지그-2	208
Lesson 16	에어척-1	212
Lesson 17	에어척-2	216
Lesson 18	에어척-3	220

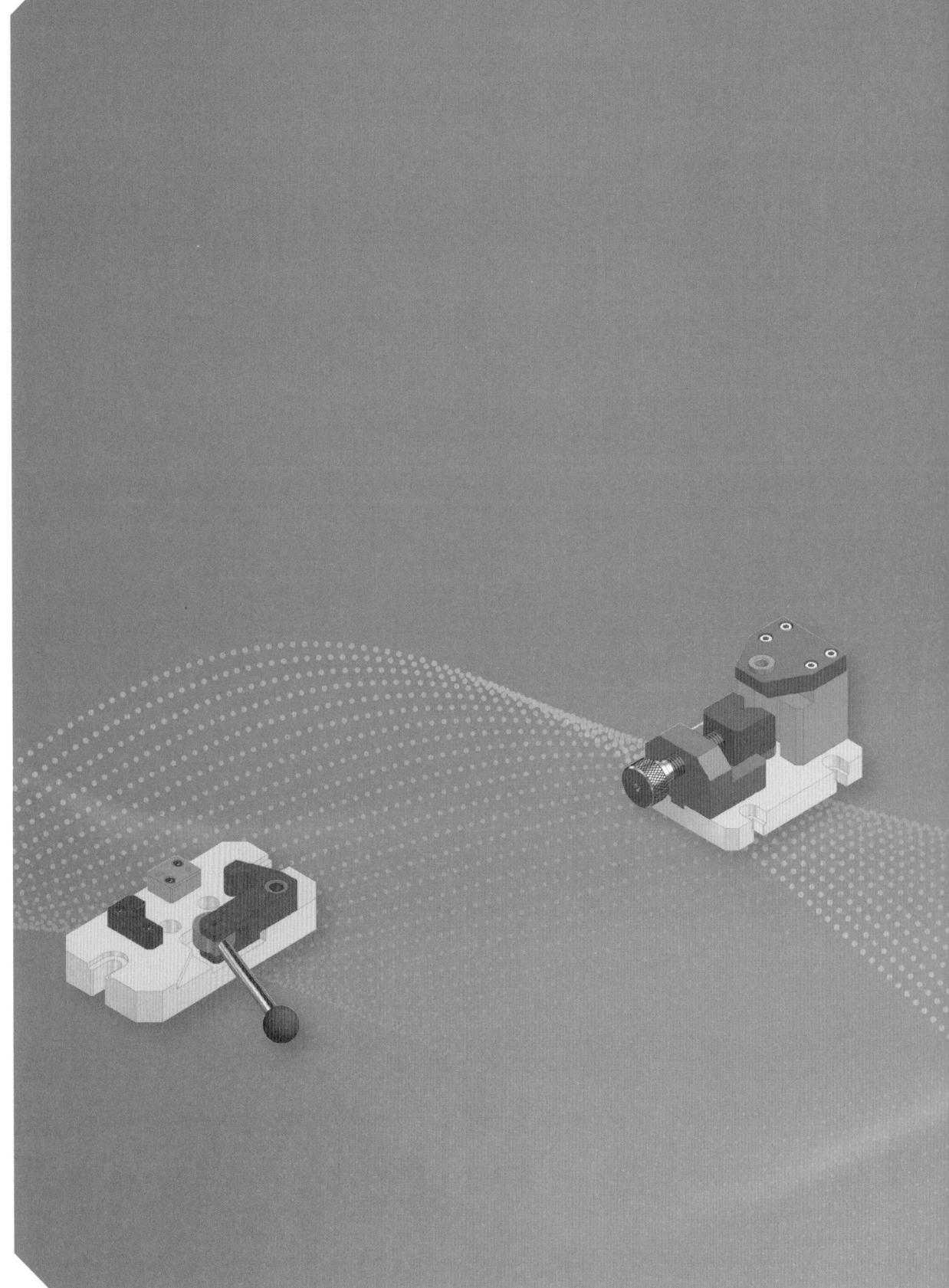

PART 01

치공구의 개요

- **SECTION 01** 치공구(Jig & Fixture)의 개념
- **SECTION 02** 치공구의 분류
- **SECTION 03** 지그(Jig)의 형태별 종류와 특성
- **SECTION 04** 고정구(Fixture)의 형태별 종류
- **SECTION 05** 치공구의 표준화

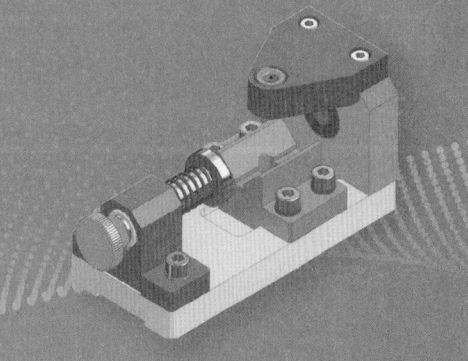

SECTION 01 치공구(Jig & Fixture)의 개념

치공구(治工具)는 가공, 조립, 검사, 용접 등의 제조에 사용하는 공구의 안내와 공작물의 '위치결정' 및 '고정'을 하는 기구(장치)의 총칭으로 정의할 수 있으며, 공작물을 동일한 정밀도와 치수규격으로 정확하게 제작하는데 사용하는 특수공구라고 할 수 있다.

예전 서적을 보면 치공구는 '가공에 사용하는 공구와 공작물의 위치결정 및 고정을 실시하는 기구의 총칭'으로 되어 있었다. 하지만 현재 치공구는 드릴, 밀링, 선반 등 공작기계의 절삭가공 보조장치뿐만 아니라 성형가공, 열처리, 표면처리 등의 각 공정에서 필요에 맞게 제작되어 사용하고 있으며, 최근에는 자동화를 비롯한 많은 산업분야에서 치공구의 개념이 널리 보급되어 사용되고 있다.

특히 공장 자동화(FA) 분야에 획기적인 발전으로 광범위하게 활용되고 있으며 치공구를 사용하여 보다 적은 비용으로 쉽고, 신속하고, 정확하게 일을 할 수 있도록 작업공정을 개선해 나가야 한다. 치공구는 지그(Jig)와 고정구(Fixture)로 분류되며 각종 공작물의 가공, 조립, 검사 등의 작업을 가장 경제적이며, 고정도(high accuracy)의 품질을 유지하기 위하여 사용되는 일련의 특수공구(special tool)라고 이해하면 큰 무리는 없을 것이다.

자동화 설계의 기본은 설계자의 아이디어(idea) 발상을 통해 제품을 위치결정하는 치공구(지그)로부터 시작되며 설계자가 초기 설계 구상 단계에서 가장 많은 고민을 하는 부분이라고 말할 수 있다.

Lesson 01 치공구의 정의

치공구는 제품을 제조하는데 필요한 수단으로 공작물(Work piece)의 정확한 위치결정과 가공이나 작업 중에 공작물이 움직이지 않도록 견고하게 고정(clamping)하며, 공작물의 형상조건에 따른 변형 방지를 위해 지지(support) 및 홀딩(holding)하여 공작물을 허용공차 내에서 제조하는데 사용되는 생산용 특수 공구(special tool)로 정의하며 제품의 호환성(품질), 경제성(원가절감), 생산성(납기)을 향상시키는데 필요한 보조기구나 장치로서 지그(Jig)와 고정구(Fixture)로 크게 분류된다.

치공구(治工具)와 공구(工具, tooling)의 차이

치공구는 공구라는 말을 포함하고 있지만 우리가 알고 있는 일반적인 공구와는 그 의미가 다르다.

공구	치공구(지그)
절삭공구 연삭공구 조립공구 측정공구	바이스(vise) 클램프(clamp) 부시(bush) 게이지(gauge)
가공이나 조립, 검사 등을 직접 실시하는 도구	가공, 조립, 검사, 측정 등을 보조하는 도구

1. 지그(Jig)와 고정구(Fixture)의 차이

지그와 고정구를 명확하게 구분하기는 어렵지만, 지그는 가공이나 조립시 공작물을 고정하는 동시에 공구의 작업 위치를 정확하게 안내하기 위해서 사용하는 기구의 총칭으로 영어로 지그(Jig)라고 하는데, 일본어로는 영어의 Jig에 한자를 맞추어 치구(治具)라고 표현하고 있다.

고정구(Fixture)는 설치구(또는 취부구)라고도 하는데 공작물을 가공시 기계에 부착하는 장치로 일반적으로 지그와 혼용하는 경우가 많다. 현장에서는 고정구를 포함하여 치공구를 보통 지그(jig)로 통일하여 부르고 있고, 기계가공 이외의 분야를 포함하여 공작물을 위치결정(locating), 고정(clamping), 지지(supporting)하거나 또는 공작물을 잡거나(holding) 부착하고 사용하는 특수 장치로 널리 사용되고 있으며, 산업 현장에서 점차 활용도와 중요성에 대한 인식이 확산되고 있다.

1.1 지그(Jig)

지그는 '절삭 가공이나 공작물의 고정 등을 서포트하는 기구의 총칭'이라고 하는 의미를 가지고 있다. 드릴(drill)이나 리머(reamer)와 같은 공구를 사용하여 위치결정 및 고정된 공작물을 가공시에 공구를 정확한 위치로 안내하는 기능의 부시(bush)를 포함하고 있다면 지그로 분류한다.

1.2 고정구(Fixture)

고정구도 공작물을 위치결정 및 고정하는 것 등에 관해서는 지그와 원리가 같지만 가공용 고정구의 경우 공구를 공작물에 안내하는 부시(bush) 대신에 절삭공구(밀링 커터 등)를 정확한 위치로 맞추기 위한 세트 블록(set block)과 틈새 게이지(feeler gage 또는 clearance)나 두께 게이지(thickness gage)를 커터 안내 장치로 사용하는 경우가 많다.

지그는 '고정한다'는 의미도 있기 때문에 영어로 부착구를 의미하는 픽스처(fixture)라고 불리기도 하지만 전술했듯이 일반적으로 제조현장에서는 지그와 고정구를 별도로 구분하지 않고 지그(치구)라는 용어로 총칭하고 있다.

지그(Jig)

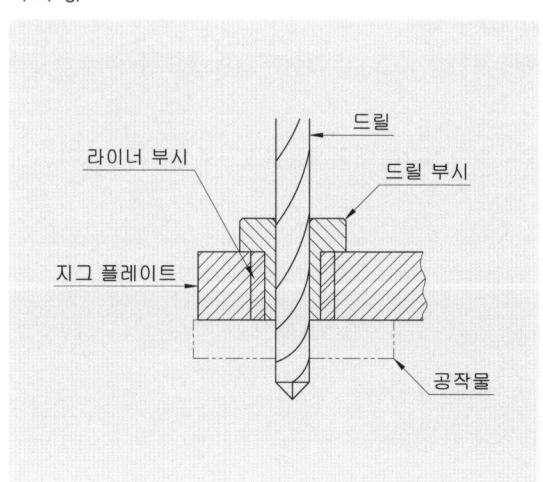

고정구(Fixture)

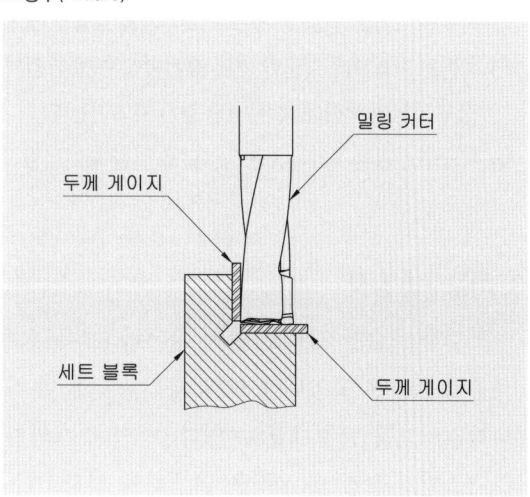

지그(Jig)

고정구(Fixture)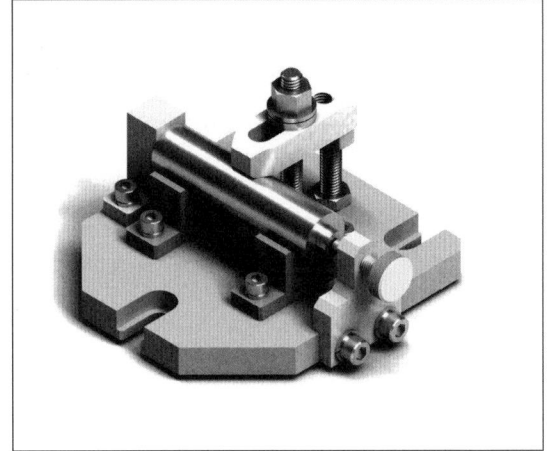

2. 치공구의 사용 목적

치공구의 주요 사용 목적은 생산성 향상에 있다고 할 수 있는데 세부적으로 분류하면 다음과 같이 열거할 수 있다.

- (가) 공작물의 장착(loading)과 장탈(unloading) 시간을 단축하여 원가절감을 실시하고, 또한 정확하고 신속한 공작물의 위치결정과 작업시 일정한 자세를 유지할 수 있어 대량으로 생산되는 제품의 제조에 매우 경제적이다.
- (나) 하나의 치공구에서 가공된 제품들은 모두 균일한 치수로 호환성 있게 생산되므로 가공 정밀도를 높여서 품질향상을 도모하고 조립 과정에서도 시간을 크게 단축할 수 있다.
- (다) 숙련된 기술을 필요로 하는 공작기계에서도 치공구를 사용함으로써 비숙련자라도 쉽게 작업하고 도면에서 요구하는 정밀도를 유지(불량품 제로 도전)할 수 있다.
- (라) 작업이 간단해지므로 작업시간 절감 및 작업자의 부주의나 실수로 인한 안전사고나 제품불량률을 감소시키고 부품의 품질 수준을 균일하게 유지할 수 있다.
- (마) 범용 공작기계(드릴링, 선반, 밀링머신 등)라 할지라도 적합한 치공구를 사용함으로써 고가의 정도(精度) 높은 기계 가공의 효과를 얻을 수 있으므로 기계의 효율을 크게 배가시킬 수 있다.
- (바) 숙련된 기술자에 의존한 개별 작업방식은 전수 검사를 해야 하지만, 치공구를 사용할 경우 샘플 검사만으로 일부 검사 공정의 생략에 따른 비용 절감 효과가 크다.
- (사) 치공구는 공정개선이나 공정복합을 위한 획기적인 도구로서 원가 절감에 매우 유용한 도구로 활용되고 있다.

3. 치공구의 장점

① 특별한 기술을 필요로 하지 않는다.(교육 훈련의 최소화)
② 품질 불균형이 없이 동일한 제품을 만들 수가 있다.(품질 개선)
③ 작업시간을 단축시킬 수 있다.(생산 주기의 단축, 생산 속도 향상)
④ 제조원가 절감 및 불량품 발생률을 경감시킬 수 있다.(노무비 감소)

⑤ 설계 및 제작기간도 짧으므로 단기간에 공정도입이 가능하다.(개발 주기의 최소화)
⑥ 치공구 제작 비용이 저렴하다.(감가상각비의 삭감)
⑦ 준비 시간이 짧다.(다품종 대응)
⑧ 제품변경 대응이 용이하다.(개조 기간의 최소화)
⑨ 안정성이 향상된다.(위험 회피)
⑩ 기계보다 작은 크기(공간 절약)

4. 치공구(지그)의 종류

① 고정 지그　　　② 절단 지그　　　③ 압입 · 인발 지그
④ 용접 지그　　　⑤ 도장 · 도금 · 열처리 지그　　　⑥ 코킹지그
⑦ 검사 · 측정 지그　　　⑧ 조립 지그 등

지그(치구)의 종류	설 명
고정 지그	• 재료를 고정하고 가공을 보조하는 지그(바이스, 클램프, 위치결정핀, 조정 블록 등) • 공작물을 가공하기 쉬운 위치 · 방향 · 각도로 고정하는 경우 • 진동이 발생하는 작업에서 공작물이 움직이지 않도록 하는 경우 • 드릴이나 전동 공구로 가공 시 위치가 어긋나지 않도록 하는 경우
절단 지그	• 공작물(재료)을 도면 상의 정해진 치수로 정확하게 절단하는 경우 • 손떨림이나 공구의 진동에 의한 영향을 줄이고 싶은 경우 • 형상 결정 : 공작물을 원형이나 사각형 등 정해진 형태로 절단하기 위한 지그 • 위치 결정 : 공작물을 절단하는 위치를 안내하는 지그
압입 지그 인발 지그	• 공작물을 정해진 위치에 압입(베어링, 부시 등) · 삽입하거나 인발하는데 사용하는 지그 • 풀러 : 기어나 베어링, 풀리 등을 제거하는데 사용하는 지그 • 핀 인발 지그 : 상대적으로 작은 핀을 빼내기 위한 지그
용접 지그 용착 지그	• 아크 용접이나 레이저 용접을 보조하는 지그(자동차 차체 지그 등) • 공작물 접착을 보조하기 위한 용착 지그(열, 초음파, 진동 등) • 폴리에틸렌(PE) 봉투를 밀봉하고 싶은 경우 • 플라스틱 소재를 서로 접합하고 싶은 경우
도장 지그 도금 지그 열처리 지그	• 공작물을 도장하거나 도금할 때 보조하는 표면처리 및 열처리용 지그 • 도장이나 도금을 하지 않아야 할 부분을 감추고 싶은 경우 • 문자나 기호 등의 형상으로 색상을 붙이고 싶은 경우 • 마스킹 지그 : 도장 · 도금하지 않는 부위를 보호하는 지그 • 걸이 : 공작물을 매달아 도장이나 도금을 쉽게 하는 지그
코킹 지그	• 재료의 접합 부분을 고정하는 지그
검사 지그 측정 지그	• 완성품을 검사 · 측정하기 위한 지그 • 검사구, 게이지(gauge) 등
조립 지그	• 부품을 조립할 때 사용하는 지그

5. 치공구에 사용되는 소재

치공구는 부품의 기능과 역할에 따라 기계구조용 탄소강, 합금강, 탄소 공구강 등을 사용하는데 그 외에도 산업 분야에 따라 아래와 같은 다양한 소재가 사용되고 있다. 생산라인에서 치공구는 반복적으로 자주 사용되고 있기 때문에 강도가 있는 소재를 선정하고 치공구 자체의 마모 및 변형을 방지할 필요가 있다.

또한 전자부품의 경우 치공구의 반복적 사용에 따른 마모에 의해 발생하는 미세한 분진이 원인이 되어 전기 배선 쇼트 발생의 우려가 있으므로 주의한다.

분류	소재 명칭	특징
철합금	스테인리스	스테인리스는 크로뮴(Cr)이나 니켈(Ni)을 함유한 철합금으로 고강도와 내식성이 우수하다. 크로뮴 등의 함유량에 의해 분류되지만 가장 일반적인 것은 STS304라고 하는 재료이다. STS304는 스테인리스 중에서도 특히 녹이 슬지 않으므로 식품공장, 물을 취급하는 현장에서 많이 사용하고 있다.
비철금속	알루미늄합금	알루미늄합금은 가격이 저렴하고 가벼운 금속이다. 또한 가공이 용이하기 때문에 치공구의 시제품(prototype) 제작 용도로 이용된다. 그리고 가볍기 때문에 사람이 공정간을 반송하는 반송용 지그로도 이용된다.
비금속	아크릴수지	가격이 저렴하고 가공성이 좋기 때문에 폭넓은 용도로 사용 가능하지만 장기간 사용시 투명도가 떨어지는 경우가 있다.
비금속	실리콘수지	내수성이나 내열성, 가공성이 우수한 수지로 형상이 복잡하고 기밀성이 요구되는 식품 분야나 의료분야 등의 패킹이나 개스킷에 이용된다.
비금속	PEEK	다른 플라스틱 소재와 비교하여 높은 기계적강도 및 내열성 이외에 내방사선 특성을 갖는 수지이다. 일반적인 수지 소재보다도 비싸지만 X선 검사장치에서 이용하는 치공구 등에 사용한다.
비금속	세라믹	무기물(無機物)을 소성시켜 제조한 소재로 원료가 되는 무기물의 종류에 따라 다르다. 내열성이 높고 파손되기 쉬운 것이 일반적이다. 항온기나 가열시험기 등에서 사용하는 치공구에 이용된다.
비금속	카본	카본(흑연)은 용융금속 성질이 있는데 이 특징을 살려 표면실장공정(SMT)에 이용된다. 단점으로는 금속과 같은 연성이 없고 충격으로 파손하기 쉬워 취급에 주의를 필요로 한다.

Lesson 02 치공구의 3요소

대량의 공작물(work piece)을 같은 치수와 규격으로 가공·조립·검사하기 위해서는 항상 동일한 자세와 방향으로 위치결정 및 고정되어, 작업 중에 움직이지 않도록 해야 한다.

여기서 공작물이 같은 위치에 위치결정되어 고정된다는 것은 각각의 공작물이 같은 위치결정면에서 공작물의 기준이 결정되고, 반대편에서 클램프로 고정하는 개념으로 클램프는 절삭력 등 외력에 충분히 견딜 수 있는 구조이어야 하는데 기본적인 치공구의 3요소는 다음과 같다.

1. 위치결정구(locator)

작업 중 공작물의 회전방지 및 일정한 위치나 자세 유지를 위해 사용되며, 일반적으로 공작물의 가공된 구멍이나 면에 위치결정 핀(locating pin)을 설치하는데 이를 위치결정구(로케이터, locator)라고 부른다. 위치결정구는 제품의 품질과 직접 관련이 있는 중요한 요소이므로 설계나 제작 시에 신중히 고려해야만 한다.

2. 클램프(clamp)

위치결정구 반대방향에서 공작물의 움직임을 제한하고자 할 때 사용하는 공작물 고정 장치가 클램프이며, 클램프로 고정시 공작물에 휨이나 변형이 발생하지 않도록 해야 한다. 공작물은 공간 상에서 X, Y, Z의 3방향으로 이동하는 자유도와 X축, Y축, Z축을 중심으로 3방향으로 회전하는 자유도를 가지고 있는데 위치결정은 이동과 회전의 6개 방향의 움직임을 구속한다. 공작물이 절삭력이나 공구력 등에 의해 휨이나 뒤틀림이 생기지 않도록 주의해야 하며 특히 얇은 공작물의 경우 변형이나 기계가공 면에 흠집이 생기지 않도록 주의해야 한다. 클램프의 주된 역할은 작업 시 공작물이 움직이지 않도록 견고히 고정하는 것이지만, 작업 효율성과도 밀접한 관계에 있으므로 클램프 설계 및 재질 선정 시 세심한 주의를 요한다.

3. 지지 및 홀딩(supporting & holding)

절삭력이나 클램핑 힘에 의해 공작물의 처짐이나 뒤틀림같은 변형이나 손상이 발생하지 않도록 적재적소에 지지구(서포트)를 설치하여 지지 및 홀딩을 하는 것이 중요하다.

Lesson 03 치공구의 그룹 테크놀러지(Group Technology)화

동일한 생산시설을 이용하여 많은 품종을 각각 소량씩 생산하는 방식인 다품종 소량생산에서는 치공구의 제작비를 고려할 때 불리한 경우가 많으므로 설계속성이나 제조속성 별로 GT(Group Technology)화 하는 것이 좋다. 즉, 형상, 치수 및 공작법의 유사성에 따라 작업물을 여러 개의 그룹으로 분류하고, 각 그룹들에 대해 최적의 공작기계와 공구를 할당함으로써 생산성을 향상시키는 기법이다.

이는 작업 대상물에 대한 체계적인 분류 및 합리적인 조합이나 조정의 필요성을 의미하는 것이며, 이를 위해서 생산조건을 결정하는 여러 가지 요소로 이를 5M이라고 한다. 5M은 Material(재료), Machine(장비), Manpower(인력), Method(방법), Money(자본)이다. 5M을 관리하는 일이 중요한데 관리상의 혼란을 초래하지 말아야 한다. 여기서 "GT의 치공구"라는 개념은 원활한 생산기능을 발휘해야 한다는 전제조건이 뒤따른다.

간단히 말하자면 "합리성 있는 조합 또는 조정"에서 대응시킬 수 있는 범위가 유사한 제품이 되는 것이다. 이러한 치공구는 기본적인 형상을 바꾸지 않고 일부 구성요소만 변경하는 것이 보통이며, 생산라인을 혼란시키지 않으면서 생산의 변화에 유연하게 대처할 수 있다. 또한 공정의 복합화는 제품대상이 유사하지 않더라도 제조 속성과 설계 속성으로 분류하여 유사 군들에 대하여 공정들을 합침으로서 제조 비용을 절감하는 것이다. 과거 대량생산 방식에서 최근에는 소비자(user) 취향의 다양성이 중시되어 다품종 소량생산 방식으로 크게 변화되면서 제조현장에서도 이에 적절히 대응하여 원가 절감을 위한 다양한 제조 방법이 개발되고 있다.

Lesson 04 치공구 사용 상의 이점

치공구는 공작물의 위치결정, 공구의 안내(부시), 공작물의 지지 및 고정 등의 기능을 갖추고 있으므로 공작물이 주어진 한계 내에서 가공할 수 있게 되어 다량으로 생산되는 부품의 제조비용을 절감하는데 큰 역할을 한다. 치공구의 중요성은 제품의 호환성, 정확성, 정밀성에 있으며, 치공구는 생산성 향상에 최대한 기여하고 제품의 원가 절감을 위한 목적으로 공정개선, 품질향상과 제품에 호환성을 주는 것이다.

제품 생산은 품질(quality)과 비용(cost), 납기(delivery)와 밀접한 관계가 있는데 품질이란 제품의 기능성 향상이며 품질을 균일화하여 호환성을 도모하는 것이고, 비용은 불필요한 공정을 생략하고, 숙련공을 필요하지 않게 하며 또한 노동력을 경감하여 장비의 가동률을 향상시키는 한편, 재료 등 자재의 절약을 꾀하는 것이다. 납기는 생산성을 높여 리드 타임(lead time)의 단축을 도모하는 것이며, 치공구의 사용상 이점은 다음과 같다.

1. 가공 상의 이점

(가) 기계나 생산설비를 최대한 활용
(나) 생산능력의 증대로 생산성 향상
(다) 특수기계나 특수공구가 불필요
(라) 기존 기계나 장비에서 불가능했던 작업이 가능

2. 생산 원가절감

(가) 가공정밀도 향상 및 제품의 호환성으로 불량품 방지
(나) 제품의 균일화에 의하여 검사 업무 간소화
(다) 공정 개선에 따른 작업시간 단축

3. 노무관리의 단순화

(가) 특수 작업의 감소와 전수검사 불필요
(나) 작업의 단순화로 숙련기술자 요구 감소

(다) 작업자의 피로도 경감으로 안전한 작업 가능
(라) 재료비 절약 가능
(마) 불량품 감소 및 부품의 호환성 증대
(바) 공구의 파손 감소로 공구수명 연장

Lesson 05 치공구 설계의 기본원칙

"치공구 구조를 어떻게 설계하면 가장 큰 효과를 낼 수 있을까"하는 것에 대해서는 제품(공작물)의 생산계획 부문과 제조 부문의 요구사항을 협의하여 수렴하는 것이 원칙이며, 목적에 부합하는 치공구를 제작하려면 제조계획의 단계에서부터 공작물 개개의 제조공정을 사전에 충분히 검토하고 치공구 설계의 기본원칙을 준수하여 설계하면 그 목적을 달성할 수가 있다.

(1) 제품의 수량과 납기 등을 고려하여 생산방식에 가장 적합하고 단순한 치공구를 선정할 것
(2) 표준(범용) 치공구를 이용하거나 사용하지 않는 치공구를 개조 또는 수리하여 재사용 하는 것을 고려할 것
(3) 치공구 설계 시 중요 부품(로케이터, 부시 등)은 마모시 교환이 용이하도록 전문 업체에서 시판하는 표준 규격품을 사용할 것
(4) 수동으로 조작하는 치공구는 충분한 강도를 가지면서 취급하기 쉽도록 설계할 것
(5) 고정력의 작용거리를 가급적 짧게 하고 단순하게 설계할 것
(6) 치공구 본체에 가공을 위한 공구위치 및 측정을 위한 세트 블록을 설치할 것
(7) 치공구 본체는 절삭 칩과 절삭유의 배출이 용이한 구조로 설계할 것
(8) 절삭력은 클램핑 요소에서 받지 않고, 위치결정면에 하중이 작용하도록 할 것
(9) 단조품의 분할면(parting line), 주형의 분할면, 탕구 및 압탕구(feeder)의 위치는 위치결정면이나 클램프면으로 사용하지 말 것
(10) 클램핑 요소는 되도록 스패너, 핀, 쐐기, 망치와 같이 수공구(hand working tool)를 사용하지 않아도 되는 구조로 설계할 것
(11) 치공구의 사용 유무는 치공구 제작비와 손익분기점(break even point)을 고려하여 결정할 것.
(12) 제품의 재질을 고려하여 이에 적합한 등급으로 할 것
(13) 정밀도가 요구되지 않거나 조립과 관련이 없는 불필요한 부분에 대해서는 기계가공 등의 작업을 하지 않을 것
(14) 기능을 요하는 부분에 대하여 지나치게 정밀한 공차를 주지 않도록 할 것. 치공구의 공차는 제품 공차에 대하여 20~50% 정도를 적용하는 것이 일반적이며 금형이나 게이지(gauge)는 10%를 부여함
(15) 치공구 도면은 주기 등을 잘 활용하여 치공구의 구조를 최대한 단순화할 것

SECTION 02 치공구의 분류

지그와 고정구는 공작물의 형상이나 재질, 작업 조건, 방법, 작업 내용 등에 따라 여러 종류가 있으며 그 분류 방법 및 종류 또한 다양하다.

Lesson 01 작업용도 및 내용에 따른 분류

최근의 자동화 생산라인 및 공작기계 기술은 비약적으로 발전하였으며, NC화는 물론, 복합화, 적층 제조(3D 프린팅) 등 새로운 제조방식의 기계가 증가하고 있다. 따라서 치공구도 작업용도 및 내용에 따른 분류가 더욱 복잡해지는데 크게 다음과 같이 분류할 수 있다.

(1) 가공용 치공구 : 드릴, 밀링, 선반, 연삭, MCT, CNC, 보링, 기어절삭, 브로치, 래핑, 평삭, 방전, 레이저 작업 등을 위한 치공구
(2) 조립용 치공구 : 나사체결, 리벳, 접착, 센터링, 프레스 압입용 등의 치공구
(3) 용접용 치공구 : 용접, 납땜, 단접용 등을 위한 위치결정, 자세유지, 구속용, 회전 포지션, 안내, 비틀림 방지를 위한 치공구
(4) 검사용 치공구 : 측정, 형상, 압력시험, 재료시험 등을 위한 치공구
(5) 기타 치공구 : 자동차 생산라인의 엔진 및 변속기 조립지그, 차체지그, 도장 및 열처리 지그, 레이아웃 지그 등 용도에 따라 다양하게 구분할 수 있다.

Lesson 02 성능 상의 분류

치공구는 특정 공작물의 가공에만 사용되는 전용 치공구, 공작물이 유사한 종류의 공작물을 가공할 수 있는 공용(겸용) 치공구, 각종 자동화 전용 치공구로 분류할 수 있다.
먼저 전용 치공구는 특정 공작물 전용으로 제작된 특수한 공구로 해당 공작물 이외의 용도로는 사용할 수 없으므로 제품 생산시 제조원가가 높아질 수 있기 때문에 전용 치공구의 설계 제작에 있어서는 사전에 충분한 검토가 필요하다. 한편, 공용(겸용) 치공구는 생산현장에 상시 비치하고 있기 때문에 효율적으로 사용하면 원가나 납기 단축 면에서 유리하다. 대표적으로 바이스 기구를 사용한 것, V-블록을 이용한 것 등이 있다.
또한, 형판 모양의 범용 치공구와 공유압, 센서, 모터, PLC 등을 이용한 전용 자동화 치공구로 분류할 수 있다.

Lesson 03 모양 상의 분류

치공구의 형상이나 형식으로부터 플레이트형, 앵글 플레이트형, 개방형, 박스형, 척형, 바이스형, 분할형, 연속형, 모방형, 교대형 등으로 나눌 수가 있다.

Lesson 04 지그용 클램프의 기구 상의 분류

고정구는 공작물의 위치결정 후 움직이지 않도록 견고하게 고정시키는 클램프 요소 기구의 종류나 클램핑 방법에 따라서 다음과 같이 분류된다.

(1) 나사에 의한 것
(2) 캠(cam)에 의한 것
(3) 편심 축에 의한 것
(4) 래치(ratchet)에 의한 것
(5) 콜릿(collet)에 의한 것
(6) 쐐기(wedge)에 의한 것
(7) 유공압에 의한 것
(8) 자석에 의한 것 등

SECTION 03 지그(Jig)의 형태별 종류와 특성

가공용 지그는 크게 드릴 지그(drill Jig)와 보링 지그(boring Jig)로 구분된다. 드릴 지그는 드릴링, 리밍, 탭핑 작업 등 구멍 가공시에 널리 쓰이며, 보링 지그는 드릴 작업으로 가공하기에는 지름이 너무 큰 구멍이나 이미 뚫어놓은 드릴 구멍의 치수를 늘리는 구멍 가공시에 사용된다. 지그는 형태에 따라 개방형 지그(open Jig)와 밀폐형 지그(closed Jig)로 나뉜다. 개방형 지그는 공구 안내용 부시가 한쪽 방향에만 설치되어 공작물의 장착(loading)과 장탈(unloading)이 손쉬우며 부시가 설치된 방향의 한쪽면만 가공할 수 있다. 일반적으로 가장 널리 사용되는 개방형 지그는 평판지그(플레이트 지그, plate Jig)로 공작물을 고정하는 클램프 장치를 필요로 한다. 평판지그가 공작물의 양쪽에 설치되면 드릴작업을 양쪽 면에서 할 수 있게 되는데 이런 형태의 지그를 상자형 지그(박스 지그, box Jig)라고 한다. 상자형 지그의 형태로 한면의 가공이 끝나면 지그를 90° 또는 180°로 회전시켜 가공할 수 있게 설계된 지그를 회전형 지그(tumbling Jig)라 한다. 공작물을 같은 면 위에서 일정한 각도로 분할시키면서 가공할 수 있게 한 지그를 분할지그(index Jig)라 하고 조립작업에 있어서 리벳이나 핀, 나사 등으로 조립하기 위한 조립 부품의 위치를 드릴가공으로 정할 때 쓰이는 지그를 조립지그(assembly Jig)라 한다. 이처럼 지그의 형태별 종류는 다양하며, 다음과 같이 형태와 특징에 따라 분류할 수 있다.

Lesson 01 형판 지그(Template jig)

형판 지그는 템플레이트 지그라고도 하며 공작물의 수량이 적거나, 높은 정밀도를 필요로하지 않는 경우에 활용하며, 가장 경제적으로 간단하게 제작하여 생산성을 향상시키기 위한 용도로 사용하는 지그로서 곡선 및 구멍위치에 대한 레이아웃(lay-out)안내로 사용된다. 형판 지그는 클램프 기구없이 공작물에 직접 밀착하여 공작물의 형태에 따라 핀이나 네스트(nest)에 의하여 고정한다.

템플레이트 지그

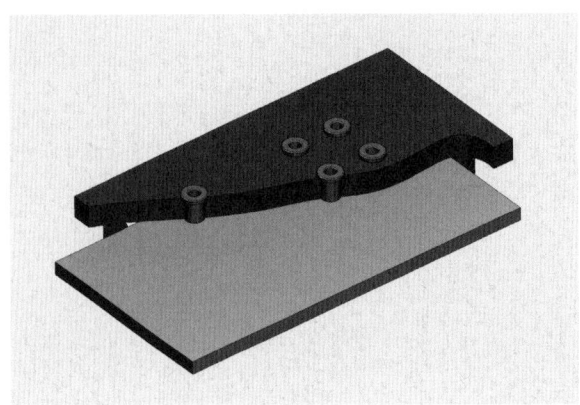

형판 지그는 방오법(풀 프루핑, fool proofing)이 적용되지 않으므로, 공작물 장착시 작업자의 주의가 필요하다. 형판 지그의 형태는 공작물의 모양과 동일하거나 비슷한 경우가 많으며, 일반적으로 부시(bush)를 사용하지 않고, 지그판 전체를 경화처리하여 사용하는 것이 보통이지만, 정밀도를 요구하는 경우에는 부시를 설치하기도 한다.

1. 레이아웃 템플레이트(Lay out template)

소량의 공작물을 레이아웃하는 참조 지그로서 사용되며 능률을 향상시킨다. 구멍이 있는 형상 및 공작물의 외측면을 위치결정 하는데 사용된다.

결합되는 공작물을 레이아웃 할 때는 상대편 공작물에 템플레이트를 돌려서 사용할 수 있다. 한번만 사용될 경우는 플라스틱이나 알루미늄 판으로 제작하여 사용할 수도 있으며, 장시간 사용될 경우는 SM45C, STC85(구 : STC5)같은 재료를 열처리하여 사용한다. 지그판의 두께는 주로 2~6mm의 범위 내에서 사용된다.

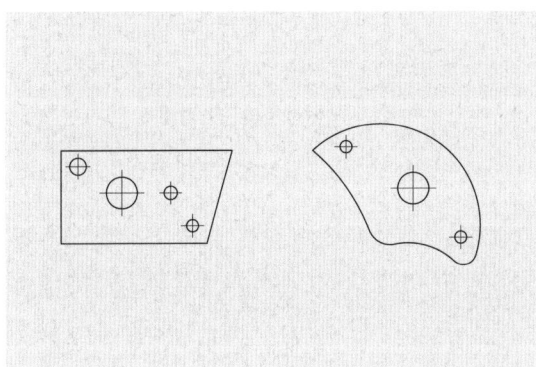

레이아웃 템플레이트

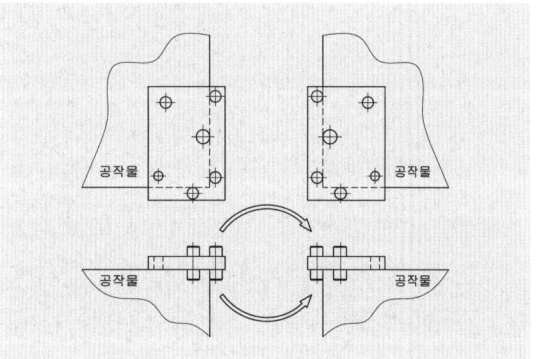

결합부품을 위한 레이아웃

2. 평판 템플레이트 지그

공작물의 가공 평면을 위치결정 핀에 의하여 구멍을 위치시키는데 사용되며, 지그 플레이트의 두께는 가공할 구멍 또는 드릴 직경의 1~2배로 하면 된다.

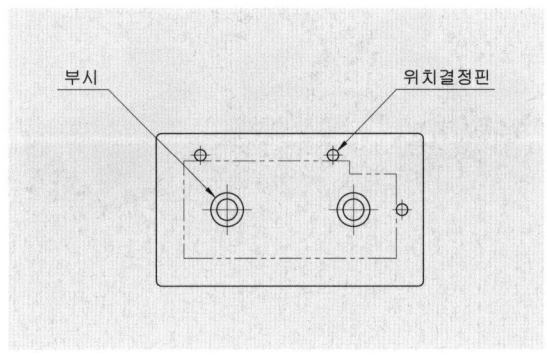

평판 템플레이트 지그

3. 원판 템플레이트 지그

주로 원통형의 공작물에 사용되며 공작물의 외경 및 내경에 위치결정시키며 일반적으로 둥근 원형의 공작물일 때만 사용된다.

원판 템플레이트 지그

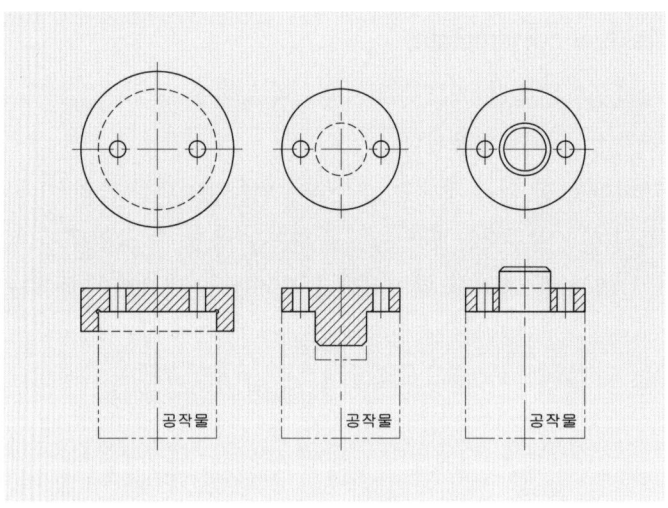

4. 네스팅 템플레이트 지그(Nesting template Jig)

공작물을 위치결정하기 위하여 네스트(nest)의 공동(cavity)으로서 또는 핀 네스트로서 사용된다. 이 지그는 공작물의 형상 또는 모양에 거의 일치시켜 사용할 수 있다. 단지 제한은 공동의 복잡성에 있다. 공동이 복잡할수록 지그의 가격은 비싸지게 된다. 그러므로 공동의 네스트는 원형, 정사각형, 직사각형과 같이 대칭적인 형상에 제한되어 사용된다. 비대칭형에 대하여 네스트가 필요할 때는 핀 네스트를 사용하면 최소의 비용으로 제작할 수 있다.

네스팅 템플레이트 지그

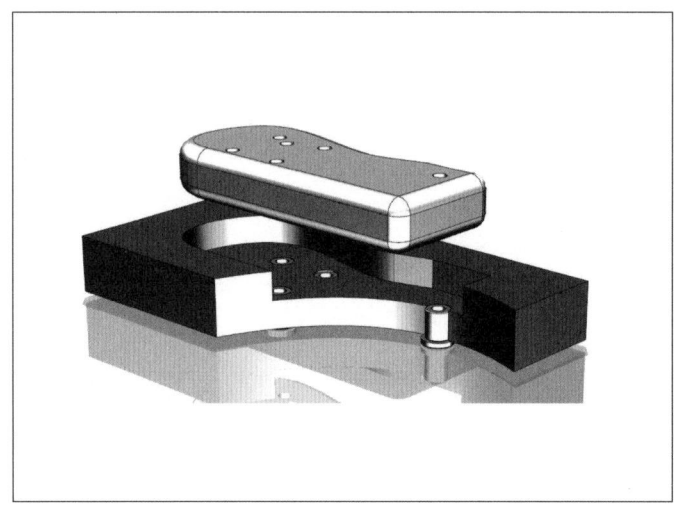

Lesson 02 판형 지그(Plate Jig)

판형 지그는 플레이트 지그라고도 하며 구조는 형판 지그와 비슷하지만 차이점으로 공작물을 정확한 자세로 유지시키기 위한 간단한 위치결정구와 클램핑 장치를 포함하고 있으며, 가공될 공작물의 수량에 따라 생산량이 많을 경우 부시의 사용여부를 결정한다. 또한 판형 지그도 개방형 지그(open jig)의 일종이다.

부시 설치형 판형 지그

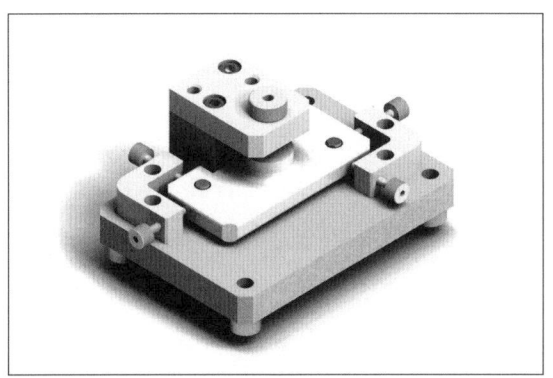

Lesson 03 테이블 또는 개방형 지그(Table or open Jig)

이 지그는 플레이트 지그의 일종으로 박스형 지그에 있는 리프(leaf) 또는 커버(cover)가 없이 나사, 쐐기, 캠 등으로 공작물을 견고히 고정한 후 작업한다. 주물품과 같이 공작물의 형상이 불규칙하지만 넓은 가공면을 가지고 있는 비교적 대형 공작물에 적합하고, 공작물의 장착과 장탈은 가공 전후 지그를 뒤집은 상태에서 이루어지며, 가공할 때에는 다리에 의하여 수평이 유지되게 된다. 하지만 공작물의 형상에 따라 클램핑이 곤란한 경우도 있으며 공작물을 한번 장착하면 한쪽 면밖에 가공할 수 없다는 단점이 있다. 원래 가공방향에 클램프 장치가 위치해야 하지만 테이블 지그의 경우 가공면 반대 방향에 설치할 수 밖에 없다. 상판에 설치된 패드(pad)는 공작물 장착 시에 돌출된 부시 상단에 의해 흔들림을 방지하기 위해 설치한다.

테이블 지그

Lesson 04 샌드위치 지그(Sandwich Jig)

샌드위치 지그란 윗판과 아래판을 가진 지그로서 공작물을 상하로 움직임을 제한한 상태에서 가공되는 형태로서, 공작물의 두께가 얇다거나 연질인 재료의 경우 가공 중 발생할 수 있는 변형을 방지하기 위하여 사용된다.

샌드위치 지그

또는 공작물을 고정할 때 상·하 플레이트에 위치결정핀을 설치하여 고정하기도 하며 제작될 공작물의 수량에 따라 부시의 사용여부를 결정한다.

샌드위치 지그

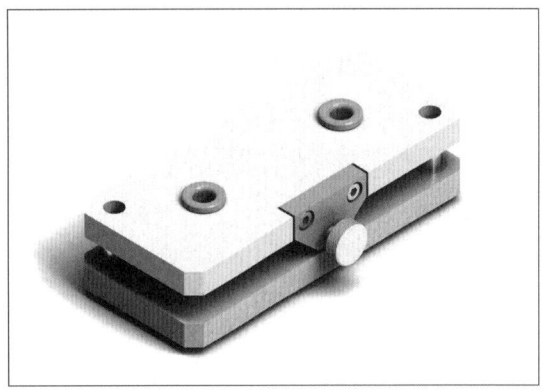
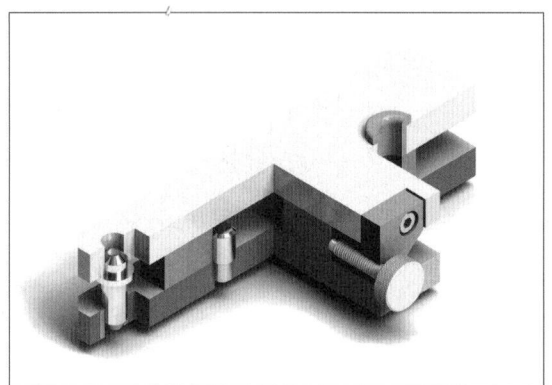

Lesson 05 링 지그(Ring Jig)

이 지그는 원판 템플레이트 지그를 개선한 판형 지그의 일종으로 원형의 공작물을 가공할 때 주로 사용되는 지그로서, 지그의 형상을 링(ring) 모양으로 설계하며, 링 지그는 간단한 위치결정구와 클램프 기구가 사용되며 파이프와 유사한 형태의 공작물 가공에 주로 사용된다. 테이블 지그, 샌드위치 지그, 링형지그, 바깥지름 지그 등은 판형 지그의 일종이다.

링 지그

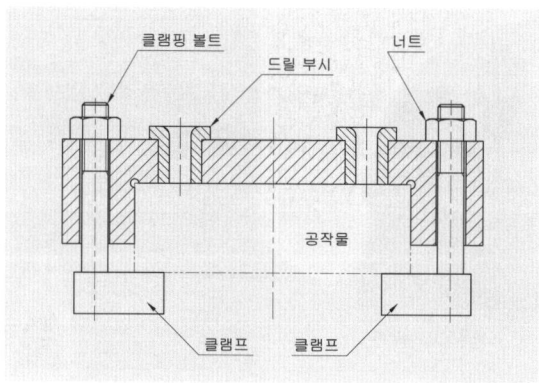

Lesson 06 바깥지름 지그(Diameter Jig)

판형 지그의 일종으로 축, 핀 등 원통형이나 구형의 공작물을 드릴 작업시 주로 사용되며, 공작물은 V블록에 올려 위치결정하고 스트랩 클램프나 토글 클램프 등을 사용하여 고정하는 지그로 클램핑 플레이트에 드릴 부시를 설치하여 공구를 안내한다. 공작물의 장착과 장탈이 비교적 용이하다.

바깥지름 지그

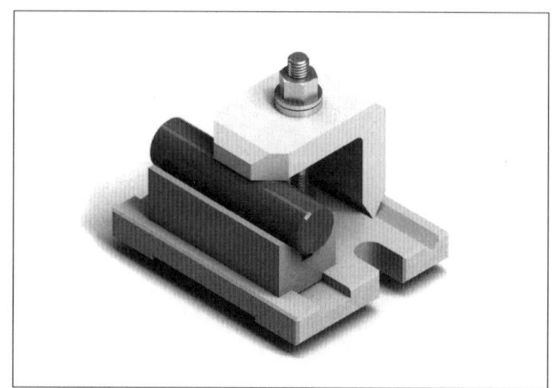

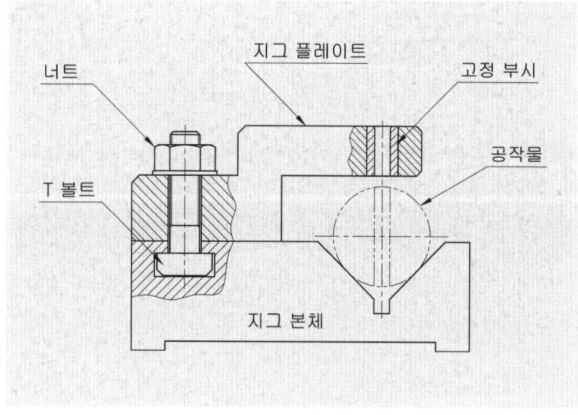

바이스형 지그

바이스 조(Jaw)

Lesson 07 바이스형 지그(Vise Jig)

시판되는 공작기계 바이스(vise)를 용도에 맞게 개조한 지그로, 공작물의 형상에 따라 이동 조(jaw)와 고정 조를 특수하게 제작하여 사용하며, 공작물의 형태가 바뀌어도 간단하게 조를 개조할 수 있고, 신속한 클램핑과 튼튼한 구조를 가지고 있다는 장점이 있으나 공작물의 정확한 위치결정이 어렵고 공작물의 형태에 제한을 받으며, 클램핑 시 기술을 요하는 단점이 있다. 고정 조와 이동 조의 간단한 개조만으로 사용할 수 있으므로 설계나 제작이 매우 간단하여 지그 제작 비용을 크게 절감할 수 있다.

앵글 플레이트 지그

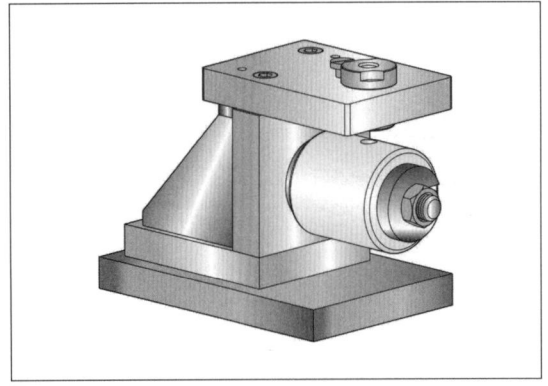

수정된 앵글 플레이트 지그

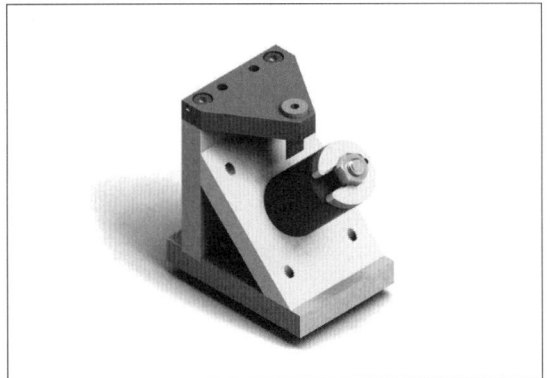

Lesson 08 앵글플레이트 또는 니이형 지그(Angle plate or knee Jig)

앵글플레이트 지그는 설치될 위치결정면에 대해 직각으로 가공될 공작물을 유지시키는데 사용한다. 풀리(pulley), 칼라(collar), 기어(gear) 등의 부품가공은 이 형식의 지그를 사용된다. 지그 본체는 보강대를 이용한 용접형으로 안정성을 주며, 90° 이외의 변형된 형태가 수정된 앵글플레이트 지그(modified angle plate Jig)이다.

Lesson 09 분할 지그(Indexing Jig)

분할 지그는 인덱싱 지그라고도 하며 공작물의 원주면 주위에 일정한 각도로 구멍 가공하는데 사용된다. 일정한 등분의 각도로 구멍 작업을 수행하기 위하여 볼이나 핀을 스프링과 함께 사용하는데 시판하는 표준 치공구 요소 중에 스프링 플런저(spring plunger)등을 이용하여 각도를 분할하는데 사용된다. 또한, 대형의 분할지그를 로타리 지그(rotary Jig)라 한다.

분할 지그

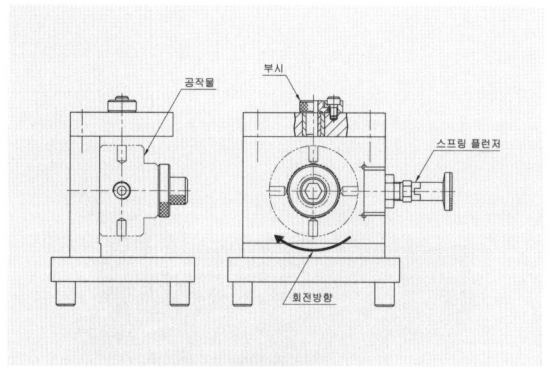

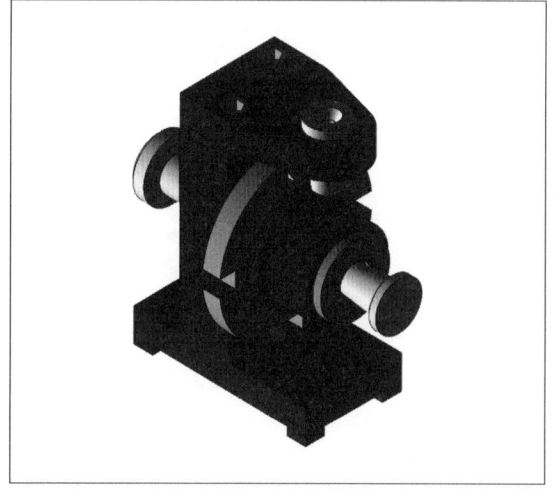

Lesson 10 리프 지그(Leaf Jig)

이 지그는 장착과 장탈을 용이하게 할 수 있도록 힌지 핀(hinge pin)으로 연결된 리이프(leaf)를 가진 소형 박스지그의 일종이다. 리프 지그와 박스지그의 주된 차이점은 지그의 크기와 공작물의 위치 결정이다. 리프 지그는 공작물을 완전히 둘러쌓지 않거나 쉽게 조작할 수 있는 핸들 손잡이를 갖는 것이 보통이다. 불규칙하고 복잡한 형태의 소형 공작물에 적합하며, 장착과 장탈이 용이하고 한번 장착으로 여러 면의 가공이 용이하다. 그러나 칩의 축적에 대한 대책이 요구되며, 드릴 부시가 압입되어 있는 리이프가 힌지 핀의 작동에 의하여 움직이며 이 때 발생하는 오차가 정밀도에 영향을 미치는 점이다.

리프 지그(leaf jig)는 샌드위치 지그를 보완 수정한 것으로 지그 본체와 부시가 설치된 지그 플레이트를 결합하는데 힌지핀을 사용하여 열고 닫을 수 있는 리프를 가진 소형 박스지그라고 볼 수 있다. 클램프 장치로 나사, 토글 클램프, 캠형 걸쇠 등을 가진 힌지 리프를 적용할 수 있으며, 공작물은 주로 위치결정구가 설치된 밑면에서 위치결정된다. 리프 지그와 박스 지그의 주된 차이점은 지그의 크기와 공작물의 위치결정 방법으로 리프 지그는 힌지핀과 본체의 틈새가 공작물 정밀도에 영향을 끼치는 단점이 있다.

리프 지그

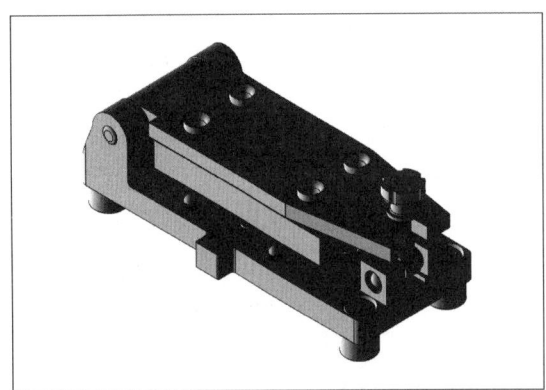
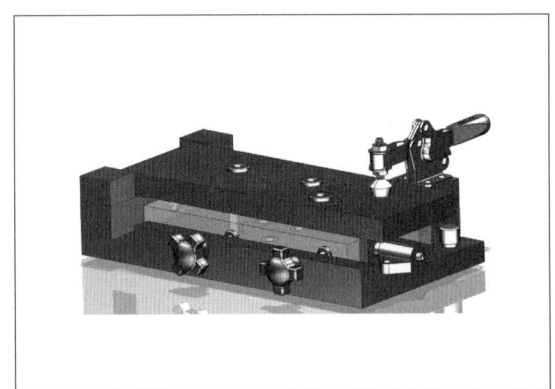

Lesson 11 채널 지그(Channel Jig)

이 지그는 공작물이 지그 본체의 두 면 사이에 유지되고, 제 3표면을 단순히 가공을 할 때 사용된다. 이것은 박스지그의 가장 간단한 형태의 일종으로 정밀한 가공보다 생산성을 향상시킬 목적으로 단순하고도 기본적인 형태로 사용되며, 지그 본체는 고정식이나 조립식으로 제작이 가능하다. 때로는 지그 다리를 사용하여 여러 방향에서 드릴가공을 할 수 있다. 그밖에도 얇은 부품의 공작물에 대해서

채널 지그

도 지지 및 안정도가 잘 보장되며 쉽게 설치 및 클램핑이 가능하다. 공작물은 두면에서 위치결정핀에 의해 자세가 유지되며 수평방향의 클램프로 공작물의 움직임을 고정하고 90° 각도로 두면에서 3개의 구멍을 가공한다.

Lesson 12 박스 지그(Box or tumble Jig)

박스 지그는 텀블 지그라고도 하며 공작물의 전 표면을 사방에서 감싸는 구조로 지그의 형태가 상자(box)형으로 구성되어 있다. 공작물을 한번 장착하면 재위치결정시키지 않고 지그를 회전시켜 가며 여러 면에서 가공할 수 있으며, 공작물의 위치결정이 정밀하고, 견고하게 클램핑할 수 있다는 장점이 있다. 하지만 다른 지그에 비해 제작해야 할 부품의 수가 많은 편이라 제작 시간이 필요하며, 박스 형태라 칩(chip)의 배출이 곤란하고 지그 제작비가 비교적 고가이므로 최초 제품 생산비가 비교적 높은 편이다.

가공을 적게 하기 위해 지그 다리를 사용하는 것이 원칙이지만 지그 본체 중앙에 홈을 파내어 양쪽 끝단을 지그 다리로 사용하기도 한다. 힌지핀이 연결된 리프(leaf)를 함께 사용하는 경우도 있는데 공작물 장착과 장탈시 간섭이 생기지 않도록 주의를 요하고, 작업 시 작업 상태를 육안으로 확인할 수 있도록 투명 아크릴을 설치하여 안전커버 겸 점검창의 용도로 사용한다.

박스지그

Lesson 13 트러니언 지그(Trunnion Jig)

바이스나 지그를 트러니언에 올려서 NC 로터리 테이블에서 공작물을 각도 분할하며 정밀하게 가공하는 지그로서, 주로 대형의 공작물이나 불규칙한 형상의 공작물을 가공하는데 사용되며 로터리 지그와 유사한 지그이다. 공작물이 크고 무거울 경우에 적합하며 공작물의 크기에 비하여 쉽게 전면을 가공할 수 있고, 공작물을 먼저 상자모양의 캐리어(carrier)에 넣어서 트러니언에 올려놓는다.

트러니언 지그   트러니언 테이블

Lesson 14 다단 지그(Multistation Jig)

일반적인 경우 한 개의 지그에서 한 가지 공정의 작업이 이루어지지만, 멀티스테이션 지그는 특수하게 설계된 가공 전용기 또는 조립 전용기의 인덱스(회전) 테이블 위에서 각 스테이션 별로 여러 종류의 작업을 할 수 있는 지그가 설치되어 연속적으로 가공이나 조립작업이 이루어지도록 설계되어 있으므로 생산능률을 향상시킬 수 있다.

예를 들어 공작물을 자동으로 공급하여 지그에 위치결정시킨 후 동시에 작업이 이루어지는데 1ST은 공작물 로딩, 2ST은 드릴링, 3ST은 리밍, 4ST은 카운터 보링과 같은 공정으로 작업하며 최종적으로는 완성 가공된 공작물을 자동으로 탈착(언로딩)하고 새로운 공작물을 장착(로딩)할 수 있는 것이다.

멀티스테이션 지그

Lesson 15 펌프 지그(Pump Jig)

축과 같은 원통형 공작물에 직각이나 경사로 구멍가공을 하는 것은 쉬운 작업이 아니다. 그러나 현장에서는 이런 작업이 매우 많으므로 구멍의 크기와 구멍까지 정해진 치수에 맞게 부시 플레이트 교체만으로 다양한 치수가공이 가능해지도록 제작된 이 지그는 사용자의 용도에 맞도록 상품화되어 있다. 간단하게 레버로 작동되는 지그 플레이트는 공작물의 장착과 장탈을 용이하게 한다.

이 지그는 기성품으로 사용자의 용도에 따라 약간의 변형만으로도 다양한 용도로 사용할 수 있으므로 시간 절약과 함께 비용 절감에도 기여를 하고 있다.

펌프 지그

SECTION 04 고정구(Fixture)의 형태별 종류

공작물의 형상이나 작업 공정에 따라 고정구(fixture)의 형태가 결정되며, 주로 플레이트 형태와 앵글 플레이트 형태가 가장 많이 사용된다. 지그와 고정구는 위치결정구와 클램핑 장치는 기본적으로 동일한 개념이다. 지그와 고정구의 가장 큰 차이점을 들면 고정구는 절삭력(선반, 밀링 가공 등)이 지그보다 크기 때문에 같은 치공구 요소라 하더라도 지그보다는 훨씬 큰 고정력으로 공작물을 고정할 수 있도록 더욱 견고하게 제작되어야 하지만, 지그는 드릴 가공이나 리머 가공 시 절삭 추력이 작은 편이라 작업자가 한 손으로 고정할 수 있는 구조로 설계하는 경우도 많다.

Lesson 01 플레이트 고정구(Plate Fixture)

고정구의 종류 중에서 가장 널리 사용되며 구조가 단순한 형태이다. 기본적인 고정구의 구조는 플레이트나 V블록에 공작물을 위치결정시키고 클램프 장치로 견고하게 고정시킬 수 있도록 제작된다. 이 고정구는 현장에서 적용성이 넓은 일반적인 형태의 고정구로 간단하게 설계·제작되며 기계가공, 용접, 검사 등의 작업에 많이 활용되고 있다. 고정구 본체는 밀링커터나 앤드밀과 같은 공구의 강력한 절삭력에 견디어야 하므로 큰 고정력이 필요하다. 설치구(부착구)라고도 하는 고정구의 주된 사용 목적은 공작물의 정확한 위치결정과 강력한 고정으로 정확하고, 정밀하게 가공할 수 있도록 돕는 것이다.

플레이트 고정구

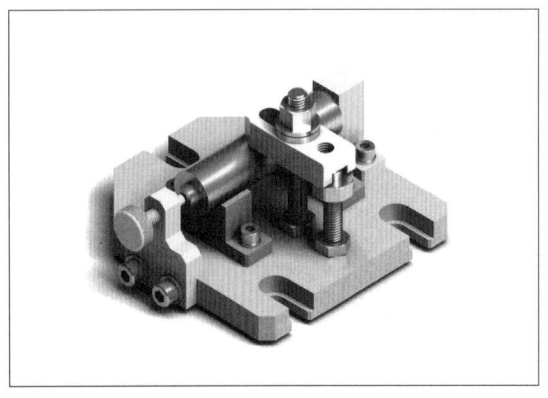
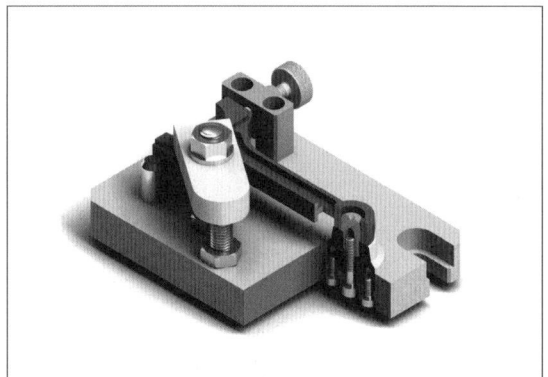

Lesson 02 앵글 플레이트 고정구(Angle-plate Fixture)

앵글 플레이트 고정구는 L, T자 등의 표준 형강을 필요한 길이만큼 절단해서 기계 테이블의 측면에나 공작물 위치결정면 등 필요 부분만 추가 가공해서 사용하거나, 플레이트 고정구에 수직판을 직각으로 설치한 것으로 밀링 고정구와 면판에 의한 선반 고정구에서 널리 사용되고 있다. 이 고정구는 공작물을 위치결정구와 직각으로 하여 기계 가공되므로, 강력한 절삭력이 작용하는 곳에 용접 조립한 본체는 구조상 취약하므로 반드시 보강판(리브)을 설치해야만 작업 시 공작물이 변형이나 파손되는 사고를 사전에 방지할 수 있다.

이 고정구는 90°의 각도로 만들어지지만 다른 각도가 필요할 경우가 있는데 이 때는 수정된 앵글 플레이트 고정구를 사용할 수 있다.

앵글 플레이트 고정구

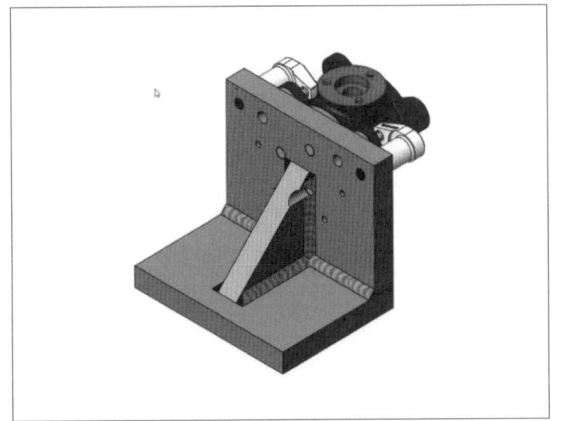

Lesson 03 바이스-조 고정구(Vise-jaw type Fixture)

시중에서 쉽게 구할 수 있는 표준 머신 바이스를 응용한 것으로 비교적 작은 공작물을 고정하고 기계 가공하기 위해서 사용된다. 이 형태의 고정구는 표준 바이스의 이동조와 고정조를 가공할 공작물의 형상에 맞도록 설계하여 부착하거나 개조하여 사용하므로 제작비가 저렴하다는 장점이 있지만 정밀도가 다소 떨어지고 바이스 조의 이동량(stroke)에 제한을 받게 되는 단점이 있으므로 주로 소형 공작물 가공에 적합한 고정구이다.

바이스 조 고정구

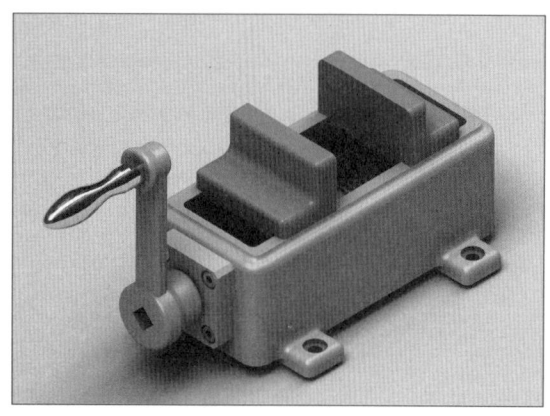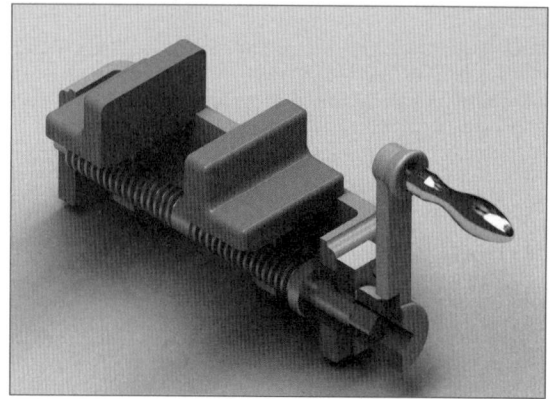

Lesson 04 분할 고정구(Indexing Fixture)

이 고정구는 분할 지그와 유사한 고정구로 분할 지그는 부시가 설치되지만, 이 고정구는 인덱싱 장치가 있어 일정한 각도로 정확하게 기계 가공해야 하는 공작물의 가공에 사용된다.

인덱싱 고정구

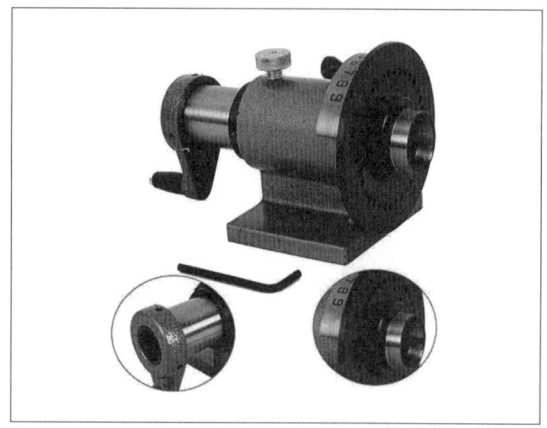

분할 고정구로 가공할 수 있는 부품

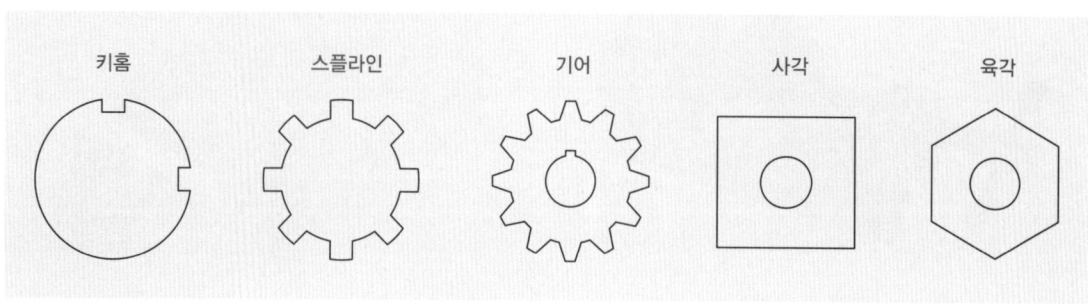

Lesson 05 멀티스테이션 고정구(Multistation Fixture)

이 고정구는 가공 사이클이 계속되어야 할 경우에 생산속도와 생산량의 향상을 위하여 사용된다. 이단 고정구(duplex Fixture)는 단지 2개의 스테이션을 가진 가장 간단한 다단 고정구이다. 이 고정구는 절삭 작업이 계속되는 동안에 장착과 장탈을 할 수가 있다. 예를 들면 스테이션(station) 1에서 공작물이 가공 완료되면 고정구는 회전되고 스테이션 2에서 가공 사이클은 반복된다. 동시에 공작물을 스테이션 1에서 제거하고 새로운 공작물을 장착한다.

이단 고정구

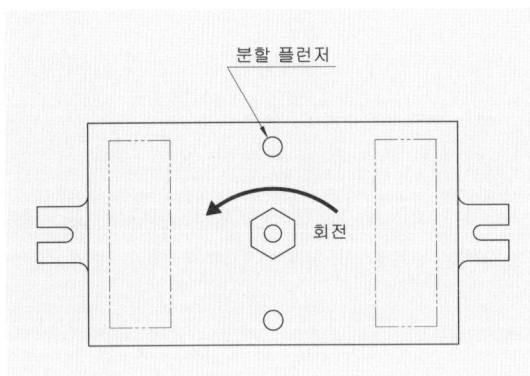

멀티스테이션 고정구

Lesson 06 총형 고정구(Profiling Fixture)

총형 고정구는 공작기계 자체로는 절삭할 수 없는 윤곽을 절삭할 수 있도록 절삭공구를 안내하는 데 사용된다. 이 윤곽 가공은 내면과 외면 모두 가능하나 공구는 고정구와 계속적으로 접촉되고 있으므로 공작물은 고정구의 윤곽대로 절삭된다.

그림과 같이 고정구와 엔드밀 공구에 끼워진 베어링과의 계속적인 접촉에 의해서 정확하게 절삭하는 것이 가능하다. 이 베어링은 공구의 한 부품으로써 매우 중요하며 항상 함께 사용하여야 한다.

총형 고정구

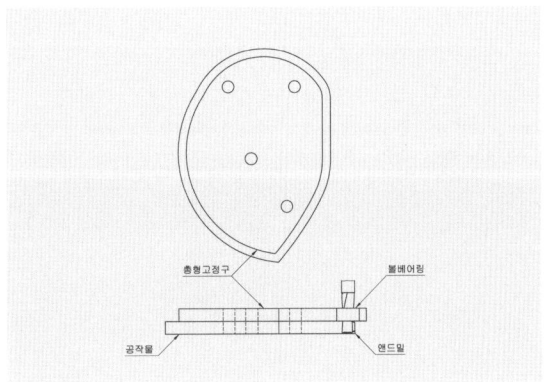

Lesson 07 모듈러 지그 시스템(Modular jig system)

모듈러 치공구 시스템은 지그의 기본 구성요소인 지그 베이스·위치결정 장치·클램프 장치를 서로 연관성있게 하여 이들의 조합에 의해 지그의 기능을 발휘하도록 한 일종의 레고 블록과 같은 조립식 지그라고 볼 수 있다. 모듈러 지그 시스템은 제조 현장에서 제품의 정밀도를 개선하여 생산성 향상에 효과적인 시스템으로 활용되고 있는데 부품의 표준화로 인해 설계자가 새롭게 설계하고 제작하는 공정이 불필요해진다. 모듈러 치공구는 공작물의 품종이 다양하고 소량생산 방식에 적합하도록 고안된 유연한 치공구 시스템으로서, 부품이 조립될 수 있도록 정밀하게 가공되어 있는 본체와 각종 치공구 부품, 볼트 등으로 구성되어 있다.

치공구는 부품의 조합에 의해서 완성되며 또한 쉽게 분해가 가능하므로 다양한 공작물의 형태에 간단히 대처할 수 있으며 각 부품의 규격화, 표준화되어 있으므로 생산의 자동화 추진이 수월하다. 또한 CAD/CAM 시스템에 의하여 공작물에 적합한 치공구의 형태와 부품의 종류 및 위치 등을 설정할 수 있다는 등의 장점이 있다. 모듈러 치공구의 활용 범위는 자동화 생산용, 밀링 고정구, 선반 고정구, 보링 고정구, 검사(3차원 측정 등) 지그 등에 사용되며, 복합용 머시닝센터에서 가장 많이 사용된다고 볼 수 있다.

모듈러 지그

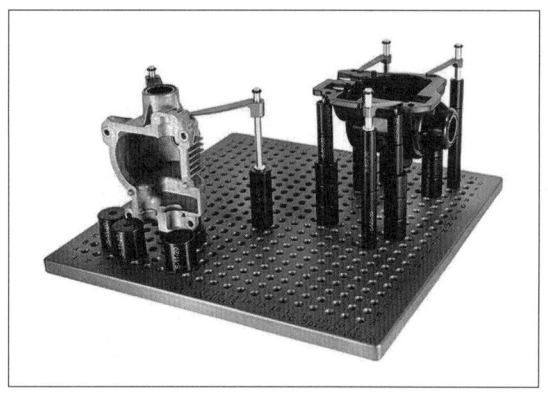 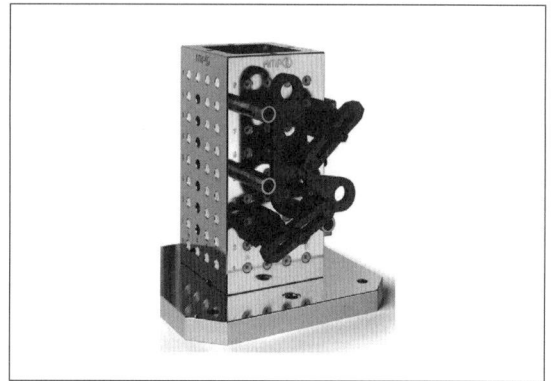

SECTION 05 치공구의 표준화

치공구의 설계 및 제작에서의 표준화란 매우 중요한 사항으로 CNC 장비의 활용, CAD/CAM화 등에 따라 그 비중은 더욱 높아진다고 볼 수 있으며, 치공구 표준화를 통하여 얻을 수 있는 기대 효과는 다음과 같다.

1. 원가 절감
　(1) 설계 시간의 단축
　(2) 장비 가동율 향상
　(3) 가공시간 단축
　(4) 표준 부품 이용으로 부품 제작비 절감
　(5) 실수로 인한 재가공률 저하
　(6) 표준 공구에 의한 정밀도의 향상
　(7) 설계 변경 시 대응의 용이

2. 품질 개선
　(1) 제품의 신뢰성 및 정밀도 향상
　(2) 불량률 감소
　(3) 작업자 숙련도의 차이 감소
　(4) 생산관리 및 원가관리 용이

3. 기능 향상
　(1) 치공구 준비 작업의 용이
　(2) 보수 및 정비의 용이
　(3) 문제점 발생이 적음

4. 납기 단축
　(1) 치공구 제작 기간의 단축
　(2) 표준 부품의 선행준비에 의한 부품의 구입 기간 단축
　(3) 시험 가공 후 조정 및 수정 시간의 단축
　(4) NC, CNC 프로그래밍 시간 단축
　(5) 표준 부품 재고의 이용가능

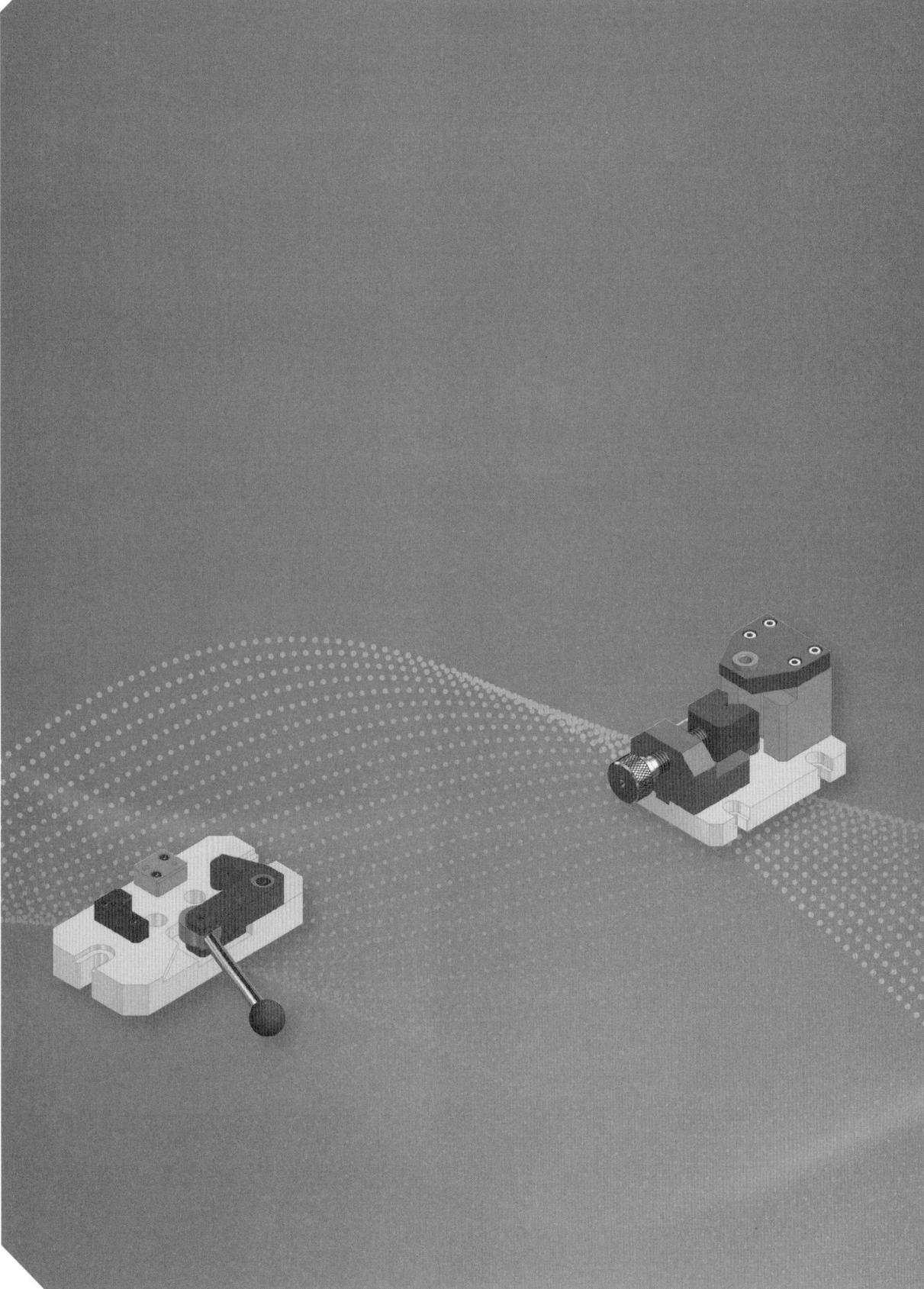

PART 02

끼워맞춤 설계

- Lesson 01 끼워맞춤의 두가지 요소
- Lesson 02 끼워맞춤 공차의 적용 요령
- Lesson 03 상용하는 끼워맞춤
- Lesson 04 끼워맞춤의 종류 및 적용 예
- Lesson 05 끼워맞춤 표시방법
- Lesson 06 끼워맞춤 관계 용어
- Lesson 07 끼워맞춤의 틈새와 죔새
- Lesson 08 구멍 기준식과 축 기준식 끼워맞춤
- Lesson 09 끼워맞춤 상태에 따른 분류
- Lesson 10 많이 사용되는 끼워맞춤의 종류와 적용 예
- Lesson 11 끼워맞춤된 제품도면의 공차기입법
- Lesson 12 구멍 기준과 축 기준

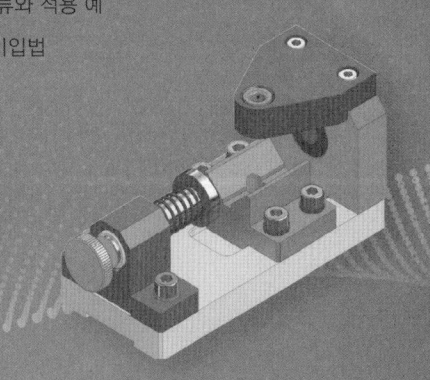

끼워맞춤 공차

끼워맞춤(fit)이란 두 개의 기계부품이 서로 끼워맞추기 전의 치수차에 의하여 틈새 및 죔새를 갖고 상호 조립되는 관계를 말한다. 기계부품에는 구멍(Hole)과 축(Shaft)이 서로 결합되는 경우가 많으며, 사용 목적과 요구 기능에 따라 헐거운 끼워맞춤, 중간 끼워맞춤, 억지 끼워맞춤의 3가지 방법으로 구멍과 축이 결합되는 상태를 말하며 끼워맞춤에 대한 규격이 KS B 0401에 규격으로 정해져 있다.

Lesson 01 끼워맞춤의 두가지 요소

① 구멍 또는 축의 표준 공차 등급

② IT등급 : 도면에 끼워맞춤을 지시할 때는 기준치수 다음에 이 두 가지 요소를 함께 표기해야 한다.
- Ø25H7 : Ø25는 **기준치수**이고, H는 **구멍의 표준 공차 등급**, 7은 **IT 등급**을 나타낸다.
- Ø25g6 : Ø25는 **기준치수**이고, g는 **축의 표준 공차 등급**, 6은 **IT 등급**을 나타낸다.

ISO 공차방식에 따른 기본공차로서 치수공차와 끼워맞춤에 있어서 정해진 모든 치수공차를 의미하는 것으로 IT기본공차 또는 IT라고 호칭하고, 국제 표준화 기구(ISO)공차 방식에 따라 분류하고 있으며, KS규격 KS B 0401에 의하면 0[mm] 초과 500[mm] 이하인 범위의 치수는 IT01, IT0, IT1 부터 IT18까지 20등급으로 분류하고, 500[mm] 초과 3150[mm] 이하인 범위의 치수는 IT1 부터 IT18까지 18등급으로 분류한다. 일반적으로 IT1~IT18의 등급이 사용된다.

구멍 또는 축의 표준 공차 등급과 IT 등급을 합해서 **공차 등급**(tolerance grade)이라 부르기도 한다.

Lesson 02 끼워맞춤 공차의 적용 요령

기계에 조립되는 각 부품의 기능과 작동상태를 고려하여, 가공법과 표준 부품의 적용 여부에 따라서 구멍 기준 끼워맞춤 방식이나 축 기준 끼워맞춤 방식으로 선택하여 적용한다.

① 구멍 기준 끼워맞춤이나 축 기준 끼워맞춤 방식을 같이 적용시키는 것이 편리할 때는 아래 ②와 ③의 방식을 혼합 사용하는 것이 가능하다.

② 구멍이 축보다 가공이나 측정이 어려우므로 구멍 기준 끼워맞춤을 선택하여 적용하는 것이 편리하며, 일반적으로 기계 설계 도면 작성시 적용하고 있다.

③ 주로 표준부품을 많이 적용하는 경우와 그 기능상 필요한 설계 도면에서는 축 기준 끼워맞춤 방식을 적용한다.

Lesson 03 상용하는 끼워맞춤

상용하는 끼워맞춤은 H구멍을 기준 구멍으로 하고, 이것에 적당한 축을 선택하여 필요한 죔쇄 또는 틈새를 주는 끼워맞춤(구멍 기준 끼워맞춤) 또는 h축을 기준 축으로 하여 이것에 적당한 구멍을 선택하여 필요한 죔쇄 또는 틈새를 주는 끼워맞춤(축 기준 끼워맞춤)의 어느 것으로 한다. 기준치수 500mm 이하의 상용하는 끼워맞춤에 사용하는 구멍·축의 조립은 아래 표와 같다.

1. 상용하는 구멍 기준 끼워맞춤

기준 구멍	축의 공차역 클래스 (축의 종류와 등급)													
	헐거운 끼워맞춤						중간 끼워 맞춤			억지 끼워 맞춤						
H6					g5	h5	js5	k5	m5						
				f6	g6	h6	js6	k6	m6	n6[1]	p6[1]				
H7				f6	g6	h6	js6	k6	m6	n6	p6[1]	r6[1]	s6	t6	u6	x6
			e7	f7		h7	js7								
H8				f7		h7									
		e8	f8			h8									
		d9	e9												
H9		d8	e8			h8									
	c9	d9	e9			h9									
H10	b9	c9	d9												

[주] 1. [1]로 표시한 끼워맞춤은 치수의 구분에 따라 예외가 생긴다.
    2. 중간 끼워맞춤 및 억지 끼워맞춤에서는 기능을 확보하기 위해 선택조합을 하는 경우가 많다.

[참고]
- 공차등급 : 치수공차 방식, 끼워맞춤 방식으로 전체의 기준 치수에 대하여 동일 수준에 속하는 치수공차의 일군을 의미한다. (예: IT7과 같이, IT에 등급을 표시하는 숫자를 붙여 표기함)
- 공차역 : 치수공차를 도시하였을때, 치수공차의 크기와 기준선에 대한 위치에 따라 결정하게 되는 최대 허용치수와 최소 허용치수를 나타내는 2개의 직선 사이의 영역을 의미한다.
- 공차역클래스 : 공차역의 위치와 공차 등급의 조합을 의미한다.

- H7의 기준 구멍이 가장 많은 축의 공차역 클래스(f6~x6, e7~js7)가 규정되어, 이용 범위가 가장 넓다.

2. 상용하는 축 기준 끼워맞춤

기준축	구멍의 공차역 클래스 (구멍의 종류와 등급)																
	헐거운 끼워맞춤							중간 끼워 맞춤				억지 끼워 맞춤						
h5							H6	JS6	K6	M6	N6[1]	P6					
h6					F6	G6	H6	JS6	K6	M6	N6	P6[1]					
					F7	G7	H7	JS7	K7	M7	N7	P7[1]	R7	S7	T7	U7	X7
h7				E7	F7		H7										
					F7		H8										
h8			D8	E8	F8		H8										
			D9	E9	F8		H9										
h9			D8	E8			H8										
		C9	D9	E9			H9										
	B10	C10	D10														

[주] 1. [1]로 표시한 끼워맞춤은 치수의 구분에 따라 예외가 생긴다.
   2. 중간 끼워맞춤 및 억지 끼워맞춤에서는 기능을 확보하기 위해 선택조합을 하는 경우가 많다.

[참고]
- 공차등급 : 치수공차 방식, 끼워맞춤 방식으로 전체의 기준 치수에 대하여 동일 수준에 속하는 치수공차의 일군을 의미한다. (예 : IT7과 같이, IT에 등급을 표시하는 숫자를 붙여 표기함)
- 공차역 : 치수공차를 도시하였을 때, 치수공차의 크기와 기준선에 대한 위치에 따라 결정하게 되는 최대 허용치수와 최소 허용치수를 나타내는 2개의 직선 사이의 영역을 의미한다.
- 공차역클래스 : 공차역의 위치와 공차 등급의 조합을 의미한다.

3. 구멍기준 끼워맞춤으로 하는 이유

① 구멍의 안지름보다 축의 바깥지름이 가공하기 쉽고, 검사(측정) 또한 용이하므로 구멍의 지름을 "0"기준으로 하여 축지름을 조정하는 편이 좋다.
② 대량 생산 제품의 치수검사에 있어 구멍기준으로 하면 고가인 구멍용 한계게이지가 1개 필요하지만, 축기준으로 하게 되면, 구멍의 지름 공차마다 한계게이지가 필요하게 된다.
③ 구멍 다듬질용 리머가 구멍의 지름마다 필요하게 된다.

④ 열처리 연마봉은 h 공차역 등급으로 제작되어 있으므로, 외경가공을 할 필요없이 구멍기준의 끼워맞춤에 사용할 수가 있다.

Lesson 04 끼워맞춤의 종류 및 적용 예

1. 상용하는 구멍기준식 헐거운 끼워맞춤

기준 구멍	축의 공차역 클래스 (축의 종류와 등급)													
	헐거운 끼워맞춤						중간 끼워 맞춤			억지 끼워 맞춤					
H6				g5	h5	js5	k5	m5						
			f6	g6	h6	js6	k6	m6	n6[1]	p6[1]				
H7			f6	g6	h6	js6	k6	m6	n6	p6[1]	r6[1]	s6	t6	u6	x6
		e7	f7		h7	js7									

헐거운 끼워맞춤의 적용 예

구멍과 축이 결합할 때 항상 틈새가 발생하는 구멍기준식 헐거운 끼워맞춤의 관계에 대해서 알아보도록 하자. 위의 표에서 헐거운 끼워맞춤이 되는 기준구멍인 H7을 기준으로 축의 공차역이 IT6급의 경우 g5, h5, f6, g6, h6가 해당되며 IT7급의 경우 f6, g6, h6, e7, f7, h7의 공차역이 있다. 헐거운 끼워맞춤은 틈새가 거의 없는 정밀한 운동이 요구되는 부분에 적용한다.

구멍의 표준 공차 등급인 H는 상용하는 IT등급인 5~10급(H5~H10)까지의 치수허용공차를 보면 아래치수허용차가 항상 '0'이며 IT등급과 적용 치수가 커질수록 위 치수 허용차가 (+)측으로 커지는 것을 알 수 있다.

구멍의 공차 영역 등급 (단위 : ㎛ = 0.001mm)

치수구분(mm)		H					
초과	이하	H5	H6	H7	H8	H9	H10
–	3	+4 0	+6 0	+10 0	+14 0	+25 0	+40 0
3	6	+5 0	+8 0	+12 0	+18 0	+30 0	+48 0
6	10	+6 0	+9 0	+15 0	+22 0	+36 0	+58 0

10	14	+8	+11	+18	+27	+43	+70
14	18	0	0	0	0	0	0
18	24	+9	+13	+21	+33	+52	+84
24	30	0	0	0	0	0	0

편심구동장치

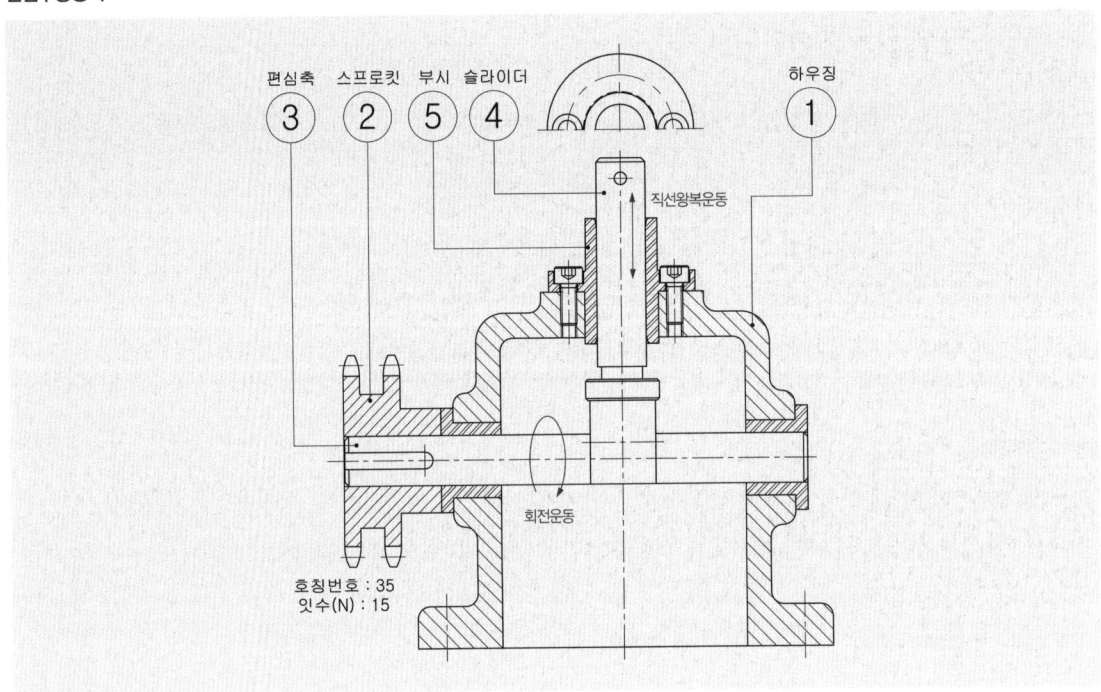

위의 편심구동장치에서 헐거운 끼워맞춤이 필요한 부품을 찾아보면 품번 ④ 슬라이더와 ⑤ 부시는 ③ 편심축이 회전운동을 하게 되면 상하로 왕복운동을 하는데 이런 곳에는 헐거운 끼워맞춤을 적용한다.

우선 헐거운 끼워맞춤 중 자주 사용되는 **구멍 H7, 축 g6**의 관계를 알아보도록 하자.

품번 ① 하우징에 부시가 고정되어 ④ 슬라이더의 정밀한 운동을 안내해주는데 ⑤ 부시의 안지름은 Ø12H7 (Ø12.0~Ø12.018)으로 기준치수 Ø12를 기준으로 아래치수 허용차는 '0'이며 위치수 허용차가 '+0.018'이다. 부시의 안지름에 헐겁게 끼워맞춤되어 움직이는 슬라이더의 경우 Ø12g6 (Ø11.983~Ø11.994)로 치수 Ø12를 기준으로 위,아래 치수허용차가 전부(-)측으로 되어 있다.

결국 부시의 안지름이 최소허용치수인 Ø12.0으로 제작이 되고 축이 최대허용치수인 Ø11.994로 제작이 되었다고 하더라도 0.006의 틈새를 허용하고 있으므로 **H7/g6**와 같은 끼워맞춤 조합은 구멍과 축 사이에 항상 틈새를 허용하는 헐거운 끼워맞춤이 되는 것이다.

헐거운 끼워맞춤 적용 예

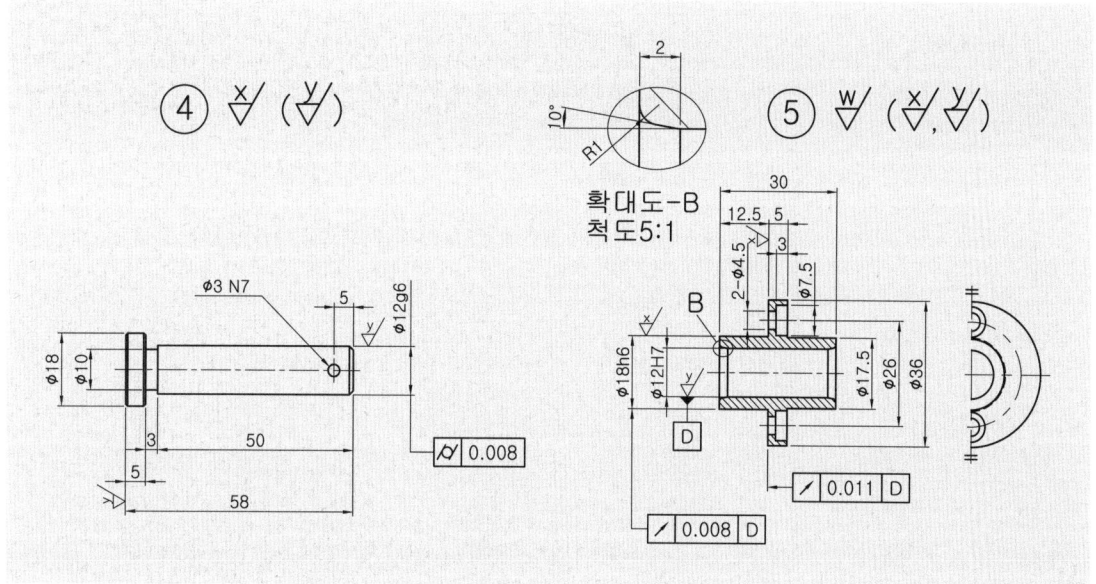

(단위 : ㎛ =0.001mm)

치수구분(mm)		g		
초과	이하	g4	g5	g6
-	3	-2 -5	-2 -6	-2 -8
3	6	-4 -8	-4 -9	-4 -12
6	10	-5 -9	-5 -11	-5 -14
10	14	-6 -11	-6 -14	-6 (0.006)
14	18			-17 (0.017)
18	24	-7 -13	-7 -16	-7 -20
24	30			

보다 원활한 운동을 위하여 H7/g6보다 틈새를 더 주어 헐겁게 해도 되는 경우는 H7/e7의 공차를 적용할 수도 있으며 부품의 기능과 용도에 따라 H8/f7 등의 여러 가지 조합도 적용할 수 있다.

(단위 : ㎛ = 0.001mm)

치수구분(mm)		e		
초과	이하	e7	e8	e9
–	3	–14 –24	–14 –28	–14 –29
3	6	–20 –32	–20 –38	–20 –50
6	10	–25 –40	–25 –47	–25 –61
10	14	–32 –50	–32 –59	–32 –75
14	18			
18	24	–40 –61	–40 –73	–40 –92
24	30			

2. 상용하는 구멍기준식 중간 끼워맞춤

기준 구멍	축의 공차역 클래스 (축의 종류와 등급)													
	헐거운 끼워맞춤					중간 끼워 맞춤			억지 끼워 맞춤					
H6				g5	h5	js5	k5	m5						
			f6	g6	h6	js6	k6	m6	n6[1]	p6[1]				
H7			f6	g6	h6	js6	k6	m6	n6	p6[1]	r6[1]	s6	t6	u6	x6
		e7	f7		h7	js7								

중간 끼워맞춤의 적용 예

중간 끼워맞춤은 구멍과 축에 주어진 공차에 따라 틈새가 생길 수도 있고, 죔새가 생길 수도 있는 끼워맞춤으로 구멍과 축의 실제 치수의 크기에 따라서 억지 끼워맞춤이 될 수도 있고 헐거운 끼워맞춤이 될 수도 있는 끼워맞춤 조합으로 조립 및 분해시에 해머나 핸드 프레스를 사용할 수 있을 정도이며 부품을 손상시키지 않고 분해 및 조립이 가능하다.

중간 끼워맞춤은 지그의 맞춤핀(다웰핀), 베어링 안지름에 끼워지는 축, 부품과 부품의 위치를 맞추는 위치결정 핀, 리머 볼트 등의 끼워맞춤에 적용한다.

리밍지그

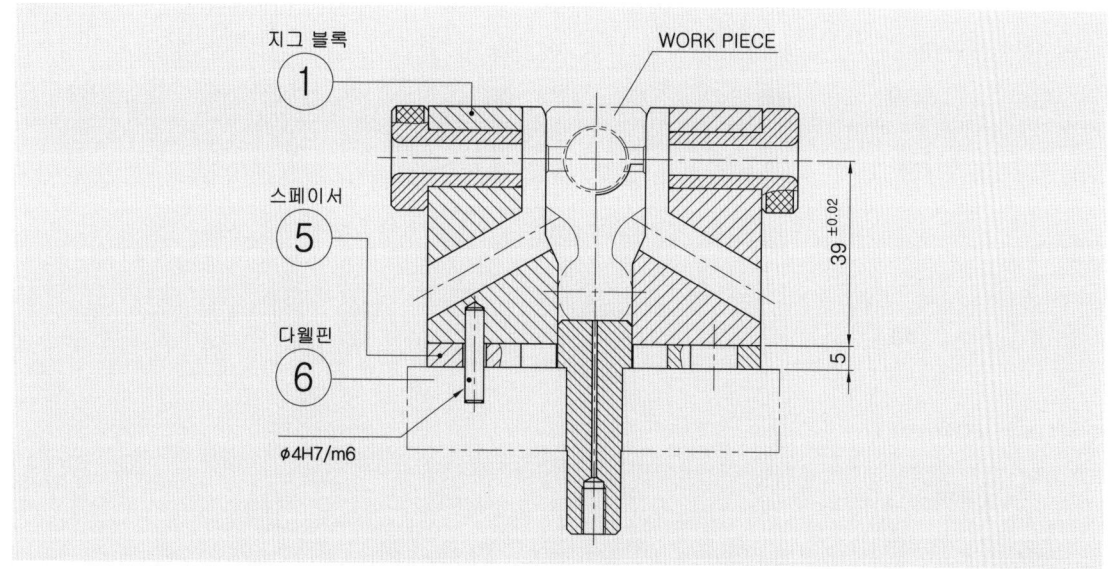

위의 리밍지그에서 품번 ① 지그블록과 하부 플레이트의 위치를 맞추는 기능을 하는 ⑥ 다웰핀의 사례를 보면 구멍은 **Ø4H7**, 다웰핀은 **Ø4m6**으로 되어 있다. 아래 치수 허용차와 위 치수 허용차 모두 +측의 공차로 주어진다. 구멍의 경우 치수 허용차가 4.0~4.012이고, 다웰핀의 경우 치수 허용차가 4.004~4.012인데 만약 구멍이 최소 허용치수인 4.0으로 제작이 되고 다웰핀이 최대 허용치수인 4.012로 제작되었다면 0.012만큼의 죔새가 발생할 것이며 반대로 구멍이 최대 허용치수인 4.012로 제작되고 다웰핀이 최소 허용치수인 4.004로 제작되었다면 0.008만큼의 틈새가 발생하게 될 것이다. 따라서 제작되는 실제 치수에 따라 끼워맞춤시에 틈새가 발생할 수도 있고, 죔새가 발생할 수도 있는 끼워맞춤 조합이 된다.

중간끼워맞춤 적용 예

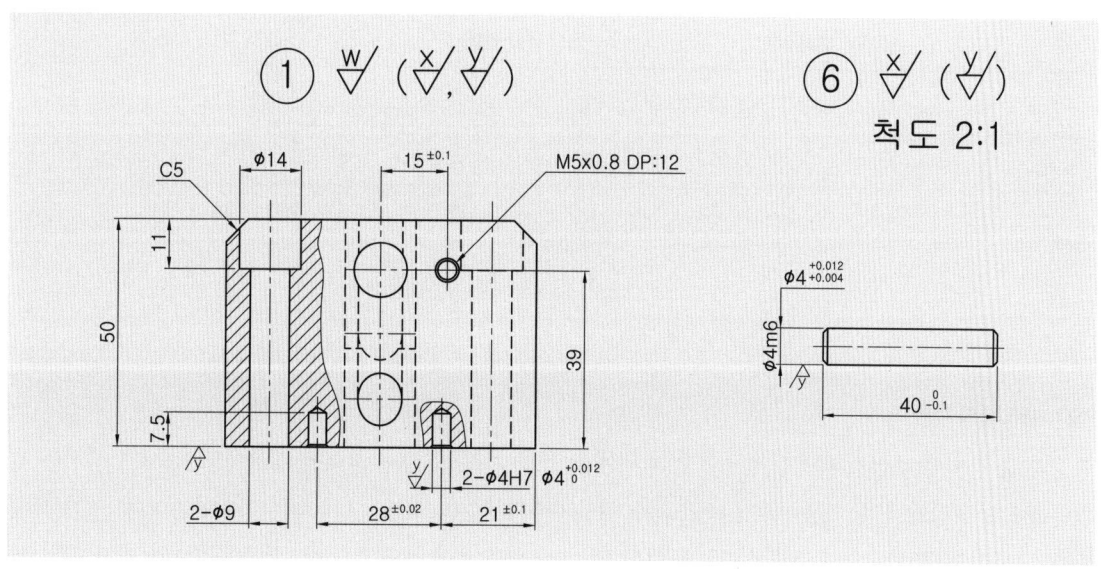

(단위 : ㎛ = 0.001mm)

치수구분(mm)		H					
초과	이하	H5	H6	H7	H8	H9	H10
-	3	+4 0	+6 0	+10 0	+14 0	+25 0	+40 0
3	6	+5 0	+8 0	+12 0	+18 0	+30 0	+48 0
6	10	+6 0	+9 0	+15 0	+22 0	+36 0	+58 0

(단위 : ㎛ = 0.001mm)

치수구분(mm)		m		
초과	이하	m4	m5	m6
-	3	+5 +2	+6 +2	+8 +2
3	6	+8 +4	+9 +4	+12 +4
6	10	+10 +6	+12 +6	+15 +6

3. 상용하는 구멍기준식 억지 끼워맞춤

기준 구멍	축의 공차역 클래스 (축의 종류와 등급)													
	헐거운 끼워맞춤					중간 끼워 맞춤				억지 끼워 맞춤				
H6				g5	h5	js5	k5	m5						
			f6	g6	h6	js6	k6	m6	n6[1]	p6[1]				
H7			f6	g6	h6	js6	k6	m6	n6	p6[1]	r6[1]	s6	t6	u6	x6
		e7	f7		h7	js7								

[주] 이러한 끼워맞춤은 치수 구분에 따라서 예외가 있을 수 있다.

억지 끼워맞춤의 적용 예

구멍과 축 사이에 주어진 허용한계치수 범위 내에서 구멍이 최소, 축이 최대인 경우에도 죔새가 생기는 끼워맞춤으로 구멍의 최대 허용치수가 축의 최소 허용치수와 같거나 또는 크게 되는 끼워맞춤이다. 억지 끼워맞춤은 서로 단단하게 고정되어 분해하는 일이 없는 한 영구적인 조립이 되며, 부품을 손상시키지 않고 분해하는 것이 곤란하다. 조립 및 분해에 큰 힘이 필요하며 부품을 손상시키지 않고는 분해하기가 어렵다.

채널지그의 드릴 가이드 고정부시 끼워맞춤 적용 예

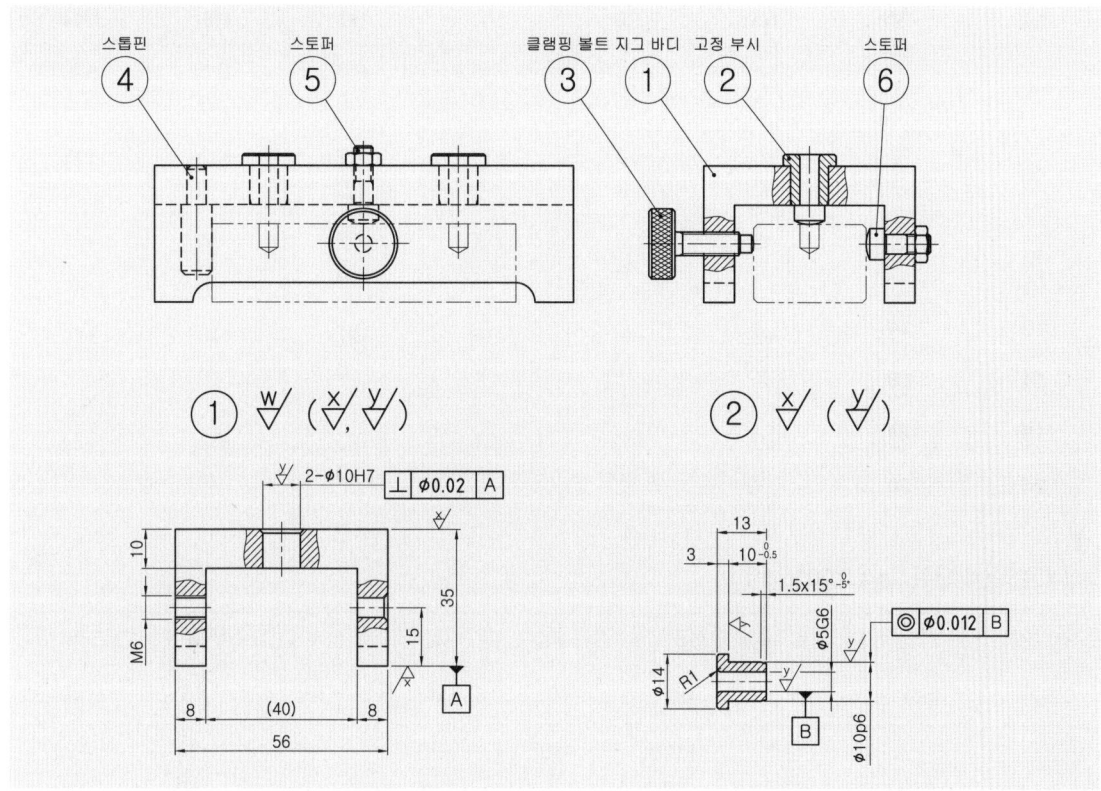

위의 채널지그에서 절삭공구인 드릴을 안내하는 품번 ② 고정 부시가 압입되는 ① 지그 바디와의 끼워맞춤 관계를 살펴보도록 하자. 고정 부시는 억지로 끼워맞추기 위해 외경이 연삭이 되어 있으며 지그 바디에 압입하여 고정하며 지그의 수명이 다 될 때까지 반영구적으로 사용하는 것이 일반적이다.

억지 끼워맞춤에서도 마찬가지로 구멍을 H7로 정하였고 압입하고자 하는 고정 부시는 p6로 선정하였다. 기준치수가 Ø10인 구멍의 경우 H7의 공차역은 Ø10.0~Ø10.015, 부시의 경우 p6의 공차역은 Ø10.015~Ø10.024이다. 구멍의 최대 허용치수가 Ø10.015로 축의 최소 허용치수인 Ø10.015와 같은 것을 알 수 있고 구멍이 최소 허용치수인 Ø10.0으로 제작이 되고 부시가 Ø10.024로 제작되었다면 0.024만큼의 죔새가 발생하여 강제 압입을 해야만 끼워맞춤될 수 있을 것이다.

이처럼 축과 구멍은 정해진 공차 범위 내에서 제작이 되어 항상 죔새가 생기는 끼워맞춤 조합이 될 것이다. **H7구멍**을 기준으로 **축**이 p6 < r6 < s6 < t6 < u6 < x6가 선택 적용될 수 있는데 알파벳 순서가 뒤로 갈수록 압입에 더욱 큰 힘을 필요로 하는 억지끼워맞춤이 되는데 s6, t6, u6, x6 등의 조합은 수축 및 냉각 끼워맞춤 등을 하며 분해할 일이 없는 영구적인 조립이 된다.

구멍의 치수허용차 (단위 : ㎛ = 0.001mm)

치수구분(mm)		H					
초과	이하	H5	H6	H7	H8	H9	H10
−	3	+4 0	+6 0	+10 0	+14 0	+25 0	+40 0
3	6	+5 0	+8 0	+12 0	+18 0	+30 0	+48 0
6	10	+6 0	+9 0	+15 0	+22 0	+36 0	+58 0
10	14	+8 0	+11 0	+18 0	+27 0	+43 0	+70 0
14	18						
18	24	+9 0	+13 0	+21 0	+33 0	+52 0	+84 0
24	30						

축의 치수허용차 (단위 : ㎛ = 0.001mm)

		n	p	r	s	t	u	x
초과	이하	n6	p6	r6	s6	t6	u6	x6
−	3	+10 +4	+12 +6	+16 +10	+20 +14	−	+24 +20	+26 +20
3	6	+16 +8	+20 +12	+23 +15	+27 +19	−	+31 +23	+36 +28
6	10	+19 +10	+24 +15	+28 +19	+32 +23	−	+37 +28	+43 +34
10	14	+23 +12	+29 +18	+34 +23	+39 +28	−	+44 +33	+51 +40
14	18							+56 +45
18	24	+28 +15	+35 +22	+41 +28	+48 +35	−	+54 +41	+67 +54
24	30					+54 +41	+61 +48	+77 +64

Lesson 05 끼워맞춤 표시방법

구멍과 축이 서로 결합되어 있는 상태에서의 끼워맞춤 표시법은 구멍 기준 끼워맞춤이나 축 기준 끼워맞춤이나 모두 기준치수 다음에 구멍을 나타내는 기호와 IT공차 등급, 그 다음에 축을 나타내는 기호와 IT공차 등급을 나타낸다.

[보기] Ø25 H7g6 또는 Ø25 H7/g6 또는 Ø25 $\frac{H7}{g6}$

또한 축과 구멍이 결합되어 있는 상태에서 공차기호와 IT공차 등급으로 나타내지 않고 치수공차를 수치로 나타낼 필요가 있는 경우에는 치수선 위에 구멍의 치수공차를 기입하고 치수선 아래에 축의 치수공차를 아래와 같이 나타낸다.

축과 구멍이 결합되어 있는 상태에서 치수 기입법

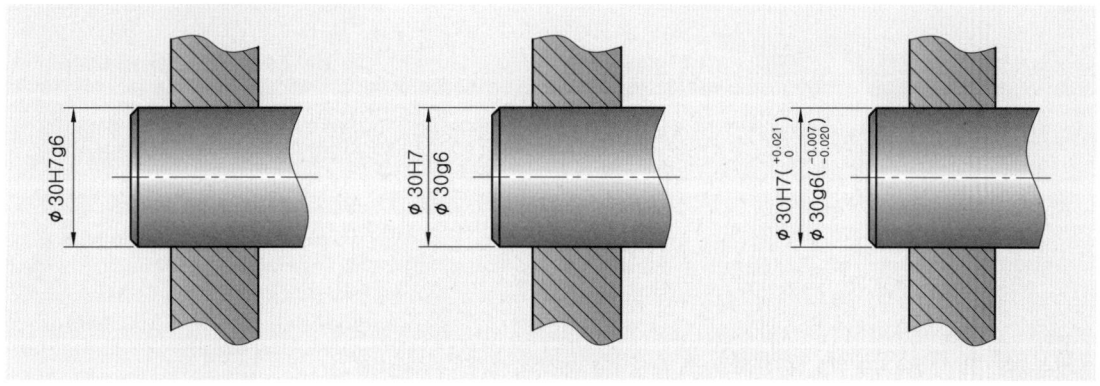

지금까지 끼워맞춤의 종류와 그 사용법에 대해서 알아보고 도면에 실제 적용하는 방법을 알아보았다. 이와 같이 끼워맞춤의 종류는 다양하지만 일반적으로 권장하고 있는 구멍과 축의 끼워맞춤 조합을 상용 끼워맞춤으로 하여 사용하는 것이 좋다.

상용 끼워맞춤의 이해

① 구멍 기준식 끼워맞춤에서는 H5~H10의 6종류의 구멍을 기준으로 해서 여러 가지 축을 조합할 수 있으며 축 기준식 끼워맞춤에서도 h4~h9의 6종류의 축을 기준으로 해서 여러 가지 구멍을 조합할 수 있다.
② 예를 들어, 축이나 구멍의 종류가 25개, 정밀도 등급이 20등급이라고 가정한다면 6×25×20=3,000여 가지의 조합이 가능하다.
③ 이처럼 다양한 끼워맞춤 조합에서 KS에서는 일반적으로 권장할 수 있는 끼워맞춤의 조합을 상용하는 구멍 기준식, 축 기준식 끼워맞춤으로 정하고 있으며 가급적이면 이 상용 끼워맞춤을 설계에 적용하는 것이 좋다.

IT 공차등급에 따른 치수공차의 예

기준치수	구멍 기호와 등급	공차 (μ)	공차 (mm)	최대, 최소 치수허용차
Ø35	E7	+75 +50	+0.075 +0.050	25μ (0.025mm)
Ø35	F7	+50 +25	+0.050 +0.025	25μ (0.025mm)
Ø35	G7	+34 +9	+0.034 +0.009	25μ (0.025mm)
Ø35	H7	+25 0	+0.025 0	25μ (0.025mm)
Ø35	Js7	±12.5	±0.0125	25μ (0.025mm)
Ø35	K7	+7 −18	+0.007 −0.018	25μ (0.025mm)
Ø35	M7	0 −25	0 −0.025	25μ (0.025mm)
Ø35	N7	−8 −33	−0.008 −0.033	25μ (0.025mm)
Ø35	P7	−17 −42	−0.017 −0.042	25μ (0.025mm)
Ø35	T7	−45 −70	−0.045 −0.070	25μ (0.025mm)

※ 치수 공차 : 최대 허용치수와 최소 허용치수와의 차, 즉 위 치수 허용차와 아래 치수 허용차의 차

Lesson 06 끼워맞춤 관계 용어

끼워맞춤이란 축과 구멍이 결합되는 상태를 말하며, 끼워맞춤에 관한 여러 가지 용어와 내용을 이해하고 설계도면 작성시에 각 부품들의 기능과 요구되는 정밀도에 따라 알맞은 끼워맞춤 방식을 선택할 수 있도록 한다.

치수에 따른 끼워맞춤 용어의 구분

용어 \ 치수	30 ± 0.02	30 $^{+0.05}_{+0.02}$	30 $^{-0.02}_{-0.04}$
기준 치수	30	30	30
허용한계치수	0.04	0.03	0.02

※ 허용한계치수 : 형체의 실 치수가 그 사이에 들어가도록 정한, 허용할 수 있는 대소 2개의 극한의 치수. 즉, 최대 허용치수 및 최소 허용치수

최대허용치수	30.02	30.05	29.98
최소허용치수	29.98	30.02	29.96
위 치수허용차	0.02	0.05	0.02
아래 치수허용차	0.02	0.02	0.04

끼워맞춤 관계 용어

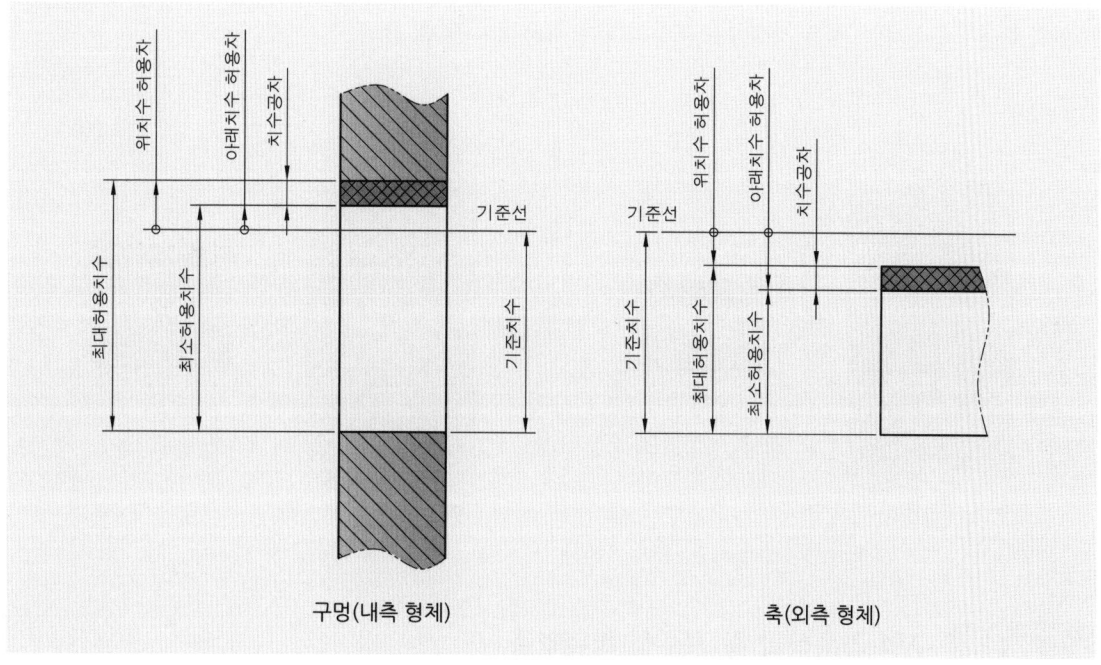

구멍(내측 형체)　　　축(외측 형체)

Lesson 07 끼워맞춤의 틈새와 죔새

끼워맞춤하려는 두 개의 부품간의 치수차에 의해 발생되는 끼워맞춤의 관계는 공차역과 등급에 의하여 결정된다. 설계자는 끼워맞춤을 이해하고 부품의 기능에 따라 적절한 끼워맞춤을 선택하고 해당 공차를 선정할 수 있어야 한다.

1. 끼워맞춤 (fit)

2개의 기계 부품이 서로 끼워 맞추기 전의 치수차에 의해 틈새 및 죔새를 갖고 서로 끼워지는 상태를 의미하고, 구멍과 축이 조립되는 관계를 끼워맞춤이라 하며, 헐거운 끼워맞춤, 중간 끼워맞춤, 억지 끼워맞춤이 있다.

2. 틈새 (clearance)
- 최대 틈새 : 구멍의 최대 허용 치수에서 축의 최소 허용 치수를 뺀 값
- 최소 틈새 : 구멍의 최소 허용 치수에서 축의 최대 허용 치수를 뺀 값

3. 죔새 (interference)
- 최대 죔새 : 축의 최대 허용 치수에서 구멍의 최소 허용 치수를 뺀 값
- 최소 죔새 : 축의 최소 허용 치수에서 구멍의 최대 허용 치수를 뺀 값

틈새와 죔새

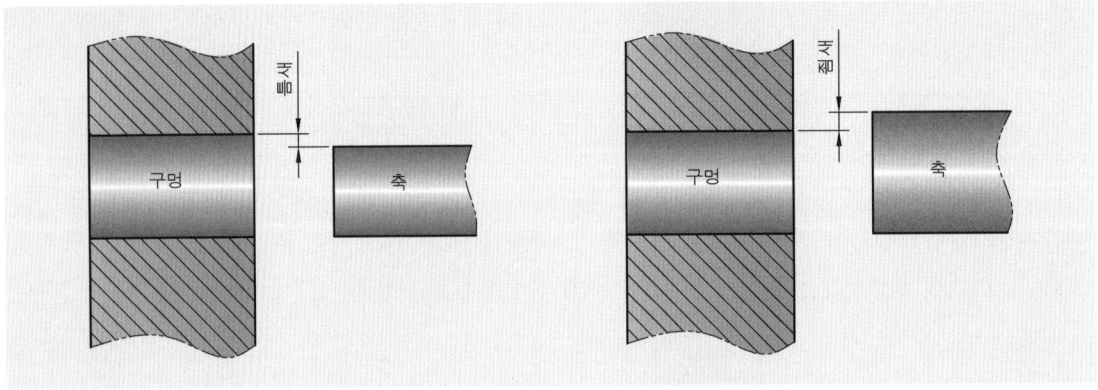

Lesson 08 구멍 기준식과 축 기준식 끼워맞춤

끼워맞춤에는 구멍 기준식 끼워맞춤과 축 기준식 끼워맞춤이 있다. 일반적으로 구멍쪽이 축쪽보다 가공하기도 어렵고 정밀도를 향상시키기도 어렵기 때문에 가공하기 어려운 구멍을 기준으로 하여 가공하기 쉬운 축을 조합하여 여러 가지 끼워맞춤을 얻는 구멍 기준식 끼워맞춤이 주로 사용되고 있다. 또한 구멍기준 끼워맞춤 중에서도 H6와 H7에 끼워맞춤 되는 축의 공차역 범위가 넓어서 헐거운 끼워맞춤부터 억지 끼워맞춤까지 널리 사용되며, 이중에서도 H7에 끼워맞춤되는 축의 공차역 범위가 가장 넓으므로 H7이 가장 많이 이용되고 있는 것이다.

1. 구멍과 축에 대한 표준 공차 등급

1.1 구멍 기준식 끼워맞춤
구멍의 아래 치수 허용차가 "0"인 H기호 구멍을 기준 구멍으로 하고, 구멍의 공차역을 H5~H10으로 정하여 부품의 기능이나 요구되는 정밀도 등을 결정하여 필요한 죔새 또는 틈새에 따라 구멍에 끼워맞춤할 여러 가지 축의 공차역을 정한다.

구멍 기준식 끼워맞춤

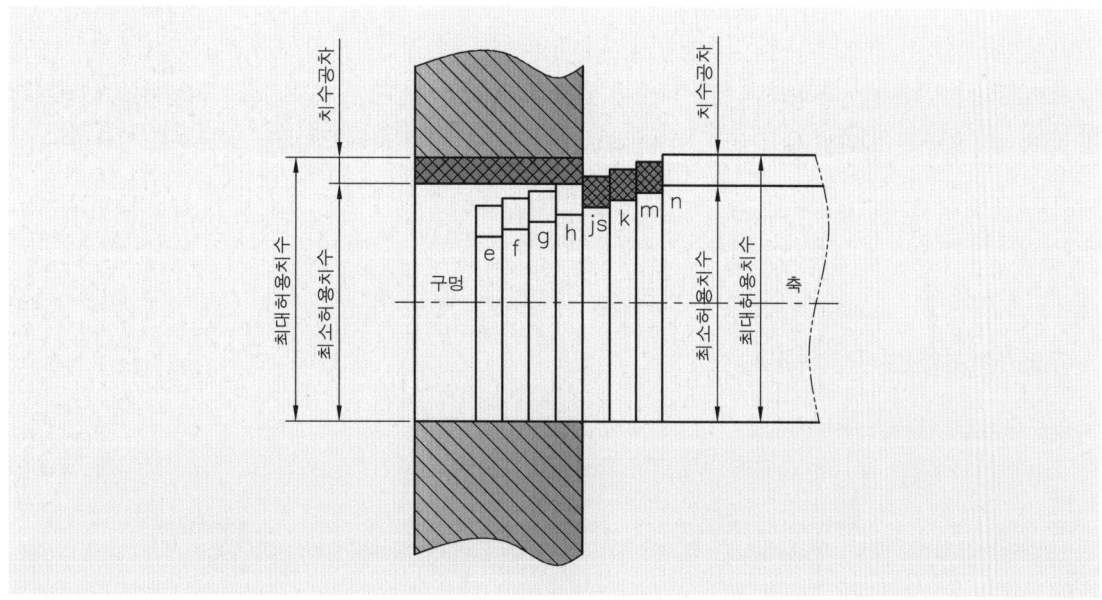

1.2 축 기준식 끼워맞춤

축의 위 치수 허용차가 "0"인 h기호 축을 기준으로 하고, 축의 공차역을 h5~h9로 정하여 부품의 기능이나 요구되는 정밀도 등을 결정하여 필요한 죔새 또는 틈새에 따라 축에 끼워맞춤할 여러 가지 구멍의 공차역을 정한다.

축 기준식 끼워맞춤

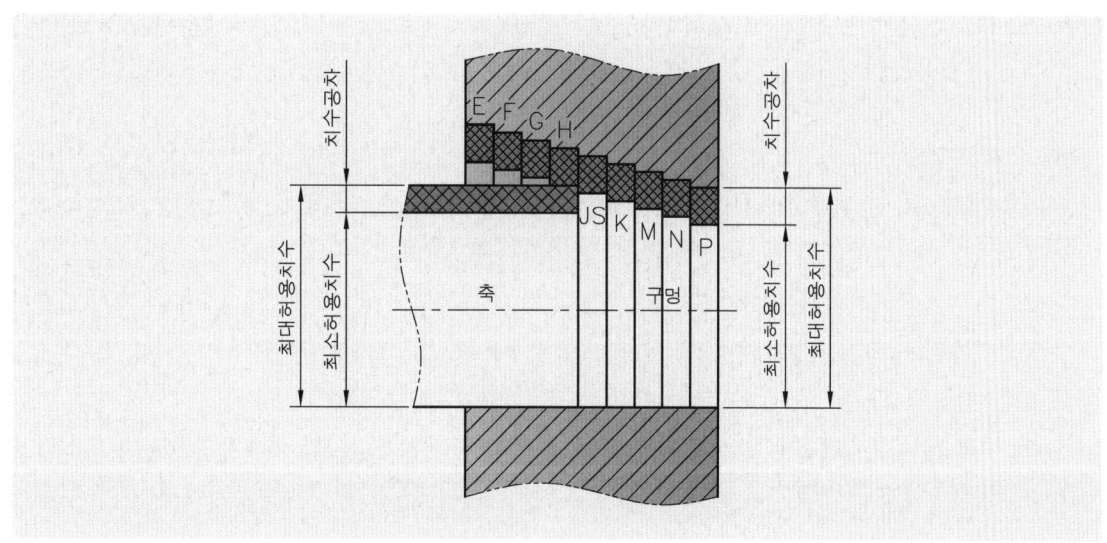

Part 02_끼워맞춤 설계

2. 구멍기준 끼워맞춤과 축 기준 끼워맞춤 공차역과 기호

치수공차역이란 최대허용치수와 최소허용치수를 나타내는 2개 직선사이의 영역이다. 치수공차역은 기준선으로부터 상대적인 공차의 위치를 나타내기 위한 것으로 영문자로 표기한다. 구멍과 같이 안치수를 나타내는 경우는 알파벳 대문자를, 축과 같이 바깥치수를 나타내는 경우에는 소문자를 사용한다.

다음은 구멍 기준식 끼워맞춤과 축 기준식 끼워맞춤을 구멍과 축에 대한 표준 공차 등급과 치수 허용차의 상대적인 크기를 나타낸 것이다.

3. 구멍기준 끼워맞춤 공차역과 기호

구멍기준 끼워맞춤 공차역과 그 기호

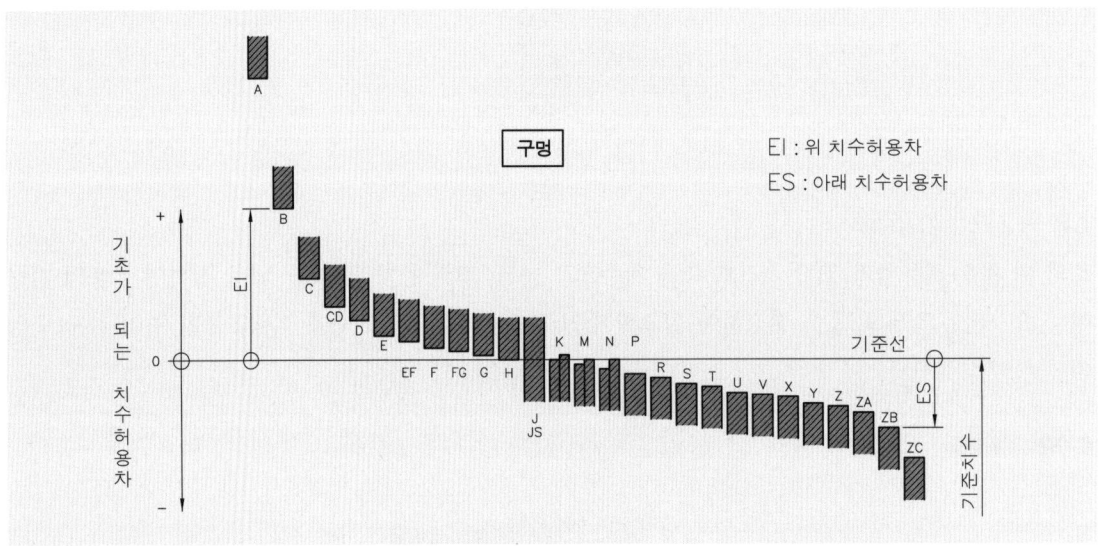

구멍의 공차역 표기법

① 구멍의 끼워맞춤 기호는 A, B, C, CD, D, E, EF, F, FG, G, H, J, JS, K, M, N, P, R, S, T, U, V, X, Y, Z, ZA, ZB, ZC 로 알파벳 대문자를 사용하여 27가지로 구분한다.
② 구멍의 경우 A에 가까워질수록 실제치수가 호칭치수보다 커지고, Z에 가까워질수록 실제치수가 호칭치수보다 작아진다. 즉 A 구멍이 가장 크고 Z 쪽으로 갈수록 구멍의 크기가 작아진다.
③ 구멍공차역(hole tloerance zone) H의 최소 치수는 기준치수와 동일하다.
④ 구멍공차역 JS 공차역에서는 위 그림에서 볼 수 있듯이 위치수 허용차와 아래치수 허용차의 크기가 같다.

4. 축 기준 끼워맞춤 공차역

축기준 끼워맞춤 공차역과 그 기호

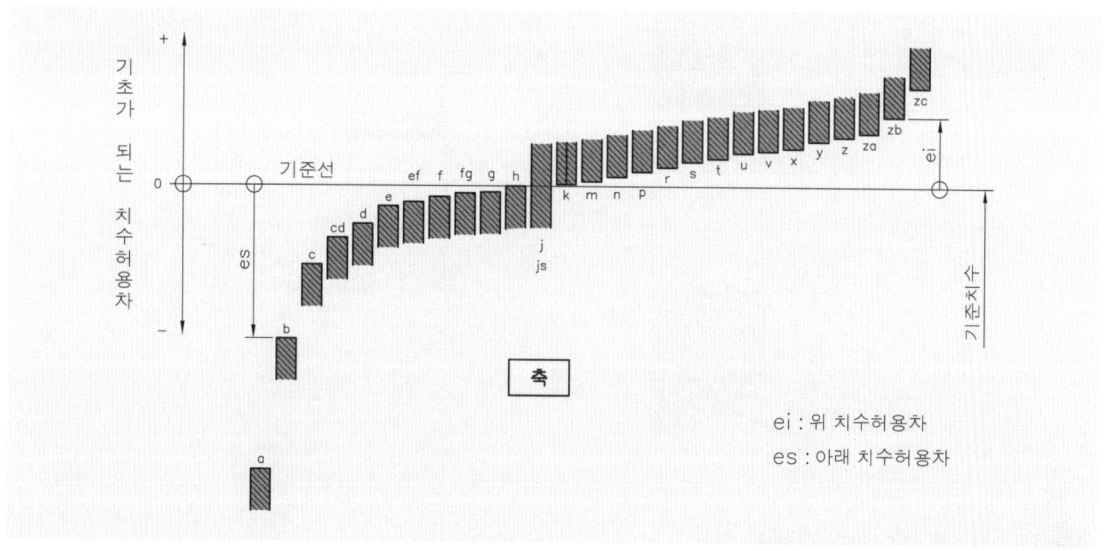

축의 공차역 표기법

① 축의 끼워맞춤 기호는 a, b, c, cd, d, ef, f, fg, g, h, j, js, k, m, n, p, r, s, t, u, v, x, y, z, za, zb, zc로 알파벳 소문자를 사용하여 27가지로 구분한다.
② 축의 경우 a에 가까워질수록 실제치수가 호칭치수보다 작아지고, z에 가까워질수록 실제치수가 호칭치수보다 커진다. 즉 a축이 가장 크고 z쪽으로 갈수록 축의 크기가 커진다.
③ 축공차역(shaft tloerance zone) h의 최소 치수는 기준치수와 동일하다.
④ 구멍공차역 js 공차역에서는 위 그림에서 볼 수 있듯이 위치수 허용차와 아래치수 허용차의 크기가 같다.

Lesson 09 끼워맞춤 상태에 따른 분류

끼워맞춤의 상태는 헐거운 끼워맞춤에서는 항상 틈새가 있는 끼워맞춤으로 구멍의 최소 치수가 축의 최대 치수보다 큰 상태이고, 억지 끼워맞춤에서는 항상 죔새가 있는 끼워맞춤으로 축의 최소 치수가 구멍의 최대 치수보다 큰 상태이며, 중간 끼워맞춤은 틈새가 생기는 것도 있고 죔새가 생기는 것도 있는 끼워맞춤이다.

1. 헐거운 끼워맞춤 (clerance fit)

구멍과 축을 조립하였을 때 항상 틈새가 생기는 끼워맞춤으로 구멍의 최소 허용 치수가 축의 최대 허용 치수보다 큰 끼워맞춤으로 미끄럼 운동이나 회전운동이 필요한 기계 부품 조립에 적용한다.

헐거운 끼워맞춤

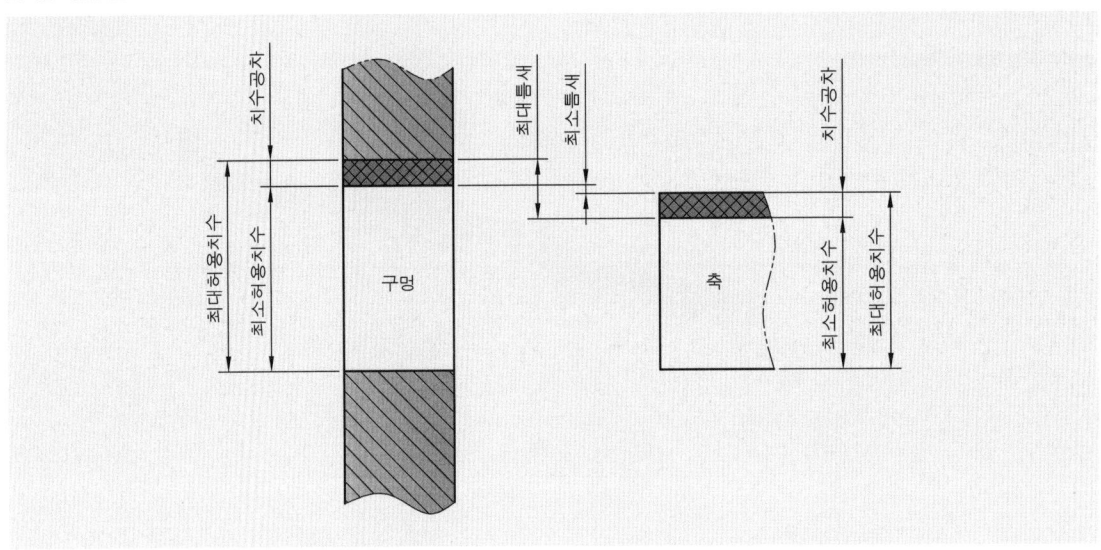

구멍 Ø20 H7 / 축 Ø20 g6의 끼워맞춤 해석

구분	구멍	축
기준 치수	Ø20	Ø20
기호와 공차등급	H7	g6
허용한계치수	+0.021 Ø20 0	−0.007 Ø20 −0.020
최대허용치수	Ø20.021	Ø19.993
최소허용치수	Ø20.0	Ø19.980
치수공차	0.021	0.013
최소 틈새	0.007 (구멍의 최소 20 − 축의 최대 19.993)	
최대 틈새	0.041 (구멍의 최대 20.021 − 축의 최소 19.980)	
끼워맞춤	헐거운 끼워맞춤	

헐거운 끼워맞춤의 적용

서로 조립된 부품을 상대적으로 움직일 수 있는 정도의 끼워맞춤으로 적용 공차기호와 공차등급에 따라 끼워맞춤의 상태가 결정된다.

기준구멍	H6	H7	H8	H9	적용 부분
헐거운 끼워맞춤				c9	• 특히 큰 틈새가 있어도 좋거나 틈새가 필요한 부분 • 조립을 쉽게 하기 위해 틈새를 크게 해도 좋은 부분 • 고온시에도 적당한 틈새를 필요로 하는 부분
			d9	d9	큰 틈새가 있어도 좋거나 틈새가 필요한 부분
		e7	e8	e9	• 약간 큰 틈새가 있어도 좋거나 틈새가 필요한 부분 • 약간 큰 틈새로 윤활이 좋은 베어링부 • 고온, 고속, 고부하의 베어링부(고도의 강제 윤활)
	f6	f7	f7 f8		• 적당한 틈새가 있어 운동이 가능한 끼워맞춤 • 그리스, 윤활유의 일반 상온 베어링부
	g5	g6			• 경하중 정밀기기의 연속 회전하는 부분 • 틈새가 작은 운동이 가능한 끼워맞춤 • 정밀 주행하는 부분

2. 중간 끼워맞춤 (transition fit)

두 개의 제품을 조립하였을 때 구멍과 축의 실제 치수에 따라 틈새가 생기는 것도 있고 죔새가 생기는 것도 있는 끼워맞춤이다.

중간 끼워맞춤

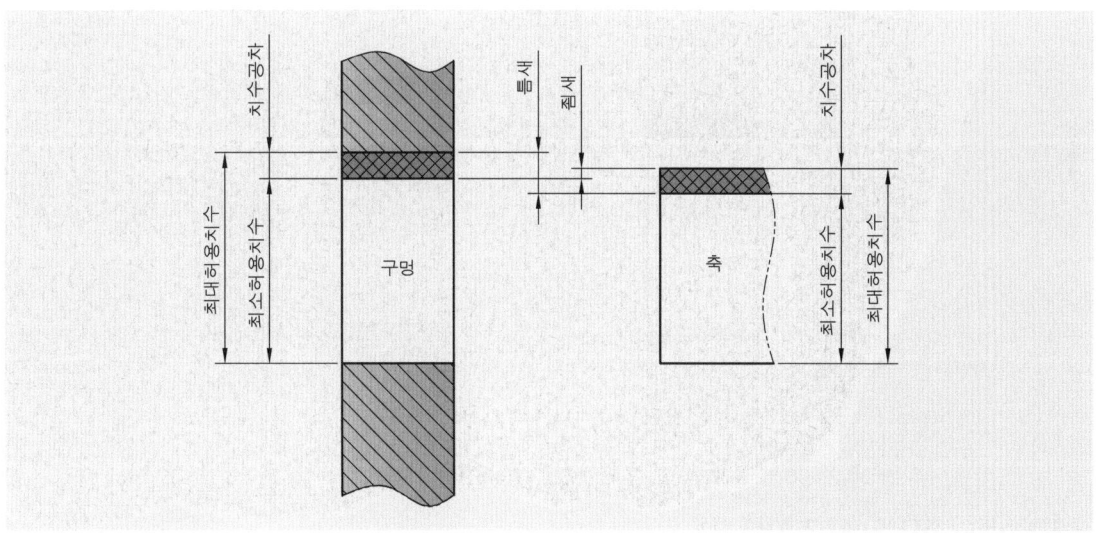

구멍 Ø45 H6 / 축 Ø45 m6의 끼워맞춤 해석

구분	구멍	축
기준 치수	Ø45	Ø45
기호와 공차등급	H6	m6

허용한계치수	+0.016 Ø45 0	+0.025 Ø45 +0.009
최대허용치수	Ø45.016	Ø45.025
최소허용치수	Ø45.0	Ø45.009
치수공차	0.016	0.016
최소 틈새	0.007 (구멍의 최대 45.016 – 축의 최소 45.009)	
최대 틈새	0.025 (축의 최대 45.025 – 구멍의 최소 45.0)	
끼워맞춤	중간 끼워맞춤	

3. 억지 끼워맞춤 (interference fit)

구멍과 축을 조립하였을 때 항상 죔새가 생기는 끼워맞춤으로 구멍의 최대 허용 치수가 축의 최소 허용 치수보다 작은 끼워맞춤으로 프레스에 의한 압입, 열간 압입 등 강제 끼워맞춤으로 영구결합으로 부품 손상 없이 분해가 불가능한 끼워맞춤이다.

억지 끼워맞춤

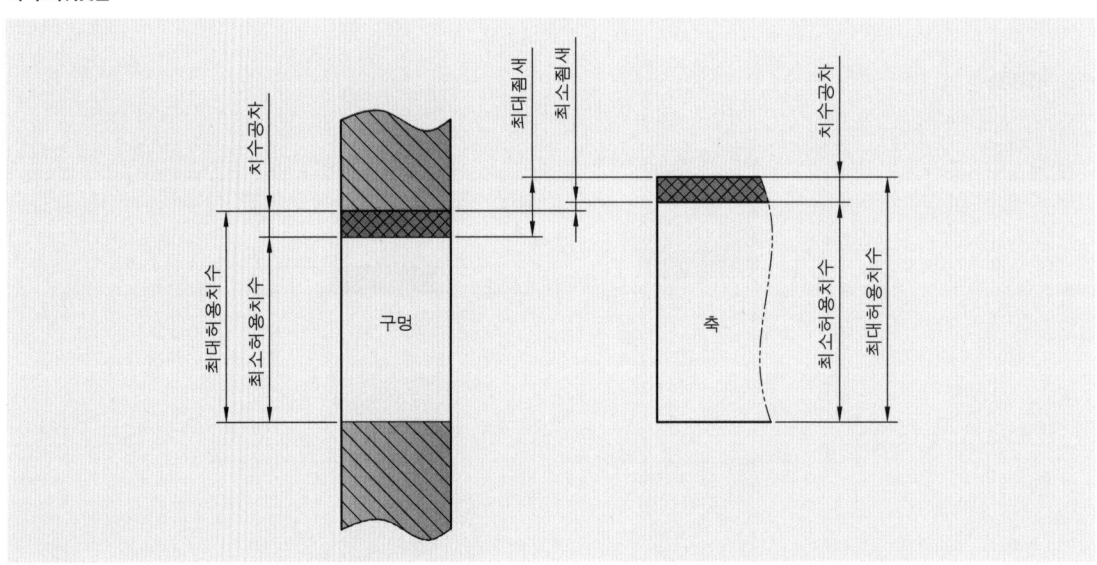

구멍 Ø35 H7 / 축 Ø35 p6의 끼워맞춤 해석

구분	구멍	축
기준 치수	Ø35	Ø35
기호와 공차등급	H7	p6
허용한계치수	+0.025 Ø35 0	+0.042 Ø35 +0.026

최대허용치수	Ø35.025	Ø35.042
최소허용치수	Ø35.0	Ø35.026
치수공차	0.025	0.016
최소 틈새	0.001 (축의 최소 35.026 - 구멍의 최대 35.025)	
최대 틈새	0.042 (축의 최대 35.042 - 구멍의 최소 35.0)	
끼워맞춤	억지 끼워맞춤	

Lesson 10 많이 사용되는 끼워맞춤의 종류와 적용 예

설계자는 상호 조립되는 부품의 기능에 따라 필요한 끼워맞춤을 선정하여 도면에 지시해 주어야 한다. 아래 표에 헐거운 끼워맞춤, 중간 끼워맞춤, 억지 끼워맞춤의 상태 및 적용 예를 나타내었다.

1. 헐거운 끼워맞춤의 종류와 적용 예

끼워맞춤 상태	끼워맞춤 구멍 기준	끼워맞춤 상태 및 적용 예
헐거운 끼워맞춤	H9/c9	• 아주 헐거운 끼워맞춤 고온시에도 적당한 틈새가 필요한 부분 • 헐거운 고정핀의 끼워맞춤 • 피스톤 링과 링 홈
	H8/d9 H9/d9	• 큰 틈새가 있어도 좋고 틈새가 필요한 부분 • 기능상 큰 틈새가 필요한 부분, 가볍게 돌려 맞춤 • 크랭크웨이브와 핀의 베어링(측면) • 섬유기계 스핀들
	H7/e7 H8/e8 H9/e9	• 조금 큰 틈새가 있어도 좋거나 틈새가 필요한 부분 • 일반 회전 또는 미끄럼 운동하는 부분 • 배기밸브 박스의 피팅 • 크랭크축용 주 베어링
	H6/f6 H7/f7 H8/f7 H8/f8	• 적당한 틈새가 있어 운동이 가능한 헐거운 끼워맞춤 • 윤활유를 사용하여 손으로 조립 • 자유롭게 구동하는 부분이 아닌, 자유롭게 이동하고 회전하며 정확한 위치결정을 요하는 부분을 위한 끼워맞춤 • 일반적인 축과 부시 • 링크 장치 레버와 부시
	H6/g5 H7/g6	• 가벼운 하중을 받는 정밀기기의 연속적인 회전 운동 부분 • 정밀하게 미끄럼 운동을 하는 부분 • 아주 좁은 틈새가 있는 끼워맞춤이나 위치결정 부분 • 고정밀도의 축과 부시의 끼워맞춤 • 링크 장치의 핀과 레버

2. 중간 끼워맞춤의 종류와 적용 예

끼워맞춤 상태	끼워맞춤 구멍 기준	끼워맞춤 상태 및 적용 예
중간 끼워맞춤	H6/h5 H7/h6 H8/h7 H8/h8 H9/h9	• 윤활제를 사용하여 손으로 움직일 수 있을 정도의 끼워맞춤 • 정밀하게 미끄럼 운동하는 부분 • 림과 보스의 끼워맞춤 • 부품을 손상시키지 않고 분해 및 조립 가능 • 끼워맞춤의 결합력으로 전달 불가
	H6/js5 H7/k6	• 조립 및 분해시 헤머나 핸드 프레스 등을 사용 • 부품을 손상시키지 않고 분해 및 조립 가능 • 기어펌프의 축과 케이싱의 고정
	H6/k5 H6/k6 H7/m6	• 작은 틈새도 허용하지 않는 고정밀도 위치결정 • 조립 및 분해시 해머나 핸드 프레스 등을 사용 • 부품을 손상시키지 않고 분해 및 조립 가능 • 끼워맞춤의 결합력으로 전달 불가 • 리머 볼트 • 유압기기의 피스톤과 축의 고정
	H6/m5 H6/m6 H7/n6	• 조립 및 분해시 상당한 힘이 필요한 끼워맞춤 • 부품을 손상시키지 않고 분해 및 조립 가능 • 끼워맞춤의 결합력으로 작은 힘 전달 가능

3. 억지 끼워맞춤의 종류와 적용 예

끼워맞춤 상태	끼워맞춤 구멍 기준	끼워맞춤 상태 및 적용 예
억지 끼워맞춤	H6/n6 H7/p6 H6/p6 H7/r6	• 조립 및 분해에 큰 힘이 필요한 끼워맞춤 • 철과 철, 청동과 동의 표준 압입 고정부 • 부품을 손상시키지 않고 분해 곤란 • 대형 부품에서는 가열끼워맞춤, 냉각끼워맞춤, 강압입 • 끼워맞춤의 결합력으로 작은 힘 전달 가능 • 조인트와 샤프트
	H7/s6 H7/t6 H7/u6 H7/x6	• 가열끼워맞춤, 냉각끼워맞춤, 강압입 • 분해하는 일이 없는 영구적인 조립 • 경합금의 압입 • 부품을 손상시키지 않고 분해 곤란 • 끼워맞춤의 결합력으로 상당한 힘 전달 가능 • 베어링 부시의 끼워맞춤

Lesson 11 끼워맞춤된 제품도면의 공차기입법

구멍과 축의 공차 기호에 의한 끼워맞춤 부품의 허용한계치수 기입을 나타낸 기준치수와 공차기호 이외에 치수허용차의 수치를 병행하여 기입한 예를 나타내었다.

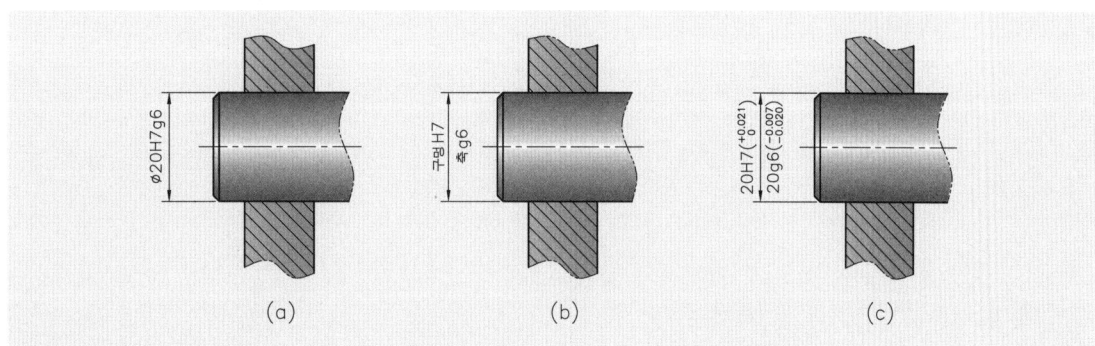

Lesson 12 구멍 기준과 축 기준

구멍의 최소 허용치수를 '0'으로 하고, 이것을 기준으로 해서 축의 공차를 결정하는 방법

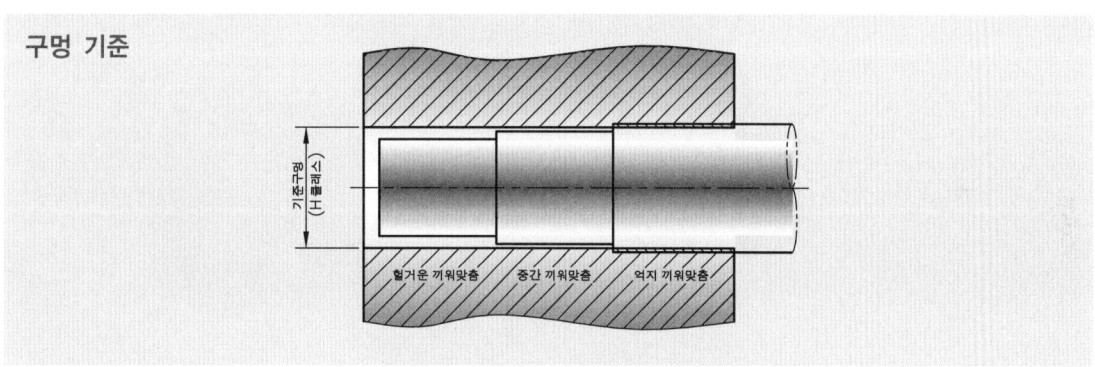

축의 최대 허용치수를 '0'으로 하고, 이것을 기준으로 해서 구멍의 공차를 결정하는 방법

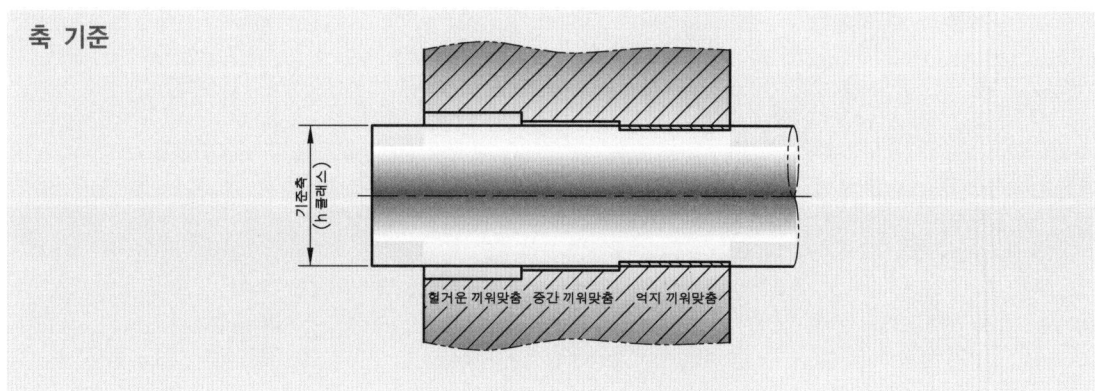

PART 03

기하공차 적용

Lesson 01 기하공차 적용 테크닉
(국가기술자격증 실기 적용 예)
Lesson 02 데이텀 선정의 기준 원칙 및 우선순위 선정방법
(자격 시험 과제 도면에서의 예)
Lesson 03 동력전달장치의 기하공차 적용 예
Lesson 04 부품도에 기하공차 적용하기
Lesson 05 공압 실린더에 기하공차 적용하기

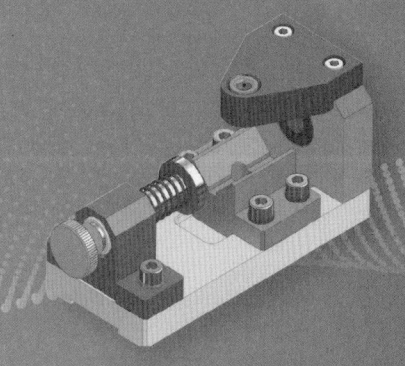

기하공차의 선정 요령

Lesson 01 기하공차 적용 테크닉(국가기술자격증 실기 적용 예)

투상과 치수기입 및 도면 배치, 재료와 열처리 선정 등을 아무리 잘하였더라도 각 부품에 표면거칠기나 기하공차를 적절하게 기입하지 않았다면 실기 시험 채점 대상에서 감점의 요인이 되어 좋은 결과를 기대하기 어려울 것이다. 도면을 작도하고 나서 중요한 기능적인 역할을 하는 부분이나 끼워맞춤하는 부품들에 기하공차를 적용하게 되는데 과연 기하공차의 값을 얼마로 주어야 옳은 지에 대한 고민들을 한 번씩은 해보게 될 것이다.

실기시험에서 기하공차의 적용시 기준치수(기준길이)에 대하여 IT 몇 등급을 적용하라고 딱히 규제하고 있지 않는 이상 가장 적절한 기하공차 영역을 찾으려고 애쓰지 않아도 된다. 일반적으로 현재 실기시험 응시자들의 추세를 보면 기준치수를 찾아 IT5~IT7 등급을 적용하는 사례들을 많이 볼 수 있는데, 이는 정확한 기하공차를 적용하는 기준은 아닌 것이라는 점을 명심해야 한다.

보통 끼워맞춤 공차는 구멍의 경우 IT7급(H7,N7 등)이나 IT8급(H8 등)을 적용하며 축의 경우 IT6급(h6, js6, k6, m6 등)이나 IT5급(h5, js5, k5, m5 등)을 적용하는 사례가 일반적이다. 따라서 기하공차의 값은 요구되는 정밀도에 따라 IT4급~IT7급에 해당하는 기본 공차의 수치를 찾아 적절하게 규제해 주고 있는 것으로 이해하면 될 것이다. 또한 IT5급 등의 특정 등급을 지정하여 일괄적으로 규제하는 경우는 도면 작도시 편의상 그렇게 적용하는 것으로 반드시 기하공차의 값을 IT5급에서만 적용해야 하는 것은 아니라는 점을 이해해야 할 것이다.

물론 실무사례에서도 찾아보면 기준치수(기준길이)와 IT등급에 따른 기하공차를 적용한 예도 찾아볼 수가 있다. 하지만 일반적인 경우에는 기준치수(기준길이)에 한정하지 않고 제품의 기능상 무리가 없는 한 제조사에서 보유하고 있는 공작기계나 측정기의 정밀도에 따라 기하공차를 적용해 주고 있다. 그렇지 않고 기능적으로 필요 이상의 기하공차를 남발하게 된다면 도면의 요구조건을 충족시키기 위하여 외주제작과 더불어 가공제작이 완료된 부품의 정밀한 측정을 위하여 보다 고정밀도의 측정기를 보유한 곳에서 검사를 하게 되어 제조원가의 상승을 초래하게 될 것이다.

예를 들어 정밀급인 경우 기하공차 값은 0.01~0.02, 보통급(일반급)인 경우 0.03~0.05, 거친급인 경우에는 0.1~0.2, 아주 높은 정밀도를 필요로 하는 경우에는 0.002~0.005 정도로 지정해주는 사례가 실무현장에서는 일반적인 것이다. 이는 기준치수 ø40에 IT5급을 적용해보면 0.011이 되는데 이런 경우 0.01로 적용하여 1/1000(μm) 단위에서 관리해야 하는 공차를 1/100 단위로 현장 조건에 맞도록 공차 관리를 해주는 경우이다. 0.011을 0.01로 규제해 주었다고 하더라도 틀렸다고 할 수는 없을 것이다. 해당 부품이 그 기능상 0.01 이내에서 정밀도의 대상이 되는 점, 선, 축선, 면을 갖는 형체의 정밀도 중에서 공차에 관련이 되는 크기, 형상, 자세, 위치의 4요소를 치수공차와 기하공차를 이용하여 적절하게 규제하여 도면을 완성해 주는 것이 더욱 중요한 사항이라고 본다.

특히 국가기술자격증 실기시험에서 무엇보다 중요한 것은 기하공차를 규제하고자 하는 형체에 올바른 기하공차를 적용하느냐가 더 중요한 것이라고 판단하는데 어떤 부품의 면이 데이텀을 기준으로 그 기능상 직각도가 중요한 부분(수직)인데 엉뚱하게 원통도나 동심도를 부여하면 틀리게 되는 것이다.

지금부터 일반적으로 널리 사용하는 기하공차를 가지고 규제하고자 하는 대상형체에 따라 올바른 기하공차를 적용하고 데이텀이 필요한 경우 데이텀을 어떻게 선정하는지 알아보면서 기하공차의 적용에 대하여 이해하고 실기 예제 도면에 적용해 보기로 하자.

Lesson 02 데이텀의 선정의 기준 원칙 및 우선순위 선정방법(자격 시험 과제 도면에서의 예)

① 데이텀은 치수를 측정할 때의 기준이 되는 부분
② 기계 가공이나 조립시에 기준이 되는 부분
③ 축을 지지하는 베어링이 조립되는 본체의 끼워맞춤 구멍
④ 기계 요소들이 조립되는 본체(몸체, 하우징 등)의 넓은 가공 평면(조립되는 상태에 따라 기준이 되는 바닥 면 또는 측면)
⑤ 동력을 전달하는 회전체(기어, 풀리 등)에 축이 끼워지는 구멍 또는 키홈 가공이 되어있는 구멍
⑥ 치공구에서 공작물이 위치 결정되는 로케이터(위치결정구)의 끼워맞춤 부분
⑦ 드릴지그에서 지그 베이스의 밑면과 드릴부시가 끼워지는 부분
⑧ 베어링이나 키홈 가공을 하여 회전체를 고정시키는 축의 축심이나 기능적인 역할을 하는 축의 외경 축선
⑨ 베어링이나 오일실, 오링 등이 설치되는 중실축 및 중공축의 축선

Lesson 03 동력전달장치의 기하공차 적용 예

참고 입체도

동력전달장치 조립도

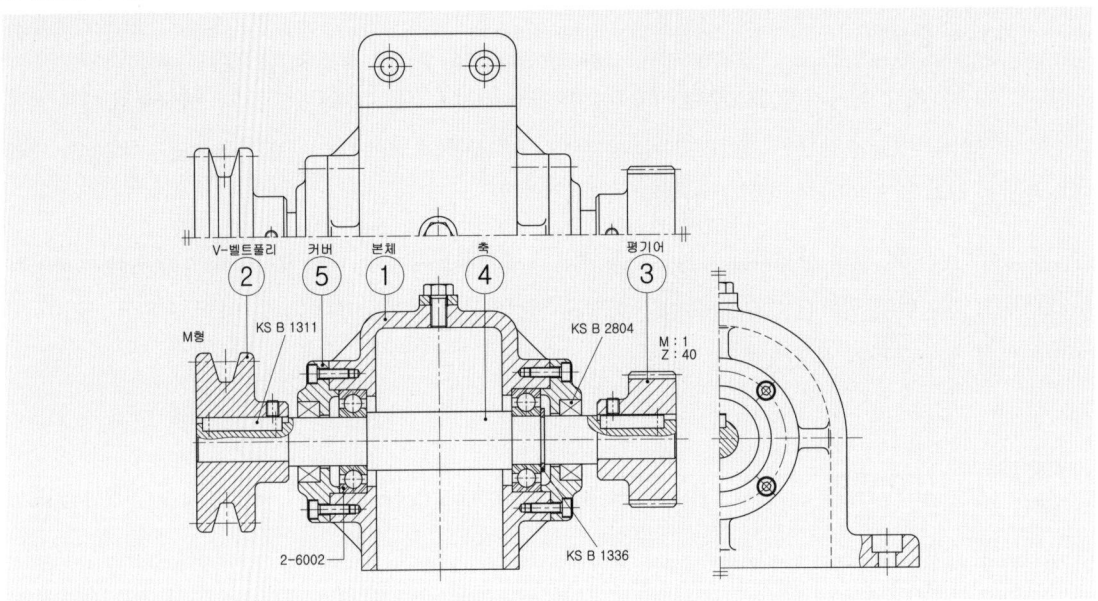

IT기본공차 등급에 따른 기하공차의 적용 비교

품번	기하공차 규제 대상 형체	기하공차의 적용				데이텀의 선정
		기하공차의 종류	기준치수 (기준길이)	공차 등급		
				IT5급	IT6급	
①	6002 좌측 베어링 설치 구멍의 축직선	평행도	70	∅0.013	∅0.019	본체 바닥면 (상대 부품과 조립기준면)
	6002 우측 베어링 설치 구멍의 축직선	평행도	70	∅0.013	∅0.019	본체 바닥면
		동심도	∅32	∅0.011	∅0.016	2차 데이텀 6002 베어링 구멍
	본체에 커버가 조립되는 면	직각도	65	∅0.013	∅0.019	본체 바닥면에 직각
②	V-벨트풀리 바깥지름(외경)	원주흔들림	∅55.4	∅0.013	∅0.019	∅12H7 구멍의 축직선
③	기어의 이끝원	원주흔들림	∅42	∅0.011	∅0.016	∅12H7 구멍의 축직선
④	원통 축직선	원주흔들림	∅12	∅0.008	∅0.011	전체 원통의 공통 축직선
			∅15	∅0.008	∅0.011	
⑤	본체 조립시 커버 접촉면	직각도 또는 원주흔들림	∅50	∅0.015	∅0.022	∅32h6 원통 축직선
	오일실 설치부 구멍의 축선	동심도 또는 원주흔들림	∅25	∅0.009	∅0.013	

Lesson 04 부품도에 기하공차 적용하기

1. 데이텀(DATUM)을 선정한다.

보통 본체나 하우징과 같은 부품은 내부에 베어링과 축이 끼워맞춤되고 양쪽에 커버가 설치되며 본체 외부로 돌출된 축의 끝단에 기어나 풀리 등의 회전체가 조립이 되는 구조가 일반적이다. 이러한 본체에서의 데이텀(기준면)은 상대 부품과 견고하게 체결하여 고정시킬 때 밀착이 되는 바닥면과 베어링이 설치되는 구멍의 축직선이 된다. (본체 형상에 따라 기준은 달라질 수가 있다.) 결국 본체 바닥면은 가공과 조립 및 측정의 기준이 되고, 기준면에 평행한 구멍의 축직선은 베어링과 축이 결합되어 회전하며 동력을 전달시키는 주요 운동 부분이 되는 것이다.

2. 베어링을 설치할 구멍에 평행도를 선정한다.

평행도는 데이텀을 기준으로 규제된 형체의 표면, 선, 축선이 기하학적 직선 또는 기하학적인 평면으로부터의 벗어난 크기이다. 데이텀이 되는 기준 형체에 대해서 평행한 이론적으로 정확한 기하학적 축직선 또는 평면에 대해서 얼마만큼 벗어나도 좋은가를 규제하는 기하공차이다. 축직선이 규제 대상인 경우는 ø가 붙는 경우가 있으며 평면이 규제 대상인 경우는 공차값 앞에 ø를 붙이지 않는다. 또한 평행도는 반드시 데이텀이 필요하며 부품의 기능상 필요한 경우에는 1차 데이텀 외에 참조할 수 있는 2차, 3차 데이텀의 지정도 가능하다.

평행도로 규제할 수 있는 형체의 조건
[1] 기준이 되는 하나의 데이텀 평면과 서로 나란한 다른 평면
[2] 데이텀 평면과 서로 나란한 구멍의 중심(축직선)
[3] 하나의 데이텀 구멍 중심(축직선)과 나란한 구멍 중심을 갖는 형체
[4] 서로 직각인 두 방향(수평, 수직)의 평행도 규제

3. 평행도 공차를 기입한다.

평행도로 규제할 수 있는 형체의 조건 중 '데이텀 평면과 서로 나란한 구멍의 중심(축직선)', '하나의 데이텀 구멍 중심(축직선)과 나란한 구멍 중심을 갖는 형체'에 해당하는데 여기서 본체는 바닥 기준면인 1차 데이텀 A와 좌측의 볼베어링 6002가 설치되는 구멍의 축직선을 평행도로 규제해 준 다음 2차 데이텀 B로 선정한 후 우측의 볼베어링 6002가 설치되는 구멍을 데이텀 A에 대한 평행도와 2차 데이텀 B에 대해서 동심도로 규제해주면 이상적이다.(여기서 동력을 전달받는 쪽을 V-벨트 풀리라고 가정했을 때 좌측의 베어링 설치 구멍을 2차 데이텀으로 선정하면 좋다.)

여기서 **기준 치수(기준 길이)**는 ø32H7의 구멍 치수가 아니라 평행도를 유지해야 하는 축직선의 전체 길이로 선정해 준다. 즉, ø32H7의 구멍이 좌우에 2개소가 있고, 그 구멍의 축선 길이가 70이므로 IT 기본공

차 표에서 선정할 기준 치수의 구분에서 찾을 기준 길이는 70이 된다. 따라서 70이 해당하는 기준 치수를 찾아보면 50초과 80이하의 치수 구분에 해당되는 것을 알 수 있으며, 실기시험에서 일반적으로 적용하는 IT5 등급을 적용한다면 기하공차 값은 13μm(0.013mm)이 IT6 등급을 적용한다면 19μm(0.019mm)을 선택하면 된다.

만약 IT 기본공차 등급이 아닌 현장 실무 공차를 적용한다면 '정밀급'에 해당하는 0.01~0.02 정도의 값을 선택해 주면 큰 무리는 없을 것이다.

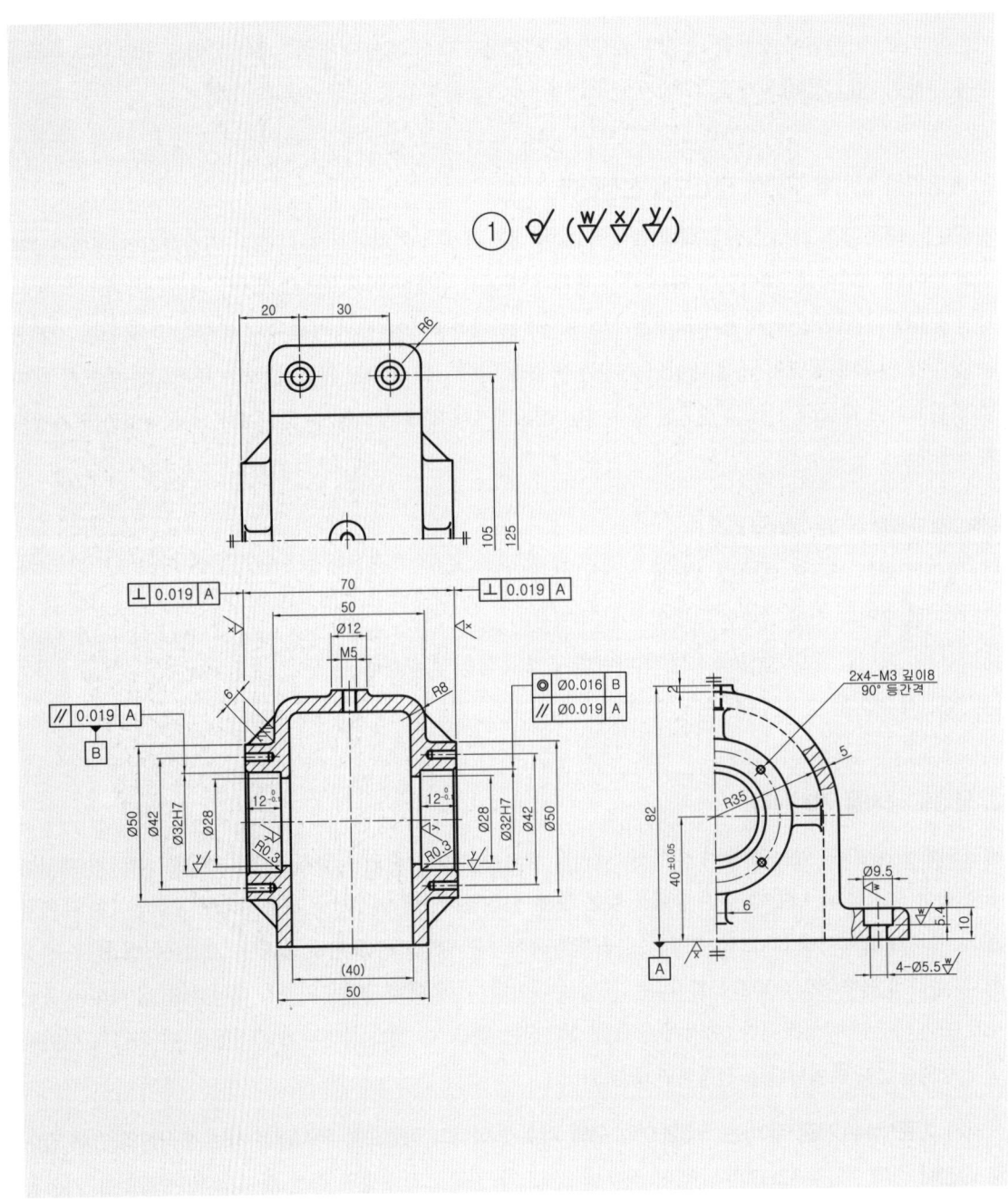

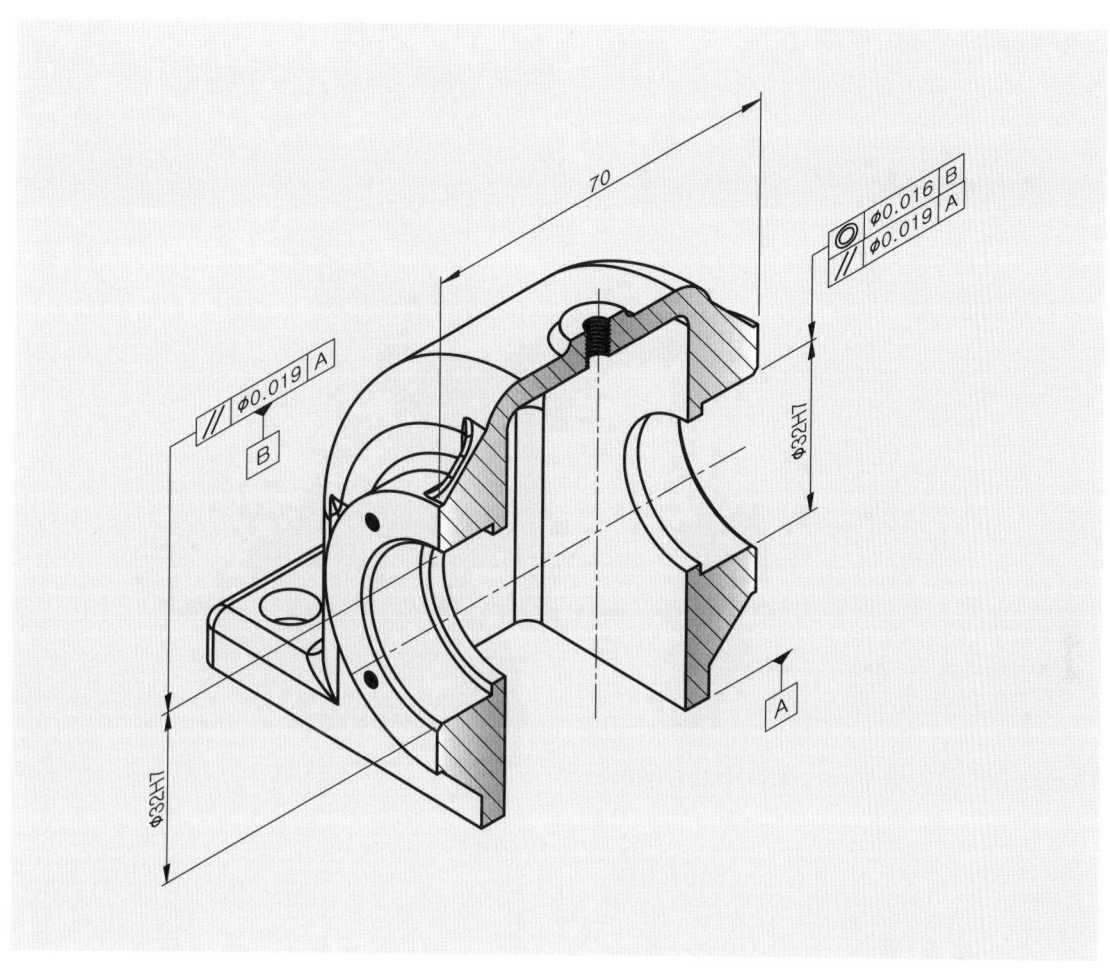

4. 동심도 공차를 기입한다.

그리고, 우측의 베어링 설치 구멍은 바닥 기준면 A에 대해서 평행도로 규제해주고 좌측의 구멍인 2차 데이텀 B에 대해서 서로 동심을 유지하는 것이 중요하므로 동심도 공차를 규제해 주었다.

여기서 동심도를 규제하는 기준치수는 평행도를 규제했던 축선 길이 70이 아니라 ø32의 베어링 설치 구멍의 지름 치수에 대해 적용해주면 되는데 그 이유는 동심도는 데이텀인 원의 중심에 대해서 원형 형체의 중심 위치가 벗어난 크기를 말하는 것으로 원의 중심으로부터 반지름상의 동일한 거리내에 있는 형체를 규제하므로 ø32의 구멍 지름의 치수를 기준 길이(기준 치수)로 선정하는 것이다.

따라서 **동심도 공차가 규제되어야 할 기준 치수인 ø32가 해당하는 IT 공차역 범위 클래스는 30초과 50이하이므로 공차값은 IT5 등급을 적용한다면 11μm(0.011mm)이 IT6 등급을 적용한다면 16μm(0.016mm)을 선택**하면 된다. 만약 IT 기본공차 등급이 아닌 현장 실무 공차를 적용한다면 정밀급에 해당하는 0.01~0.02 정도의 값을 선택해주면 큰 무리는 없을 것이다.

[본체 부품에 평행도와 동심도 규제 예]

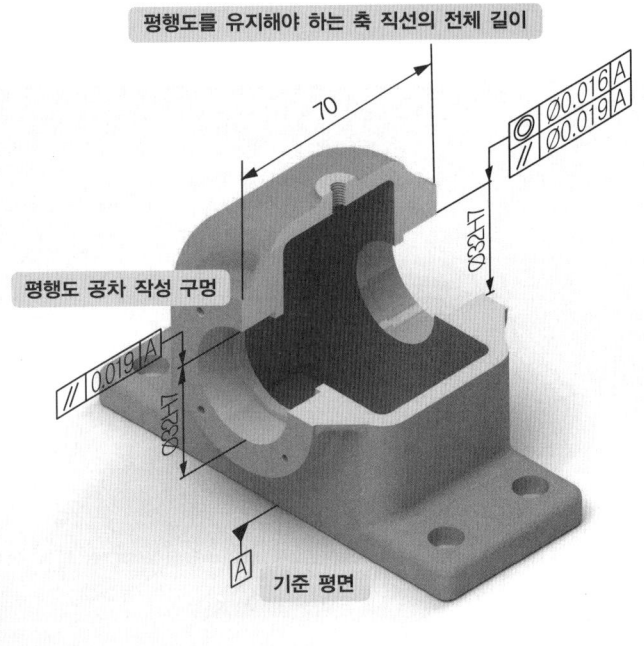

기준치수의 구분 (mm)		IT 공차 등급			
		IT 5급	IT 6급	IT 7급	IT 8급
수치의 산출		7*i*	10*i*	16*i*	25*i*
초과	이하	기본 공차의 수치(μm)			
–	3	4	6	10	14
3	6	5	8	12	18
6	10	6	9	15	22
10	18	8	11	18	27
18	30	9	13	21	33
30	50	11	16	25	39
50	80	13	19	30	46

IT(International Tolerance) 기본공차 [KS B 0401]

기준치수의 구분 (mm)		IT 공차 등급																	
		IT 01급	IT 0급	IT 1급	IT 2급	IT 3급	IT 4급	IT 5급	IT 6급	IT 7급	IT 8급	IT 9급	IT 10급	IT 11급	IT 12급	IT 13급	IT 14급	IT 15급	IT 16급	IT 17급	IT 18급
수치의 산출		–	–	–	–	–	–	7*i*	10*i*	16*i*	25*i*	40*i*	64	100*i*	160*i*	250*i*	400*i*	640*i*	1000*i*	1600*i*	2500*i*
초과	이하	기본 공차의 수치(μm)																			
–	3	0,3	0,5	0,8	1,2	2	3	4	6	10	14	25	40	60	100	140	250	400	600	1000	1400
3	6	0,4	0,6	1	1,5	2,5	4	5	8	12	18	30	48	75	120	180	300	480	750	1200	1800
6	10	0,4	0,6	1	1,5	2,5	4	6	9	15	22	36	58	90	150	220	360	580	900	1500	2200
10	18	0,5	0,8	1,2	2	3	5	8	11	18	27	43	70	110	180	270	430	700	1100	1800	2700
18	30	0,6	1,0	1,5	2,5	4	6	9	13	21	33	52	84	130	210	330	520	840	1300	2100	3300
30	50	0,6	1,0	1,5	2,5	4	7	11	16	25	39	62	100	160	250	390	620	1000	1600	2500	3900
50	80	0,8	1,2	2	3	5	8	13	19	30	46	74	124	190	300	460	740	1200	1900	3000	4600
80	120	1,0	1,5	2,5	4	6	10	15	22	35	54	87	140	220	350	540	870	1400	2000	3500	5400
120	180	1,2	2,0	3,5	5	8	12	18	25	40	63	100	160	250	400	630	1000	1600	2500	4000	6300
180	250	2,0	3,0	4,5	7	10	14	20	29	46	72	115	185	290	460	720	1150	1850	2900	4600	7200
250	315	2,5	4,0	6	8	12	16	23	32	52	81	130	210	320	520	810	1300	2100	3200	5200	8100
315	400	3,0	5,0	7	9	13	18	25	36	57	89	140	230	360	570	890	1400	2300	3600	5700	8900
적용부품 정밀도		초정밀부품 기준 게이지 류						정밀, 일반기계가공부품 일반적인 끼워맞춤 공차						주로 끼워맞춤을 하지 않는 비기능면 공차							

일반적으로 적용하는 기하공차 및 공차역

종류	적용하는 기하공차	공차 기호	정밀급	보통급	거친급	데이텀
모양	진직도 공차	—	0.02/1000	0.05/1000	0.1/1000	불필요
			0.01	0.05	0.1	
			ø0.02	ø0.05	ø0.1	
	평면도 공차	▱	0.02/100	0.05/100	0.1/100	
			0.02	0.05	0.1	
모양	진원도 공차	○	0.005	0.02	0.05	
	원통도 공차	⌭	0.01	0.05	0.1	
	선의 윤곽도 공차	⌒	0.05	0.1	0.2	
	면의 윤곽도 공차	⌓	0.05	0.1	0.2	
자세	평행도 공차	∥	0.01	0.05	0.1	필요
	직각도 공차	⊥	0.02/100	0.05/100	0.1/100	
			0.02	0.05	0.1	
			ø0.02	ø0.05	ø0.05	
	경사도 공차	∠	0.025	0.05	0.1	
위치	위치도 공차	⊕	0.02	0.05	0.1	
			ø0.02	ø0.05	ø0.1	
	동심도 공차	◎	0.01	0.02	0.05	
	대칭도 공차	≡	0.02	0.05	0.1	
흔들림	원주 흔들림 공차 온 흔들림 공차	↗ ↗↗	0.01	0.02	0.05	

5. 직각도 공차를 기입한다.

직각도는 데이텀을 기준으로 규제되는 형체의 기하학적 평면이나 축직선 또는 중간면이 완전한 직각으로부터 벗어난 크기이다. 여기서 한 가지 주의해야 할 것은 직각도는 반드시 데이텀을 기준으로 규제되어야 하며, 자세공차로 단독 형상으로 규제될 수 없다. 규제 대상 형체가 축직선인 경우는 공차값의 앞에 ø를 붙이는 경우가 있으나 규제 형체가 평면인 경우는 ø를 붙이지 않는다.

직각도로 규제할 수 있는 형체의 조건

[1] 데이텀 평면을 기준으로 한 방향으로 직각인 직선 형체
[2] 데이텀 평면에 서로 직각인 두 방향의 직선 형체
[3] 데이텀 평면에 방향을 정할 수 없는 원통이나 구멍 중심(축직선)을 갖는 형체
[4] 직선 형체(축직선)의 데이텀에 직각인 직선 형체(구멍중심)나 평면 형체
[5] 데이텀 평면에 직각인 평면 형체

본체 바닥 기준면인 1차 데이텀 A에 대해서 직각이 필요한 부분은 커버가 조립이 되는 좌우 2개의 면(ø50)으로 직각도로 규제할 수 있는 형체의 조건 중 데이텀 평면을 기준으로 한 방향으로 직각인 직선 형체에 해당한다.

[커버가 조립되는 본체 부품도에 직각도 규제 예]

기준치수의 구분 (mm)		IT 공차 등급			
		IT 5급	IT 6급	IT 7급	IT 8급
수치의 산출		7i	10i	16i	25i
초과	이하	기본 공차의 수치(㎛)			
–	3	4	6	10	14
3	6	5	8	12	18
6	10	6	9	15	22
10	18	8	11	18	27
18	30	9	13	21	33
30	50	11	16	25	39
50	80	13	19	30	46

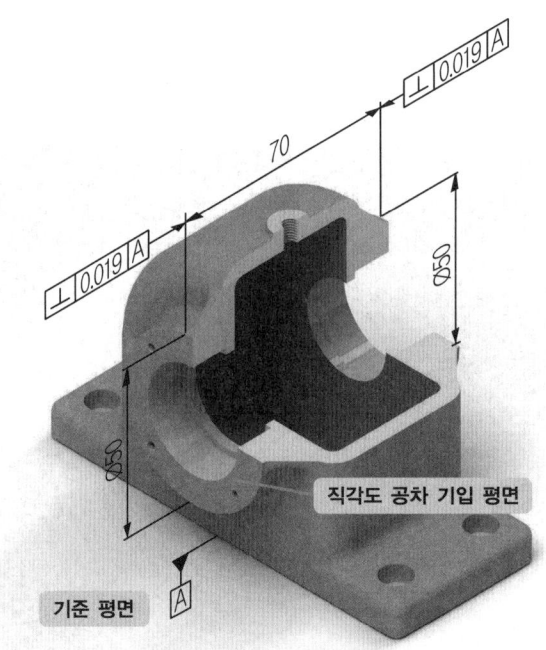

여기서 **기준 치수(기준 길이)는 ø50의 커버 조립면 외경 치수가 아니라 데이텀을 기준으로 직각도를 유지해야 하는 직선의 전체 길이로 선정해**준다. 즉, 바닥 기준면 A에서 규제 형체의 가장 높은 부분의 높이 치

수인 65가 되므로 IT 기본공차표에서 선정할 기준 치수의 구분에서 찾을 기준 길이는 65가 된다. 따라서 위의 IT 기본공차표에서 65가 해당하는 기준 치수를 찾아보면 50초과 80이하의 치수 구분에 해당되는 것을 알 수 있으며, IT5 등급을 적용한다면 기하공차 값은 13μm(0.013mm)이 IT6 등급을 적용한다면 19μm(0.019mm)을 선택하면 된다. 또한 구멍이나 축선이 아닌 평면을 규제하므로 직각도 공차값 앞에 ø기호를 붙이지 않는다. 만약 IT 기본공차 등급이 아닌 현장 실무 공차를 적용한다면 정밀급에 해당하는 0.01~0.02 정도의 값을 선택해주면 큰 무리는 없을 것이다.

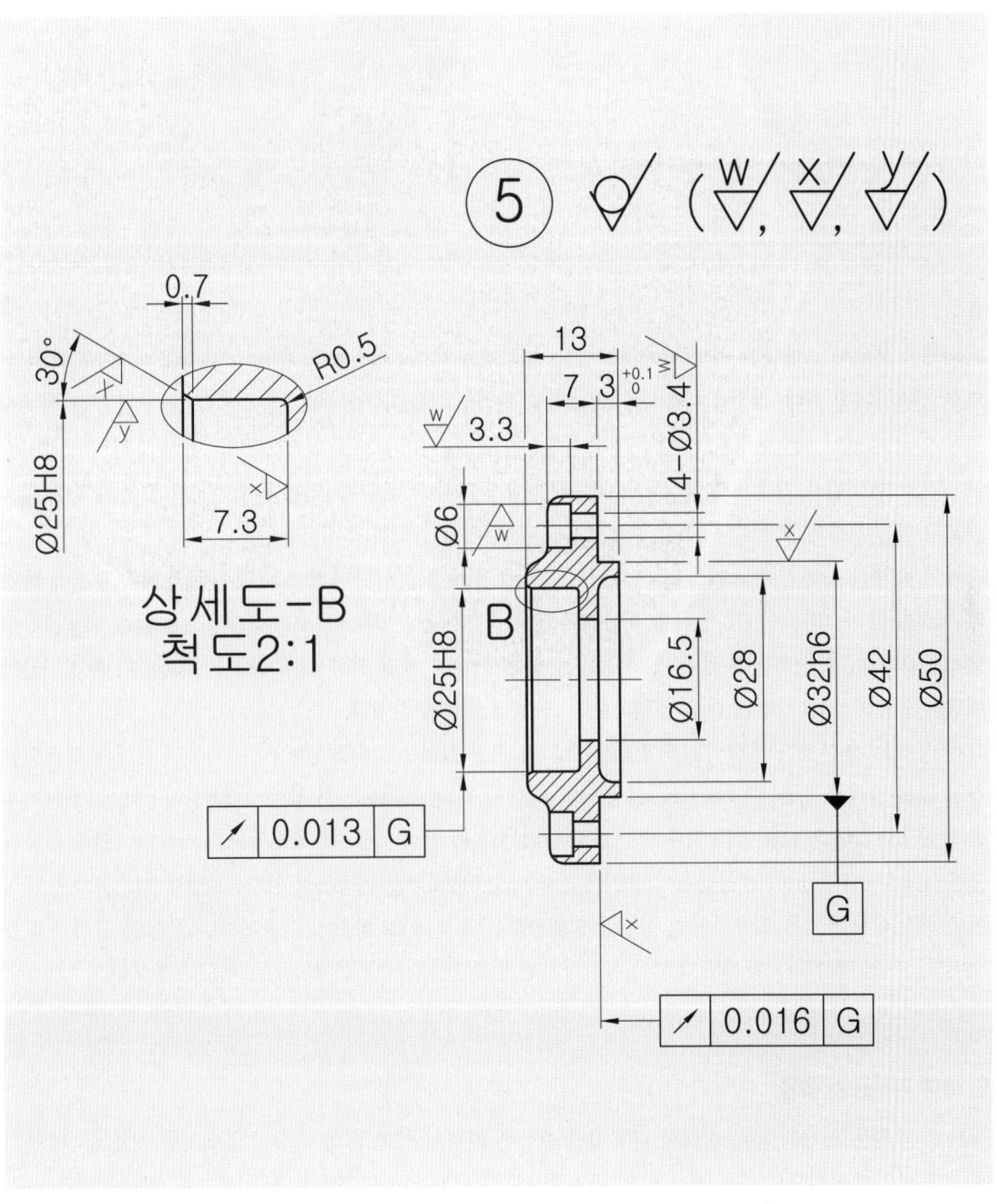

[커버 부품도에 기하공차 규제 예]

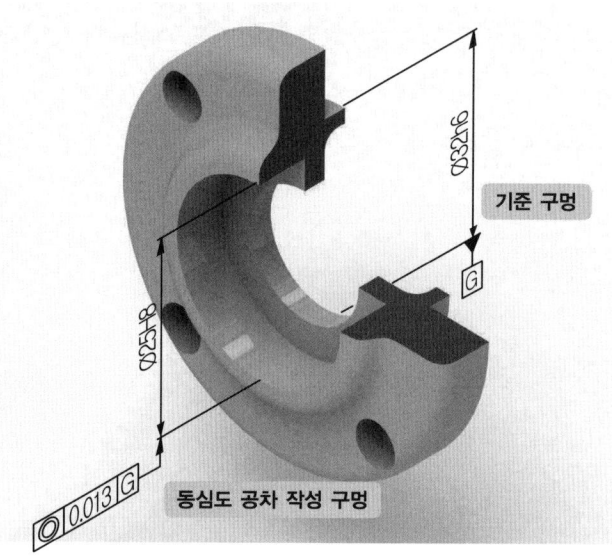

기준치수의 구분 (mm)		IT 공차 등급			
		IT 5급	IT 6급	IT 7급	IT 8급
수치의 산출		7i	10i	16i	25i
초과	이하	기본 공차의 수치(μm)			
–	3	4	6	10	14
3	6	5	8	12	18
6	10	6	9	15	22
10	18	8	11	18	27
18	30	9	13	21	33
30	50	11	16	25	39
50	80	13	19	30	46

이번에는 본체에 결합되는 커버에 기하공차를 적용해 보자. 커버와 같은 부품은 구멍에 끼워맞춤하여 볼트로 체결하는데 이때 구멍에 끼워지는 축의 바깥 지름(ø32h6)이 기준 데이텀이 된다. 데이텀 G 를 기준으로 오일실이 설치되는 구멍과 커버와 본체가 닿는 측면에 기하공차를 규제해준다. 먼저 오일실이 설치되는 구멍은 데이텀을 기준으로 동심도나 원주흔들림 공차를 적용할 수 있는데 기하공차 값은 공차를 적용하고자 하는 부분의 구멍의 지름 즉, ø25H8을 기준 길이로 선정하여 적용한다.

따라서 위의 IT 기본공차 표에서 25가 해당하는 기준 치수를 찾아보면 18초과 30이하의 치수 구분에 해당되는 것을 알 수 있으며, IT5 등급을 적용한다면 기하공차 값은 9μm(0.009mm)이 IT6 등급을 적용한다면 13μm(0.013mm)을 선택하면 된다. 만약 IT 기본공차 등급이 아닌 현장 실무 공차를 적용한다면 정밀급에 해당하는 0.01~0.02 정도의 값을 선택해주면 큰 무리는 없을 것이다.

그리고, 커버와 본체가 조립되는 측면의 직각도의 기준 길이는 3의 돌출부 치수가 아닌 본체와 접촉되는 가장 넓은 면적의 지름, 즉 ø50으로 선정한다. 따라서 위의 IT 기본공차 표에서 50이 해당하는 기준 치수를 찾아보면 30초과 50이하의 치수 구분에 해당되는 것을 알 수 있으며, IT5 등급을 적용한다면 기하공차 값은 11μm(0.011mm)이 IT6 등급을 적용한다면 16μm(0.016mm)을 선택하면 된다. 만약 IT 기본공차 등급이 아닌 현장 실무 공차를 적용한다면 정밀급에 해당하는 0.01~0.02 정도의 값을 선택해주면 큰 무리는 없을 것이다. 또한, 직각도나 동심도 대신에 복합공차인 원주흔들림 공차를 적용해주어도 무방하다.

6. 축에 기하공차 적용

축과 같은 원통 형체는 서로 지름이 다르지만 중심은 하나인 양쪽 끝의 축직선이 데이텀 기준이 된다. 기준 축직선을 데이텀으로 하는 경우도 있지만 중요도가 높은 부분의 직경을 데이텀으로 다른 직경을 가진 부분을 동심도로 규제하기도 한다.

축은 보통 진원도, 원통도, 진직도, 직각도 등의 오차를 포함하는 복합 공차인 원주 흔들림(온 흔들림) 공차를 적용하는 사례가 많다. 원주 흔들림 규제 조건 중 '데이텀 축직선에 대한 반지름 방향의 원주 흔들림'에 해당한다.

베어링의 내륜과 끼워맞춤되는 부분 즉, 축의 좌우측의 Ø15h5에 적용하며, 위의 IT 기본공차 표에서 15가 해당하는 기준 치수를 찾아보면 10초과 18이하의 치수 구분에 해당되는 것을 알 수 있으며, IT5 등급을 적용한다면 기하공차 값은 8μm(0.008mm)이 IT6 등급을 적용한다면 11μm(0.011mm)을 선택하면 된다.

또한 원주 흔들림 공차는 원통축을 규제하므로 공차값 앞에 Ø기호를 붙이지 않는다. 만약 IT 기본공차 등급이 아닌 현장 실무 공차를 적용한다면 '정밀급'에 해당하는 0.01~0.02 정도의 값을 베어링이 보통급을 사용한다고 보았을 때 '보통급'으로 선택하여 0.03~0.05 정도로 선정해 주어도 큰 무리는 없을 것이다.

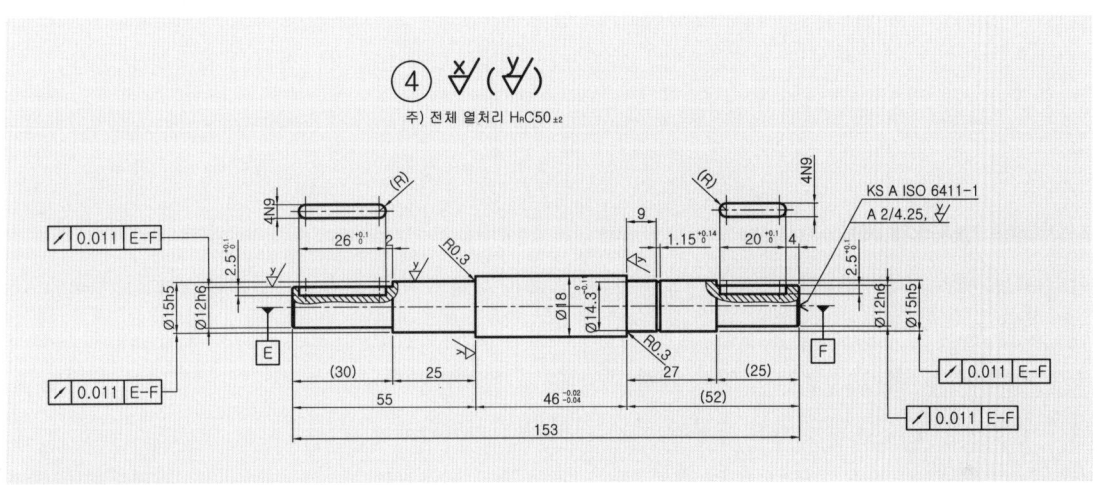

[축에 원주 흔들림 규제 예]

기준치수의 구분 (mm)		IT 공차 등급			
		IT 5급	IT 6급	IT 7급	IT 8급
수치의 산출		7i	10i	16i	25i
초과	이하	기본 공차의 수치(μm)			
–	3	4	6	10	14
3	6	5	8	12	18
6	10	6	9	15	22
10	18	8	11	18	27
18	30	9	13	21	33
30	50	11	16	25	39
50	80	13	19	30	46

여기서 원주 흔들림의 기준 길이는 규제 형체인 축의 길이 치수가 아닌 원주 흔들림 공차를 규제하려는 해당 축의 외경(축지름)으로 선정한다. 이는 원주 흔들림은 데이텀 축직선에 수직한 임의의 측정 평면 위에서 데이텀 축직선과 일치하는 중심을 갖고 반지름 방향으로 규제된 공차만큼 벗어난 두 개의 동심원 사이의 영역을 의미하는 것으로 이는 규제하고자 하는 평면의 전체 윤곽을 규제하는 것이 아니라 각 원주 요소의 원주 흔들림을 규제한 것으로 진원도와 동심도의 상태를 복합적으로 규제한 상태가 되는 것이다.

아래 축 부품 도면에 규제한 원주 흔들림 공차는 데이텀 축직선에 대한 반지름 방향의 원주 흔들림으로 이는 규제 형체를 데이텀 축선을 기준으로 1회전 시켰을 때, 공차역은 축직선에 수직한 임의의 측정 평면 위에서 반지름 방향으로 규제된 공차만큼 떨어진 두 개의 동심원 사이의 영역을 말하는 것으로 보통 원통축은 하우징이나 본체에 설치된 2개 이상의 베어링으로 지지되는 경우가 많은데 공통 데이텀 축직선을 기준 중심으로 회전시켜 반지름 방향의 원주 흔들림을 규제하는 예로 일반적으로 널리 사용되며 실기시험에서도 원통축과 같은 형체는 규제하고자 하는 축 직경의 치수를 기준 치수로 하여 공차값을 적용하는 사례가 많다.

7. 기어에 기하공차 적용

기어나 V-벨트 풀리, 평벨트 풀리, 스프로킷과 같은 회전체는 일반적으로 축에 키홈을 파서 키를 끼워맞춤한 후 역시 키홈이 파져 있는 회전체의 보스부를 끼워맞춤한다. 이런 경우 데이텀은 회전체에 축이 끼워지는 키홈이 나 있는 구멍이 되며, 구멍을 기준으로 기어나 스프로킷의 이끝원이나 벨트 풀리의 외경에 원주 흔들림 공차를 적용해 주는 것이 일반적이다.

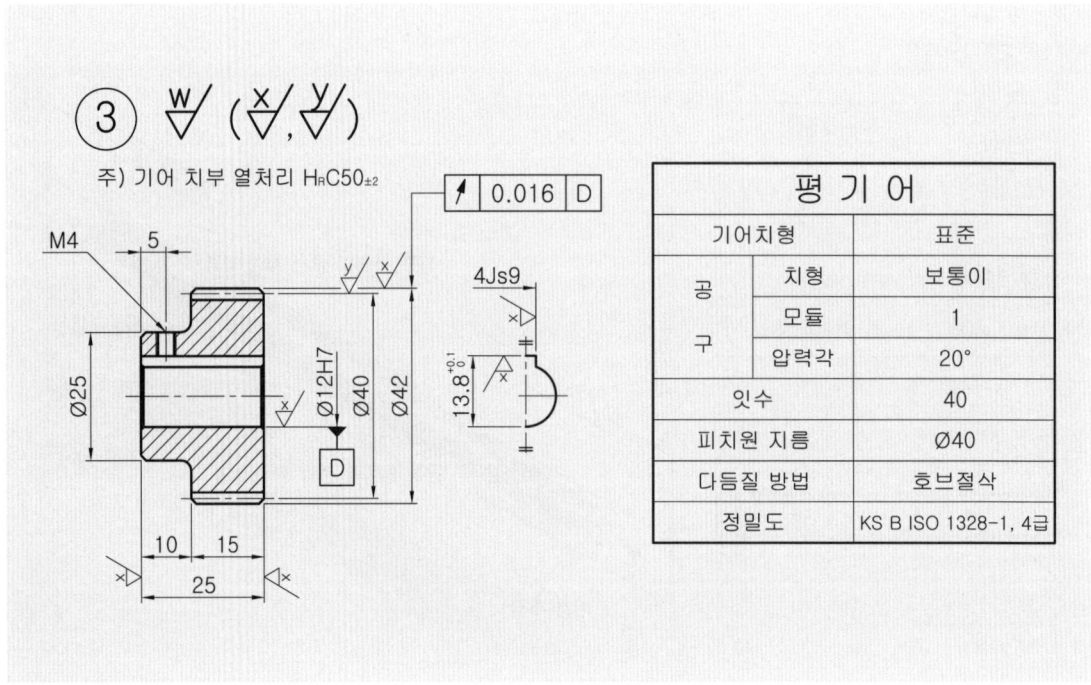

기어에 원주 흔들림을 적용하려는 부분은 외경 즉 이끝원인데 이 외경 치수가 기준 치수가 된다. 앞의 IT 기본공차표에서 42가 해당하는 기준 치수를 찾아보면 30초과 50이하의 치수 구분에 해당되는 것을 알 수 있으며, IT5 등급을 적용한다면 기하공차 값은 11μm(0.011mm)이 IT6 등급을 적용한다면 16μm(0.016mm)을 선택하면 된다. 또한 원주 흔들림 공차는 원통축을 규제하므로 공차값 앞에 Ø기호를 붙이지 않는다. 실제 현장 도면 중에는 기어의 피치원에 원주 흔들림 공차를 적용해 주는 경우도 있다.

[기어에 원주 흔들림 규제 예]

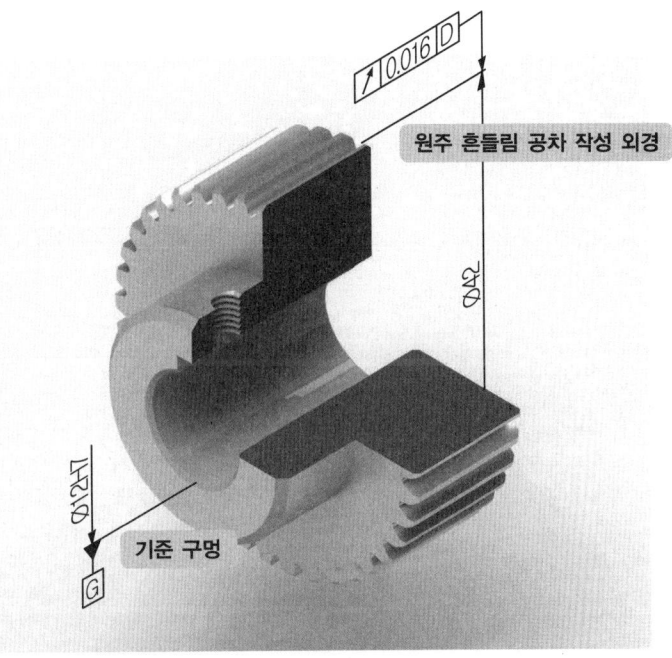

기준치수의 구분 (mm)		IT 공차 등급			
		IT 5급	IT 6급	IT 7급	IT 8급
수치의 산출		7i	10i	16i	25i
초과	이하	기본 공차의 수치(μm)			
–	3	4	6	10	14
3	6	5	8	12	18
6	10	6	9	15	22
10	18	8	11	18	27
18	30	9	13	21	33
30	50	11	16	25	39
50	80	13	19	30	46

8. V-벨트 풀리에 기하공차 적용

V-벨트 풀리의 경우도 기어와 마찬가지로 기하공차를 적용해 주면 되는데 여기서는 Ø55.4가 기준 치수가 된다. 따라서 위의 IT 기본공차표에서 55.4가 해당하는 기준 치수를 찾아 보면 50초과 80이하의 치수 구분에 해당되는 것을 알 수 있으며, IT5 등급을 적용한다면 기하공차 값은 13μm(0.013mm)이 IT6 등급을 적용한다면 19μm(0.019mm)을 선택하면 된다. 마찬가지로 원주 흔들림 공차는 원통축을 규제하므로 공차값 앞에 Ø기호를 붙이지 않는다.

만약 IT 기본공차 등급이 아닌 현장 실무 공차를 적용한다면 '정밀급'에 해당하는 0.01~0.02 정도의 값을 선정해 주어도 큰 무리는 없을 것이다.

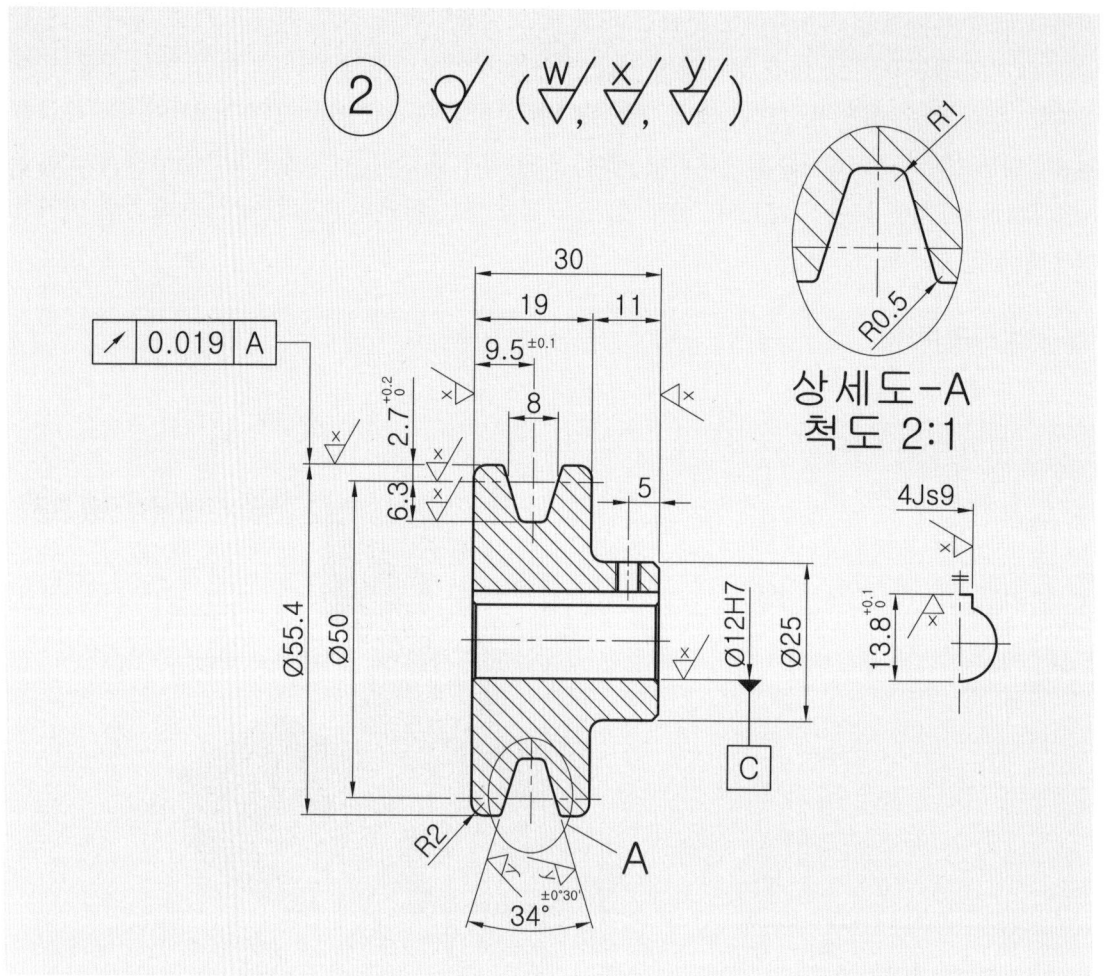

[V-벨트 풀리에 원주 흔들림 규제 예]

기준치수의 구분 (mm)		IT 공차 등급			
		IT 5급	IT 6급	IT 7급	IT 8급
수치의 산출		7i	10i	16i	25i
초과	이하	기본 공차의 수치(μm)			
–	3	4	6	10	14
3	6	5	8	12	18
6	10	6	9	15	22
10	18	8	11	18	27
18	30	9	13	21	33
30	50	11	16	25	39
50	80	13	19	30	46

Lesson 05 공압 실린더에 기하공차 적용하기

공압 기기는 공장 자동화(FA) 설비 등에 널리 사용되고 있으며 실린더나 에어척 등 구조나 종류에 따라 다양한 형태가 있다. 아래 공압 실린더는 피스톤형으로 실린더 튜브 내에 피스톤과 피스톤 로드를 가진 구조이며 실린더의 호칭 크기는 보통 실린더 튜브의 안지름으로 한다. 피스톤은 피스톤 로드와 연결되어 공기 압력을 받아 실린더 튜브와 마찰하며 왕복 운동을 하며 작동시 내부 압력이 발생하므로 내마모성과 충분한 내압성을 필요로 하는 부품이다.

공압 실린더 조립도

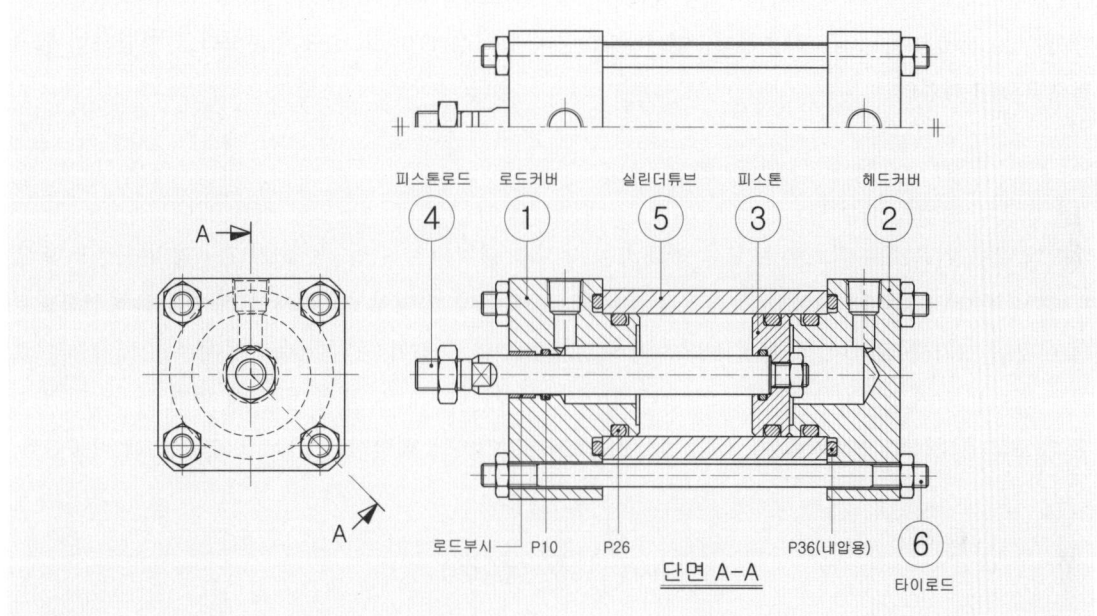

참고 입체도

1. 로드커버에 기하공차 적용하기

1.1 기준데이텀의선정
로드커버는 실린더 튜브 내경에 끼워맞춤되어 피스톤 로드가 왕복 운동시 안내하는 역할을 하는데, 먼저 데이텀은 실린더 튜브 내경에 끼워맞춤되는 로드커버의 외경 ø32h9으로 선정한다.

1.2 직각도 공차를 기입한다.
실린더 튜브와 직각으로 결합되어 공기의 누설을 방지해야 하는 기능이 중요하므로 로드커버의 조립면에 직각도를 규제해준다. 기준치수는 ø50이 아니라 ø65가 되는데 IT6급에서 50초과 80이하에 해당하는 19㎛(0.019mm)을 적용한다. 여기서 IT 공차 등급은 IT6급으로도 충분하다고 판단하여 일괄적으로 적용하였다.

1.3 동축도 공차를 기입하다.
데이텀 축을 기준으로 피스톤 로드를 안내하는 부시가 설치되는 구멍 즉, ø12H7 구멍의 동심도가 필요하다. 직각도 공차는 데이텀 축직선과 동일한 직선 위에 있어야 할 축선이 데이텀 축직선으로부터 어긋난 크기를 말하며, 여기서 ø32h9의 외경과 ø12H7 구멍이 동일한 축선상에 위치해야 하므로 기준 길이는 규제하고자 하는 부분의 최대 길이로 선정한다. 50은 실제 가공 시 외경 65mm의 소재로 가공하게 되므로 기준치수는 IT6급에서 50 초과 80 이하에 해당하는 19㎛0.019mm)을 적용한다.

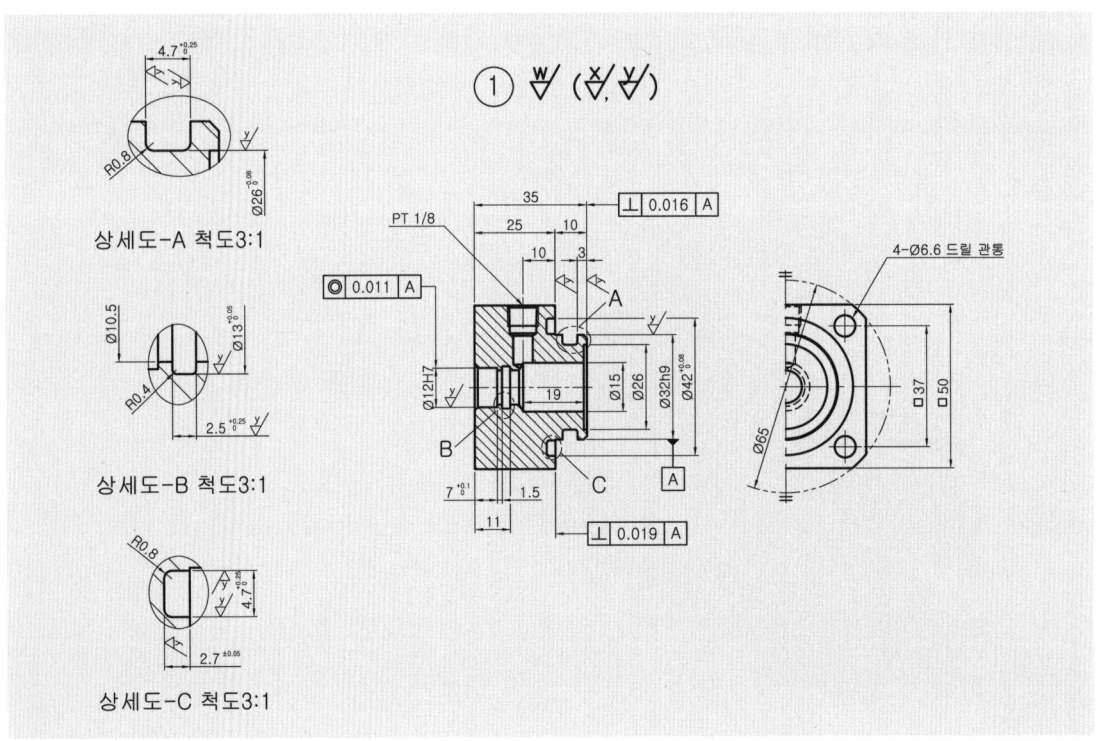

[로드커버 기하공차 규제 예]

기준치수의 구분 (mm)		IT 공차 등급			
		IT 5급	IT **6급**	IT 7급	IT 8급
수치의 산출		7i	10i	16i	25i
초과	이하	기본 공차의 수치(μm)			
–	3	4	6	10	14
3	6	5	8	12	18
6	10	6	9	15	22
10	18	8	11	18	27
18	30	9	13	21	33
30	50	11	**16**	25	39
50	80	13	19	30	46

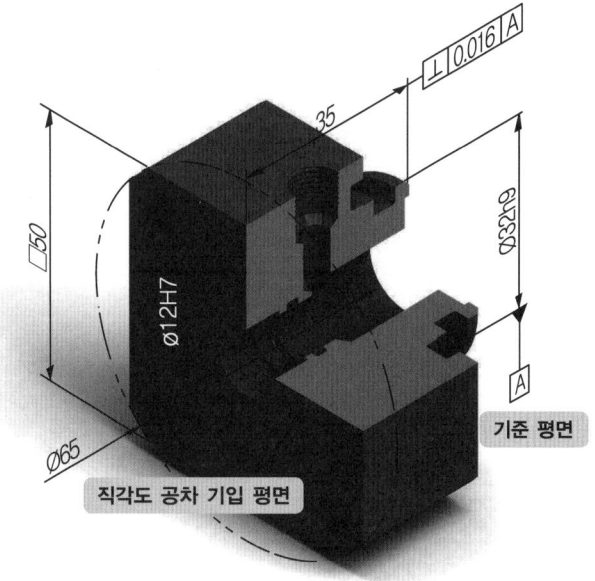

2. 피스톤에 기하공차 적용하기

피스톤과 같이 원통축에 내경이 가공되어 있는 경우 내경을 기준 데이텀으로 하여 외경 및 측면을 기하공차로 규제해준다. 내경 Ø10H7에 대해서 외경 Ø32f8이 동심이 유지되어야 하는데 여기서 기준치수는 Ø32f8이 되므로 IT6급에서 30초과 50이하에 해당하는 16μm(0.016mm)을 적용한다.

그리고 피스톤이 왕복 운동을 하며 1번 로드커버와 2번 헤드커버에 접촉을 하는데 이 양측면에 온 흔들림 공차를 적용해준다. 기준 길이는 공차를 기입하고자 하는 측면이 속하는 외경 즉 Ø32로 하며 마찬가지로 IT6급에서 30초과 50이하에 해당하는 16μm(0.016mm)을 적용한다.

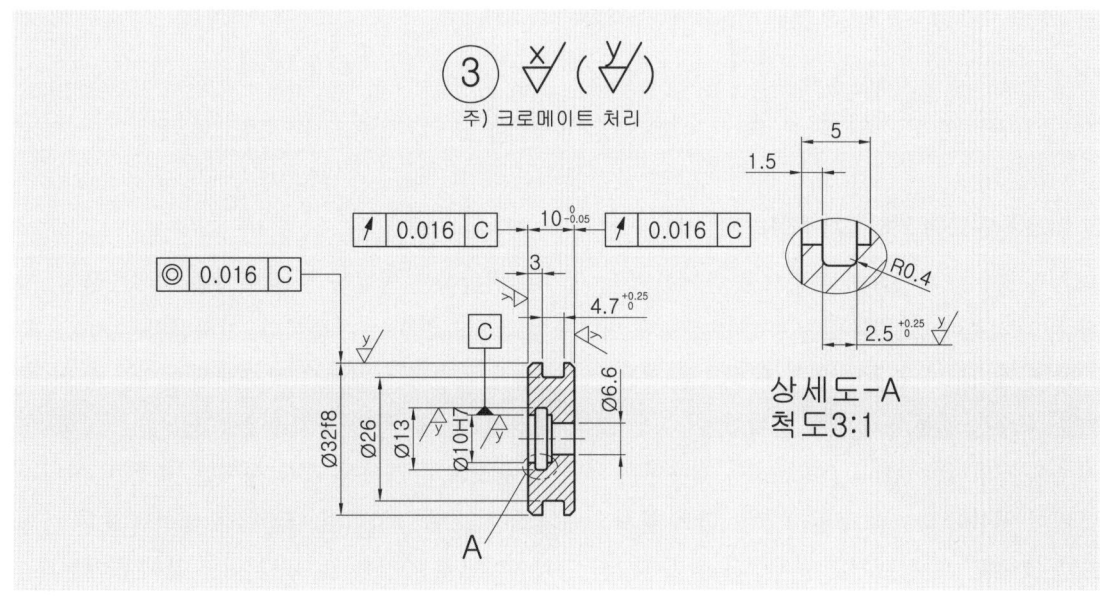

[피스톤 기하공차 규제 예]

기준치수의 구분 (mm)		IT 공차 등급			
		IT 5급	IT 6급	IT 7급	IT 8급
수치의 산출		7i	10i	16i	25i
초과	이하	기본 공차의 수치(㎛)			
–	3	4	6	10	14
3	6	5	8	12	18
6	10	6	9	15	22
10	18	8	11	18	27
18	30	9	13	21	33
30	50	11	16	25	39
50	80	13	19	30	46

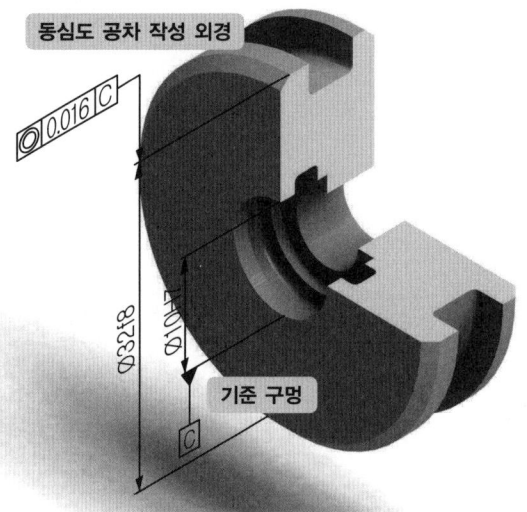

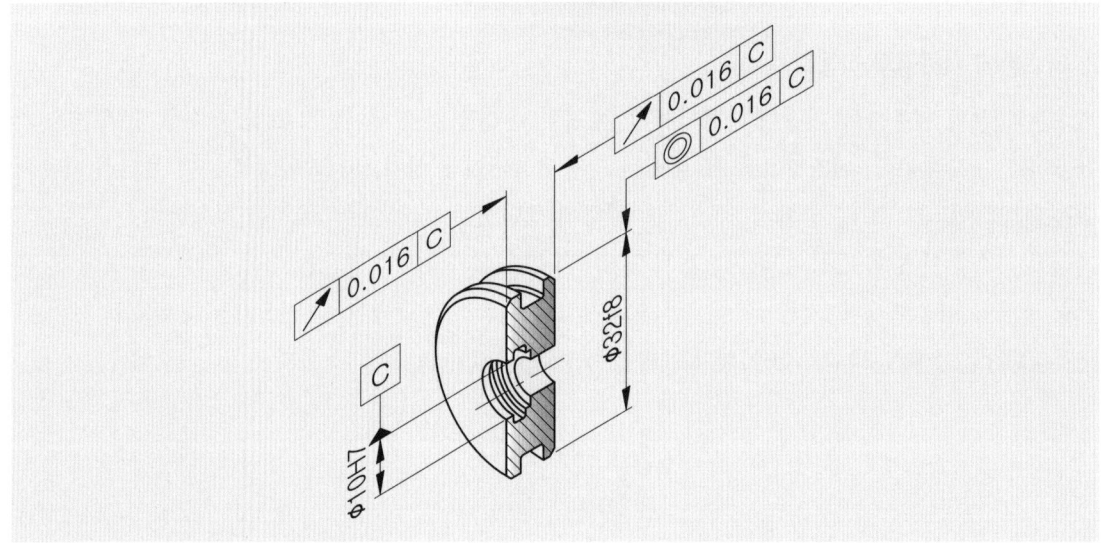

3. 피스톤 로드에 기하공차 적용하기

피스톤 로드는 피스톤의 운동으로 얻어진 힘을 외부로 전달하는 역할을 하는데 압축, 인장, 굽힘, 진동 등의 하중에 견딜 수 있는 충분한 강도와 내마모성을 필요로 하는 부품이다. 기하공차는 Ø10g6 축 지름에 진직도나 진원도 또는 원통도를 적용할 수 있다. 여기서는 진원도로 규제해 보았는데 이 때 기준 치수는 원통축의 전체 길이 80이 아닌 축의 외경 Ø10g6로 하며 공차값은 IT6급에서 6초과 10 이하에 해당하는 9㎛(0.009mm)을 적용한다. 이는 진원도로 규제하는 대상 형체는 '축선'이 아니라 단면이 원형인 축이나 구멍과 같은 단독 형체를 규제하는 모양 공차이기 때문이며 데이텀 또한 불필요한 것이다. 또한 진원도 공차역은 반지름상의 공차역이므로 직경을 표시하는 Ø를 붙이지 않는다.

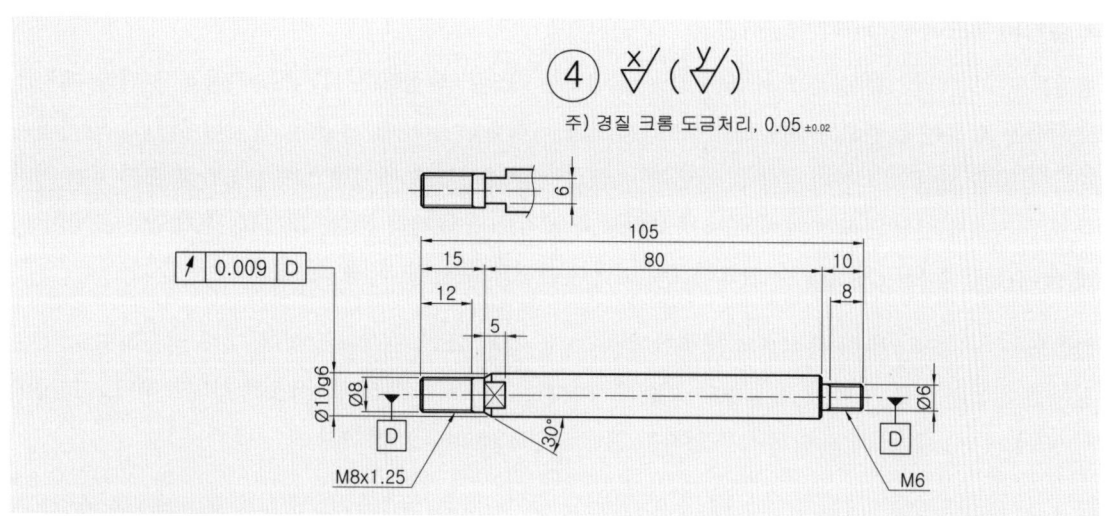

[피스톤 로드 기하공차 규제 예]

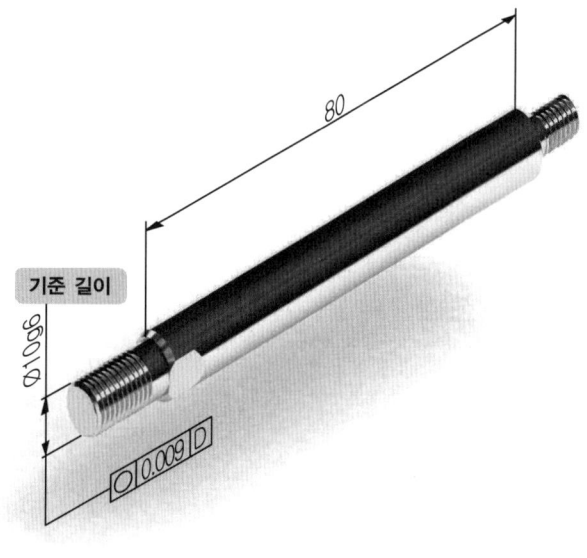

기준치수의 구분 (mm)		IT 공차 등급			
		IT 5 급	IT 6 급	IT 7 급	IT 8 급
수치의 산출		7*i*	10*i*	16*i*	25*i*
초과	이하	기본 공차의 수치(㎛)			
−	3	4	6	10	14
3	6	5	8	12	18
6	**10**	**6**	**9**	**15**	**22**
10	18	8	11	18	27
18	30	9	13	21	33
30	50	11	16	25	39
50	80	13	19	30	46

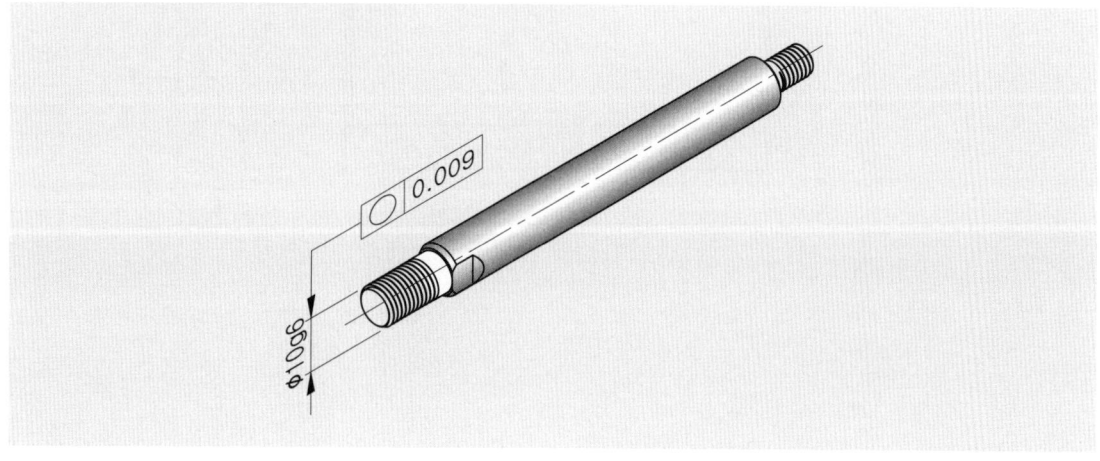

Part 03 _기하공차 적용

4. 실린더 튜브에 기하공차 적용하기

실린더 튜브는 피스톤 링을 사용하는 경우 진원도는 IT6급, 원통도는 IT7급을 적용하고 기타 패킹을 사용하는 경우는 진원도와 원통도는 IT9급까지도 적용하는 실사례가 있다. 실린더 튜브의 안지름은 호닝 가공을 하며 피스톤의 운동을 안내하는 중요한 구멍이므로 데이텀으로 선정하고 또한 로드커버와 헤드커버가 맞닿는 측면의 직각이 중요하므로 직각도를 규제해 준다. 그리고, 직각도로 규제한 면에 대해 반대측 면의 평행도가 필요하므로 2차 데이텀으로 선정 후 평행도로 규제해 준다.

원통도는 진원도와 달리 축직선에 평행한 원통 형상 전체 표면의 길이 방향에 대해 적용하므로 기준 길이는 원통의 직경이 아닌 전체 길이로 한다. 여기서 원통도는 IT7급을 적용해 보기로 하고 IT7급에서 60이 속하는 50초과 80이하에 해당하는 30μm(0.030mm)을 적용한다.

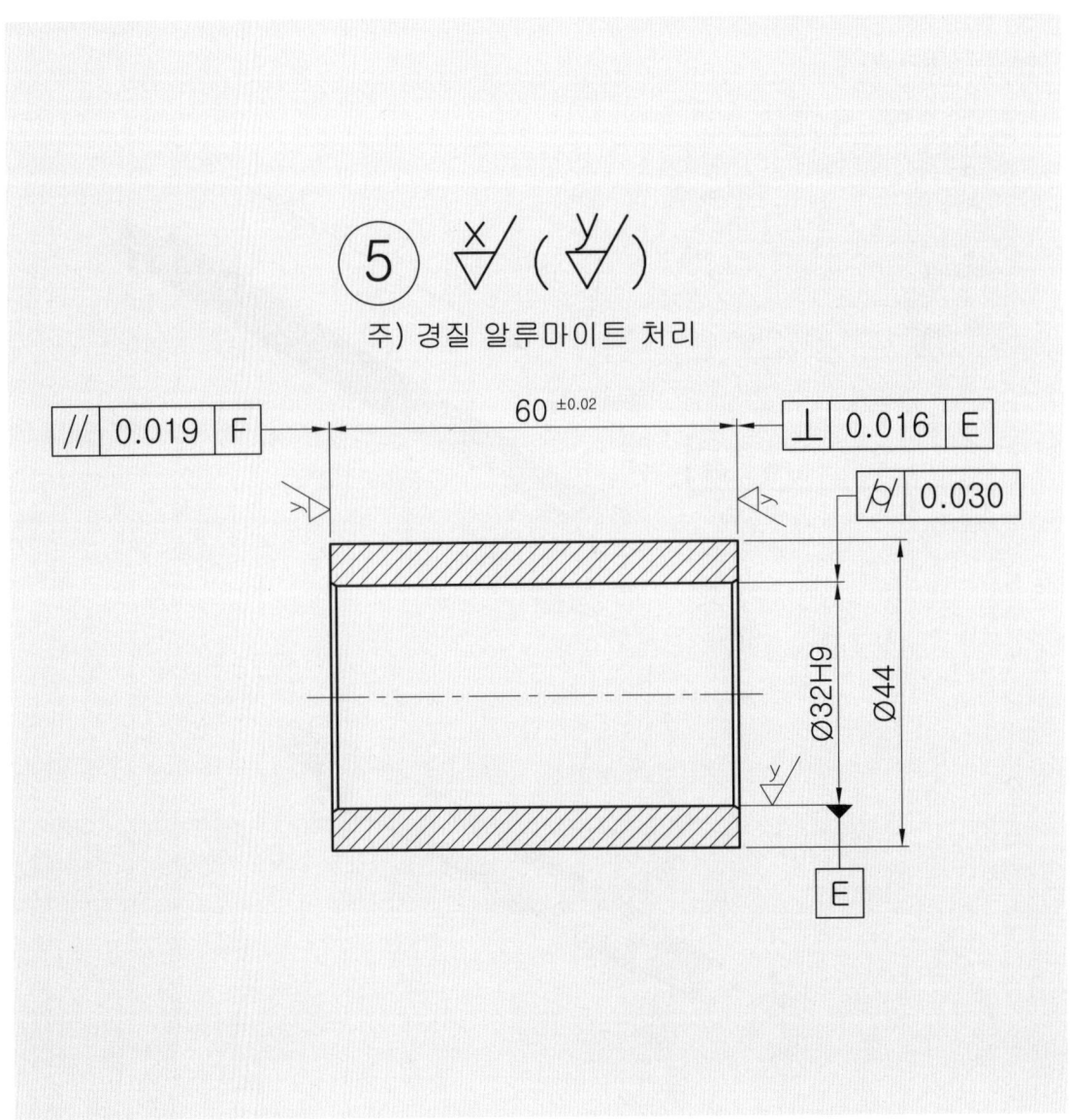

[실린더 튜브 기하공차 규제 예]

기준치수의 구분 (mm)		IT 공차 등급			
		IT 5급	IT 6급	IT 7급	IT 8급
수치의 산출		7i	10i	16i	25i
초과	이하	기본 공차의 수치(㎛)			
–	3	4	6	10	14
3	6	5	8	12	18
6	10	6	9	15	22
10	18	8	11	18	27
18	30	9	13	21	33
30	50	11	16	25	39
50	80	13	19	30	46

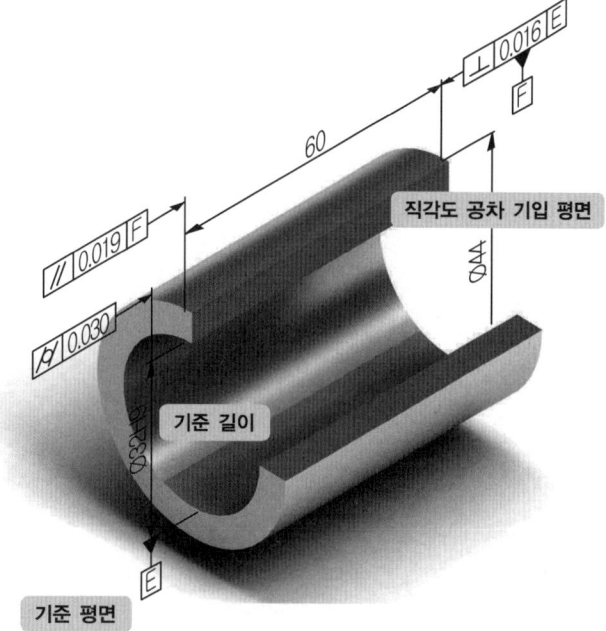

직각도와 평행도는 IT6급을 적용하기로 하고 마찬가지로 기준 치수를 직각도는 ø44가 속하는 16㎛ (0.016mm)을 평행도는 2차 데이텀을 기준으로 평행도가 유지되어야 하는 구간의 길이 즉 60을 기준 치수로 하여 적용하면 19㎛(0.019mm)이 된다.

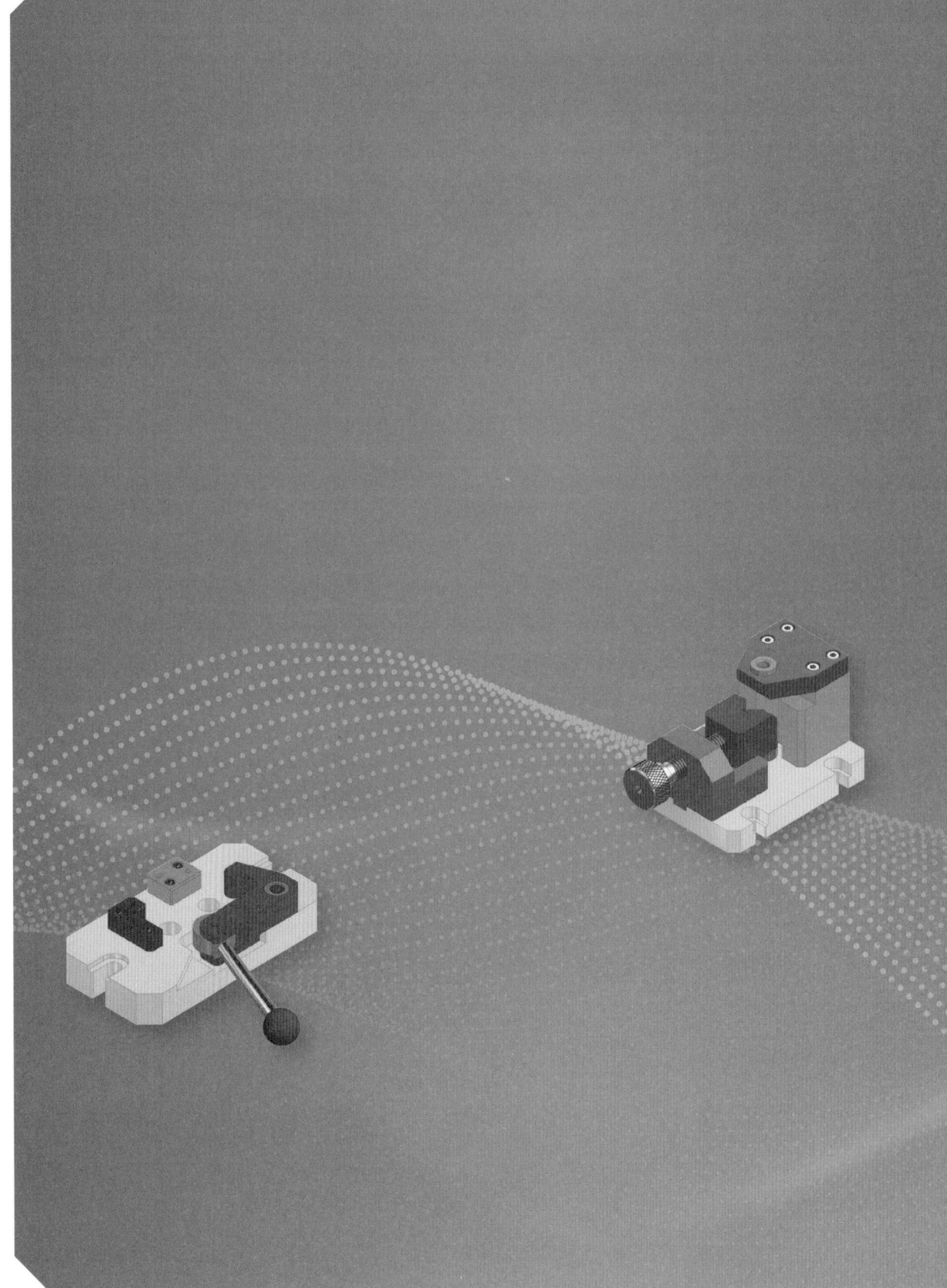

치공구요소 KS규격

Lesson 01 고정 부시(Press fit bush)
Lesson 02 삽입부시(Renewable bush)
Lesson 03 라이너 부시(Liner bush)
Lesson 04 노치형 부시
Lesson 05 드릴지그 실례
Lesson 06 지그 설계의 치수 표준

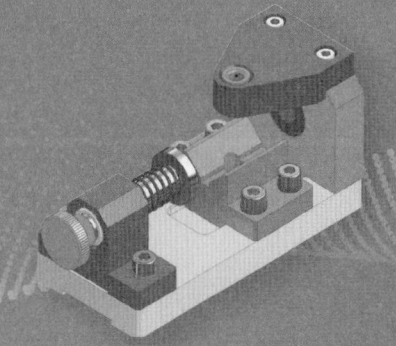

치공구용 지그 부시

부시(bush)는 드릴(drill), 리머(reamer), 카운터 보어(counter bore), 카운터 싱크(counter sink), 스폿 페이싱(spot facing) 공구와 기타 구멍을 뚫거나 수정하는데 사용하는 회전공구를 위치결정(locating)하거나 안내(guide)하는데 사용하는 정밀한 치공구(Jig & Fixture) 요소이다. 부시는 반복 작업에 의한 재료의 마모와 가공 후 정밀도를 유지하기 위해 통상 열처리를 실시하고 정확한 치수로 연삭되어 있으며 동심도는 일반적으로 0.008 이내로 한다.

부시의 바깥지름(d)과 구멍지름(d1)의 동심도 V는 부시의 내경(d1)이 18.0 이하에서는 0.012로 하고 18.0 초과 50.0 이하에서는 0.020, 50.0 초과 100.0 이하는 0.025로 한다.

여러 가지 치공구 요소의 형상

여러 가지 치공구 요소의 형상

커넥팅로드 고정구

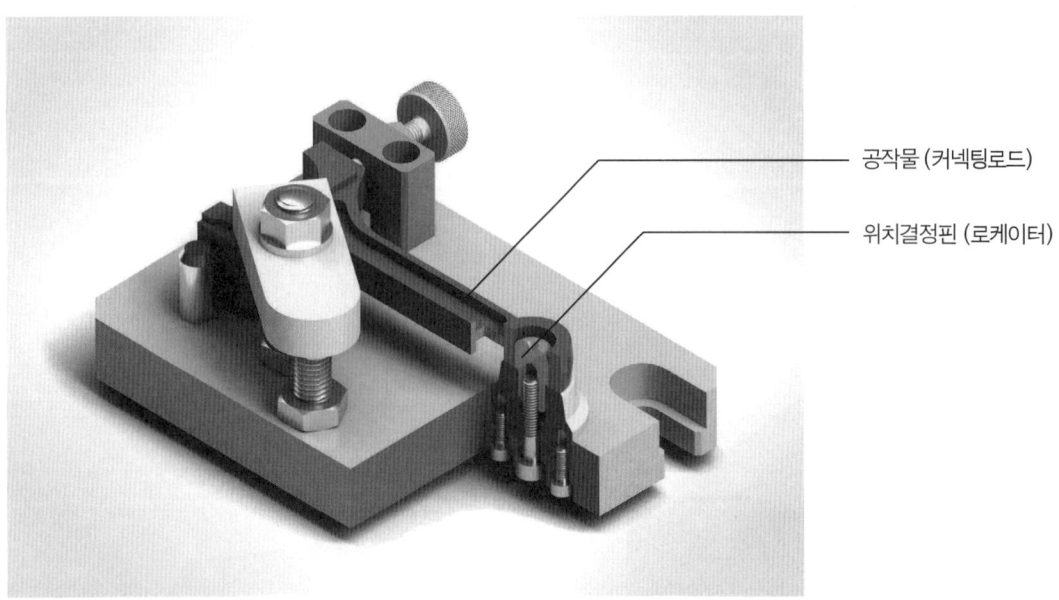

> **드릴 부시의 치수결정 순서**
>
> 1. 드릴 직경 선정
> 2. 부시의 내경과 외경 선정
> 3. 부시의 길이와 부시 고정판(jig plate) 두께 결정
> 4. 부시의 위치 결정(locating)

Lesson 01 고정 부시(Press fit bush)

고정 부시는 머리가 없는 고정 부시와 머리가 있는 고정 부시의 두 가지 종류가 있으며 부시를 자주 교환할 필요가 없는 소량 생산용 지그에 사용한다.

지그용 고정 부시 치수 기입 예

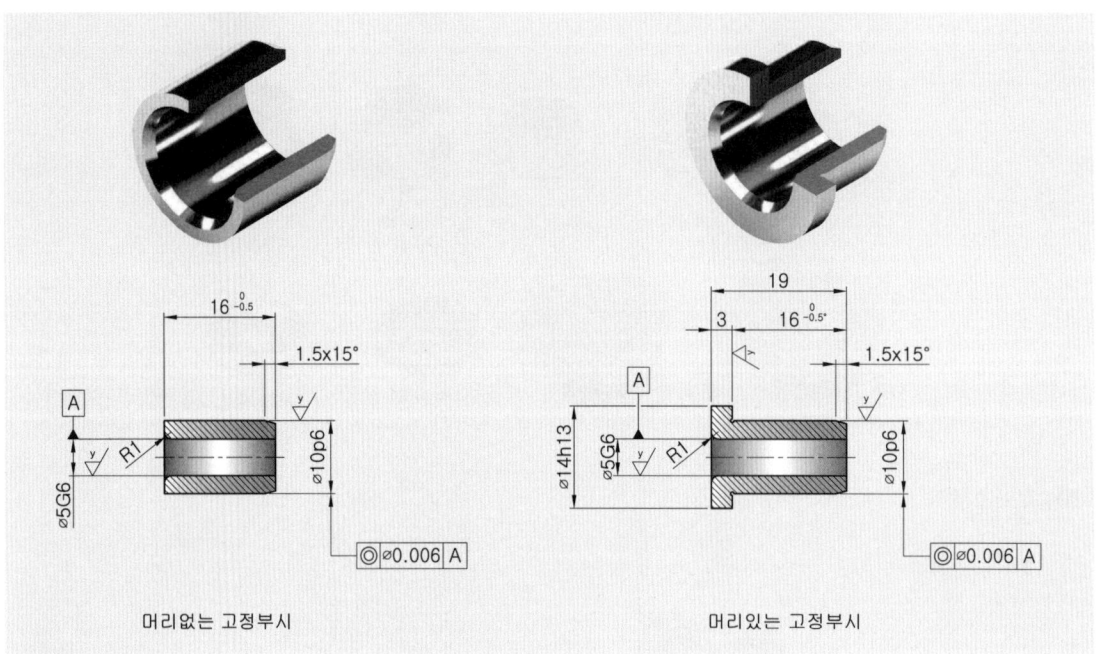

머리없는 고정부시   머리있는 고정부시

1. 드릴(drill)이나 리머(reamer) 가공시 공구(tool)의 안내(guide) 역할을 하는 치공구 요소이다.
2. 재질은 STC105(구기호 STC3, 탄소공구강), STS3(합금공구강) 등을 사용한다.
3. 전체 열처리를 한다. (예 : H_RC 60±2)

지그용 고정부시 [KS B 1030]

칼라없는 고정부시   칼라있는 고정부시

드릴 부시의 설계 방법

❶ 공정도에 지시된 공작물의 구멍 가공 치수에 의해 드릴 직경을 결정한다.
❷ 드릴 부시의 내경과 외경은 결정된 드릴 직경을 호칭지름으로 하여 고정부시만으로 할 것인가, 고정부시와 함께 삽입부시를 적용할 것인가를 제작될 공작물의 수량과 가공공정에 따라 결정한다.

고정 부시

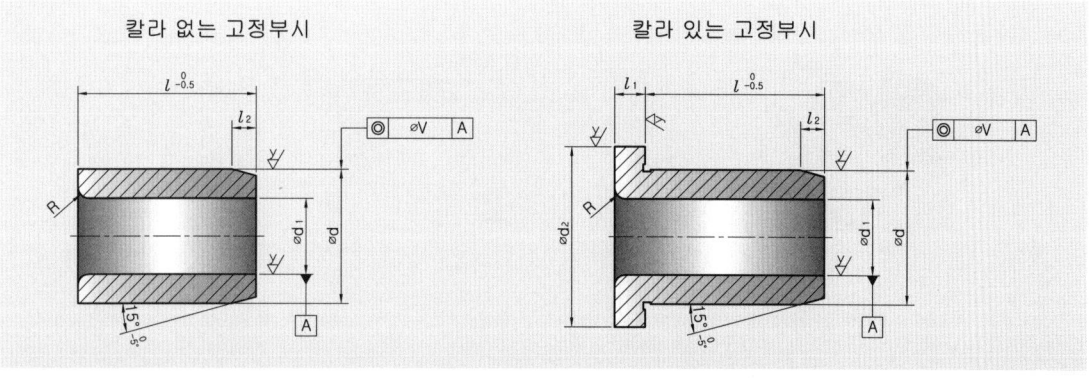

d_1 드릴용(G6) 리머용(F7)	d 기준 치수	d 허용차(p6)	d_2 기준치수	d_2 허용차(h13)	공차 ($l_{-0.5}^{0}$)	l_1	l_2	R
1 이하	3	+ 0.012 + 0.006	7	0 - 0.220	6 8	2	1.5	0.5
1 초과 1.5 이하	4	+ 0.020 + 0.012	8					
1.5 초과 2 이하	5		9		6 8 10 12			0.8
2 초과 3 이하	7	+ 0.024 + 0.015	11	0 - 0.270	8 10 12 16	2.5		
3 초과 4 이하	8		12					1.0
4 초과 6 이하	10		14					
6 초과 8 이하	12		16		10 12 16 20	3		2.0
8 초과 10 이하	15	+ 0.029 + 0.018	19	0 - 0.330	12 16 20 25			
10 초과 12 이하	18		22			4		

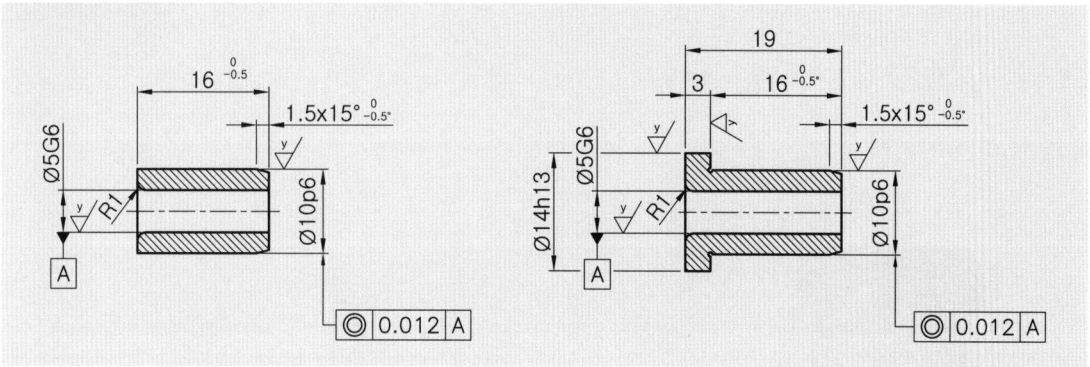

Lesson 02 삽입부시(Renewable bush)

삽입부시는 지그 플레이트에 라이너 부시(가이드 부시)를 설치하여 라이너 부시 내경에 삽입 부시 외경이 미끄럼 끼워맞춤 되도록 연삭되어 있으며, 부시가 마모되면 교환을 할 수 있는 다량 생산용 지그에 적합하며, 다양한 작업을 위하여 라이너 부시에 여러 용도의 삽입 부시를 교환하여 사용된다. 삽입 부시는 회전 삽입 부시와 고정 삽입부시로 분류한다.

지그용 삽입부시 [KS B 1030]

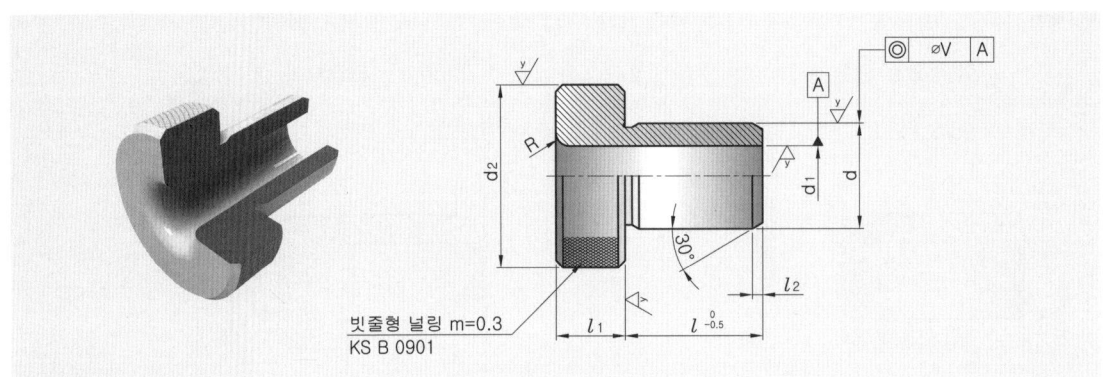

d_1 드릴용(G6) 리머용(F7)	d 기준 치수	d 허용차 (m5)	d_2 기준 치수	d_2 허용차 (h13)	$l_{-0.5}^{0}$	l_1	l_2	R
4 이하	8	+0.012 +0.006	15	0 −0.270	10 12 16	8	1.5	1
4 초과 6 이하	10		18		12 16 20 25			
6 초과 8 이하	12	+0.015 +0.007	22	0 −0.330		10		2
8 초과 10 이하	15		26		16 20 (25) 28 36			
10 초과 12 이하	18		30					
12 초과 15 이하	22	+0.017 +0.008	34	0 −0.390	20 25 (30) 36 45	12		
15 초과 18 이하	26		39					
18 초과 22 이하	30		46		25 (30) 36 45 56			3

1. 하나의 구멍에 여러 가지 작업을 할 경우 교체 및 장착이 용이한 부시로 노치형 부시라고도 한다.
2. 부시 재질은 STC105(구기호 STC3, 탄소공구강), STS3(합금공구강) 등을 사용한다.
3. 전체 열처리를 한다. (예 : $H_RC\ 60±2$)

지그용 삽입부시 치수 기입 예

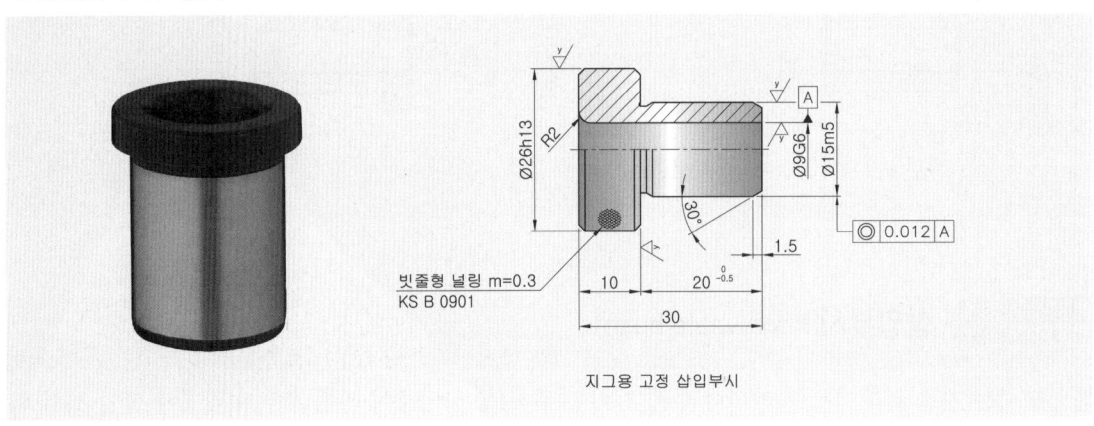

지그용 고정 삽입부시

Lesson 03 라이너 부시(Liner bush)

삽입 부시의 안내용 고정부시로 지그판에 압입하여 설치하며, 정밀하고 높은 경도를 지니기 때문에 지그의 정밀도를 장기간 유지할 수 있다. 머리 없는 것과 머리 있는 것의 두가지가 있다.
아래 치수 기입 예에서 동심도는 기준치수 10 초과 18 이하에서 IT5급의 수치를 적용한 것이다.

라이너 부시 [KS B 1030]

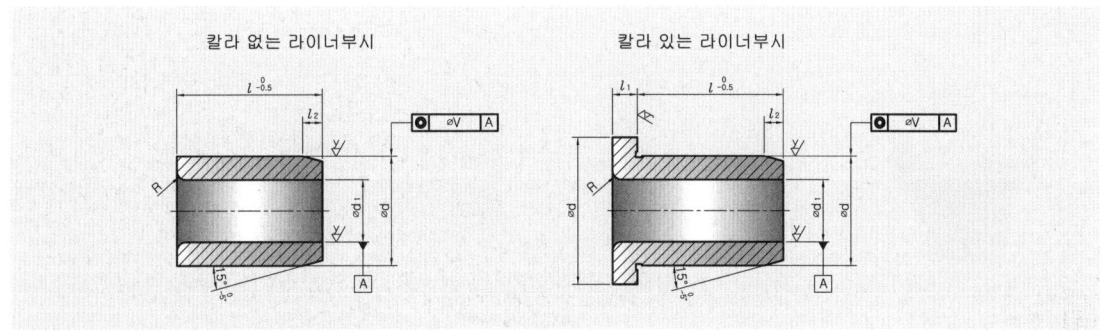

[단위 : mm]

d_1		d		d_2		$l_{-0.5}^{0}$	l_1	l_2	R
기준치수	허용차 (F7)	기준치수	허용차 (p6)	기준치수	허용차 (h13)				
8	+0.028 +0.013	12	+0.029 +0.018	16	0 −0.270	10 12 16	3	1.5	2
10		15		19		12 16 20 25			
12	+0.034 +0.016	18		22	0 −0.330		4		
15		22	+0.035 +0.022	26		16 20 (25) 28 36			
18		26		30					
22	+0.041 +0.020	30		35	0 −0.390	20 25 (30) 36 45	5		3
26		35	+0.042 +0.026	40					
30		42		47		25 (30) 36 45 56			

라이너 부시 치수 기입 예

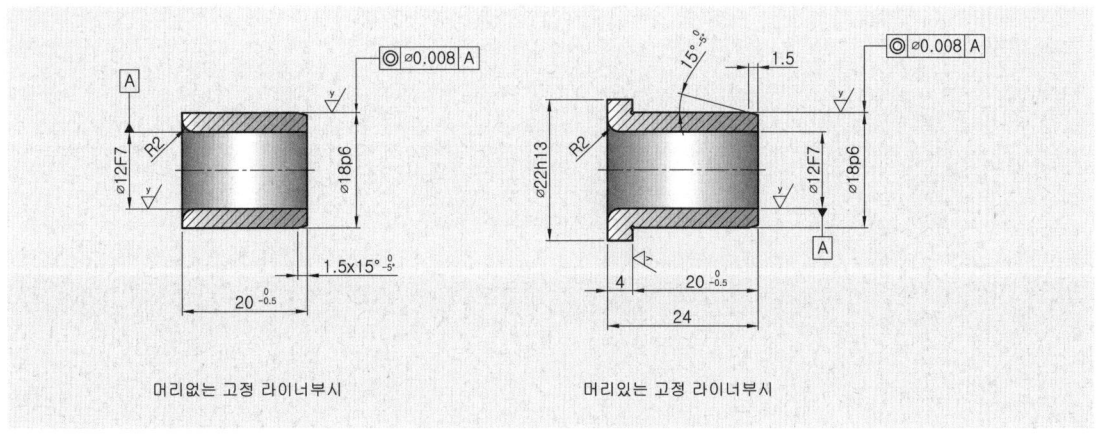

머리없는 고정 라이너부시   머리있는 고정 라이너부시

Lesson 04 노치형 부시

회전 삽입 부시(slip renewable bush)라고도 하며, 이 부시는 한 구멍에 여러가지 가공 작업을 할 경우 라이너 부시를 지그판에 고정시킨 후 노치형 부시를 삽입한 후 플랜지부에 잠금나사로 고정시켜 사용한다.

노치형 부시의 주요 치수

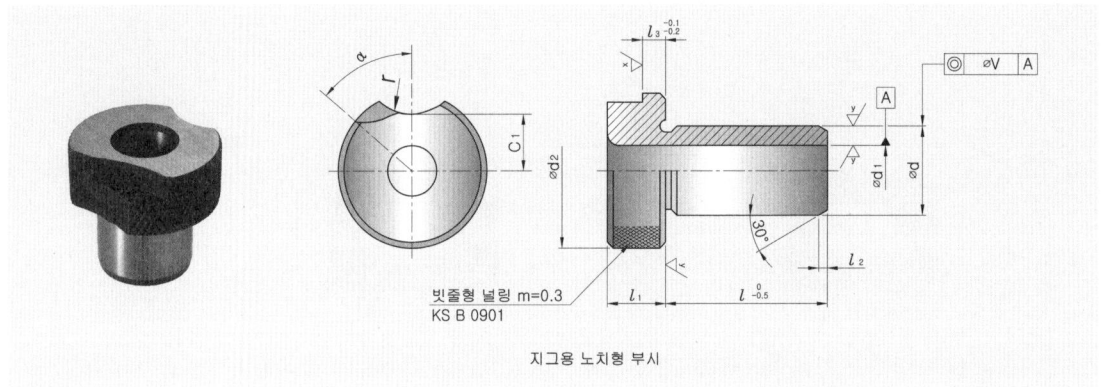

지그용 노치형 부시

[단위 : mm]

d_1 드릴용(G6) 리머용(F7)		d		d_2		$l_{-0.5}^{0}$	l_1	l_2	R	l_3		C_1	r	α (°)
		기준 치수	허용차 (m5)	기준 치수	허용차 (h13)					기준 치수	허용차			
4 이하		8	+0.012 +0.006	15	0 −0.270	10 12 16	8	1.5	1	3	−0.1 −0.2	4.5	7	65
4 초과	6 이하	10		18		12 16 20 25						6		
6 초과	8 이하	12		22			10		2	4		7.5	8.5	60
8 초과	10 이하	15	+0.015 +0.007	26	0 −0.330	16 20 (25) 28 36						9.5		50
10 초과	12 이하	18		30								11.5		
12 초과	15 이하	22	+0.017 +0.008	34	0 −0.390	20 25 (30) 36 45	12					13	10.5	35
15 초과	18 이하	26		39								15.5		
18 초과	22 이하	30		46		25 (30) 36 45 56			3	5.5		19		30

노치형 부시 치수 기입 예

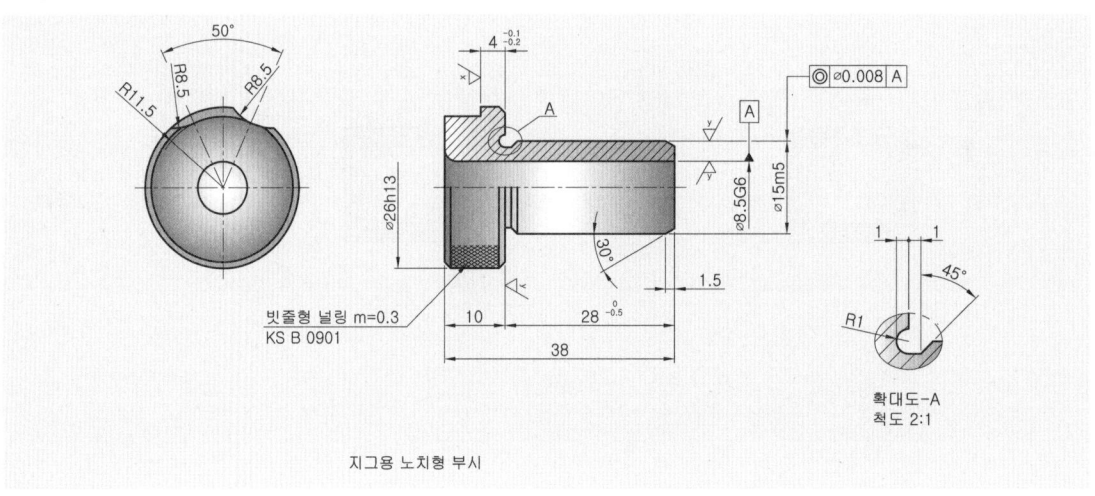

지그용 노치형 부시

Lesson 05 드릴지그 실례

드릴지그-1

드릴지그-2

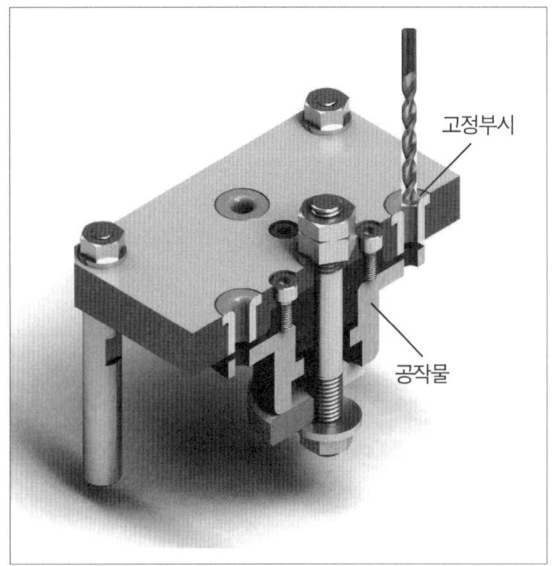
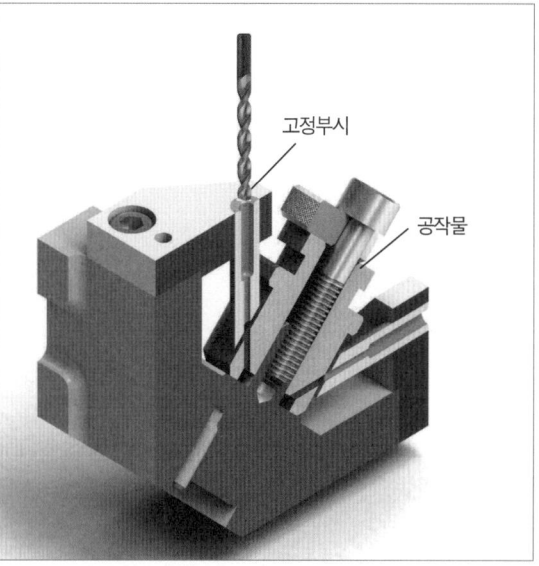

Lesson 06 지그 설계의 치수 표준

1. 센터 구멍

선반, 밀링용 지그의 구멍은 다음의 5종류로 한다.

D = 12mm 이하   ± 0.01mm
D = 16mm 이하   ± 0.01mm
D = 20mm 이하   ± 0.01mm
D = 25mm 이하   ± 0.01mm
(선반은 가급적 이 구멍을 이용한다.)
D = 35mm 이하   ± 0.01mm
(밀링은 가급적 이 구멍을 이용한다.)

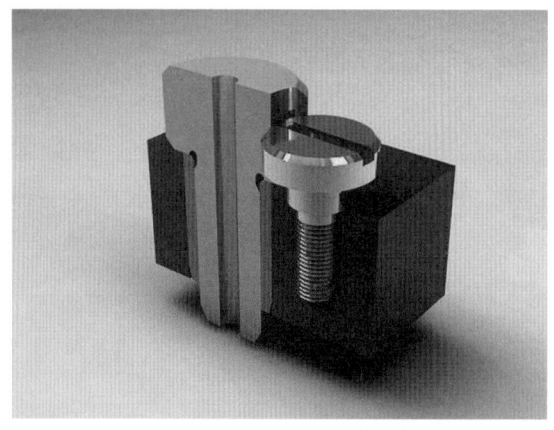

2. 중심맞춤 구멍

중심맞춤 구멍(중심맞춤 센터 및 리머 볼트용 구멍)의 중심거리에 대해서는 다음의 치수공차를 적용한다.

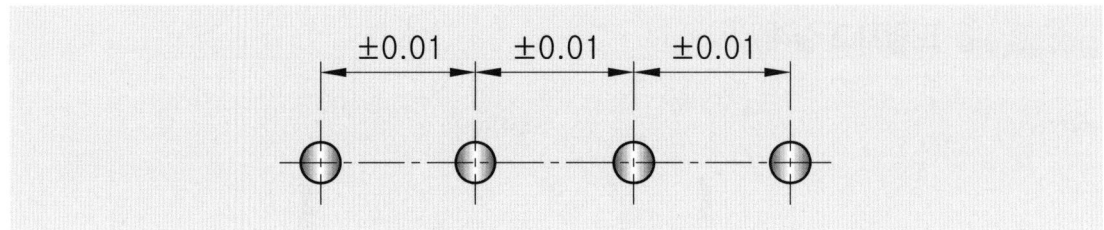

3. 볼트 구멍의 거리

볼트 구멍 등과 같이 축과 구멍이 0.5mm 이상의 틈새를 갖는 구멍의 중심거리에 대해서는 다음의 치수공차를 적용한다.

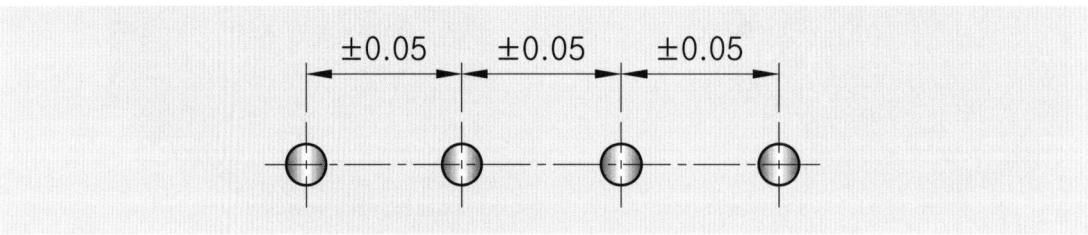

4. 각도

특히 정밀도를 요구하지 않는 각도에는 다음의 치수공차를 적용한다. ±30°

■ 플레이트 지그

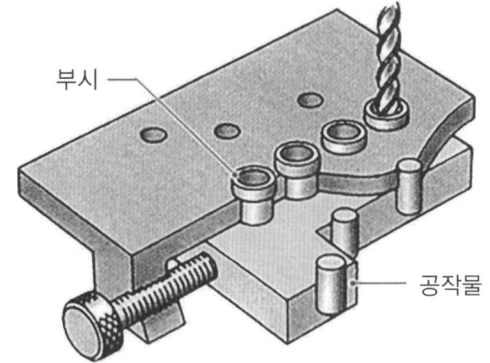

■ 링지그

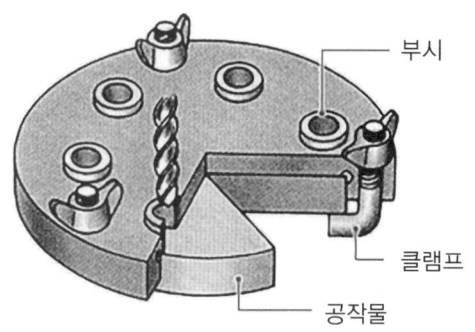

■ 채널 지그

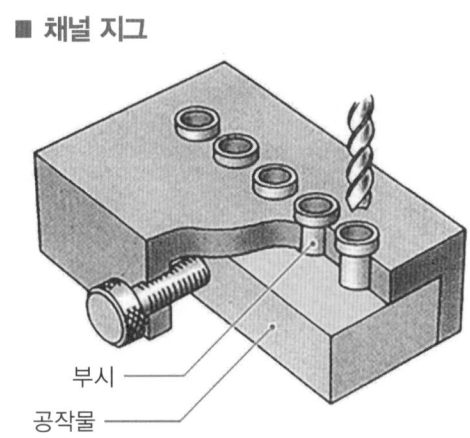

■ 직경 지그

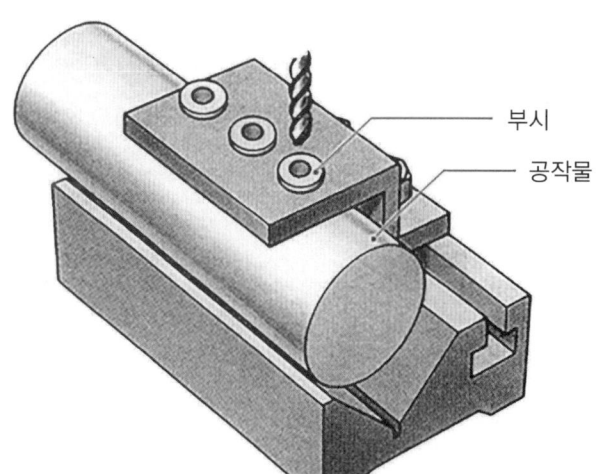

■ 박스 지그

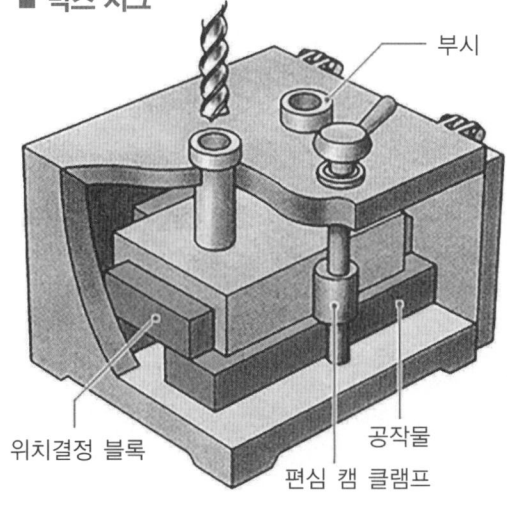

■ 리프 지그

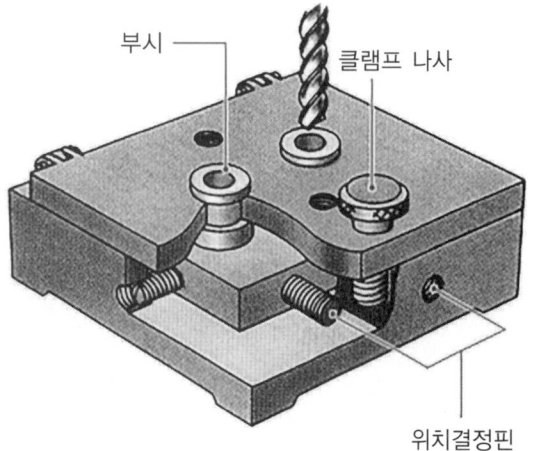

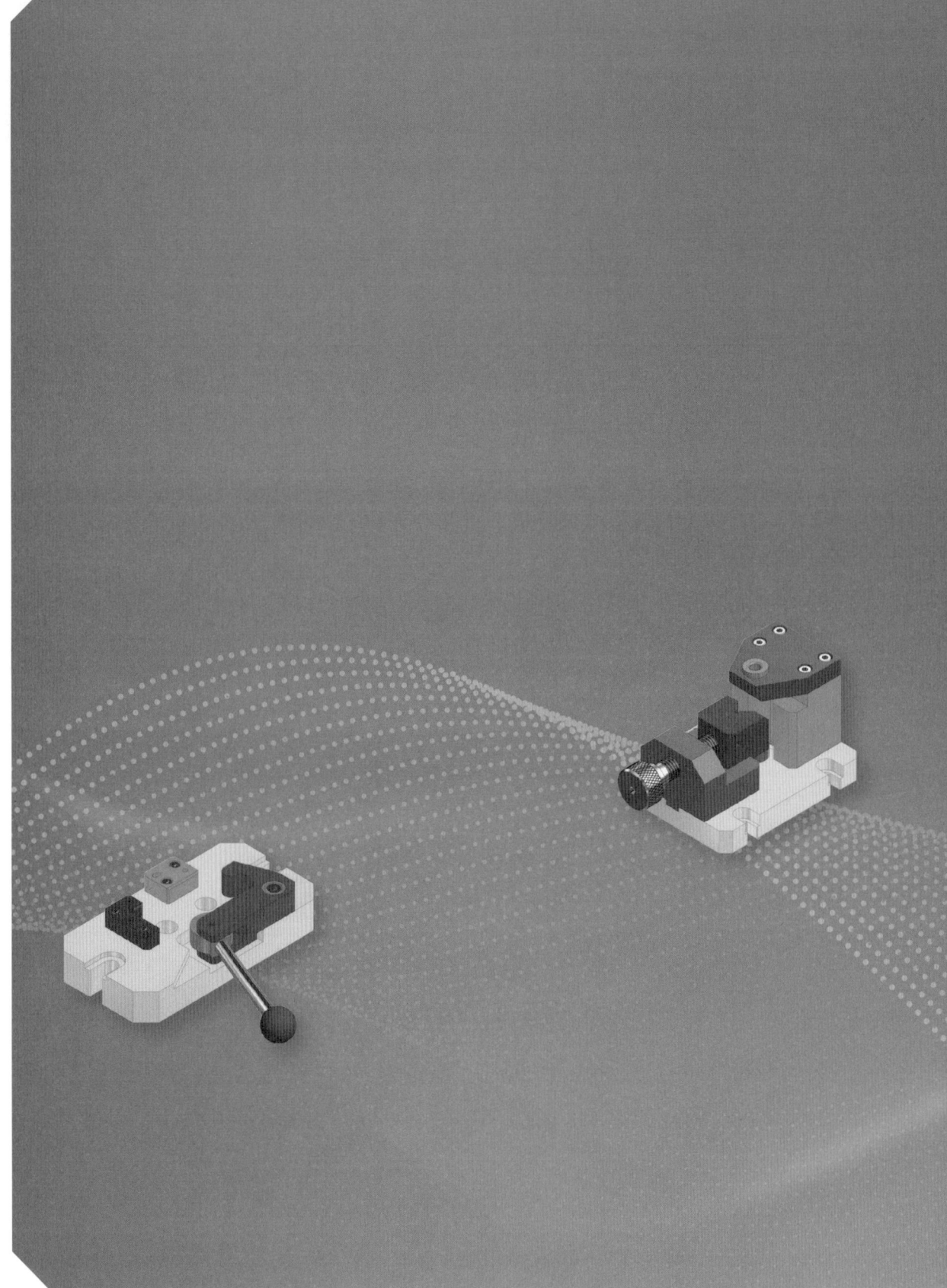

PART 05

클램프 설계 실습

Lesson 01 수동 클램프
Lesson 02 스토퍼 유니트
Lesson 03 연마기 고정 V-블록
Lesson 04 WORK CLAMP JIG
Lesson 05 나사 클램프
Lesson 06 더브테일 클램프
Lesson 07 바이스 클램프
Lesson 08 V-블록 클램프
Lesson 09 캠 레버 클램프-1
Lesson 10 캠 레버 클램프-2
Lesson 11 측면 클램프-1
Lesson 12 측면 클램프-2

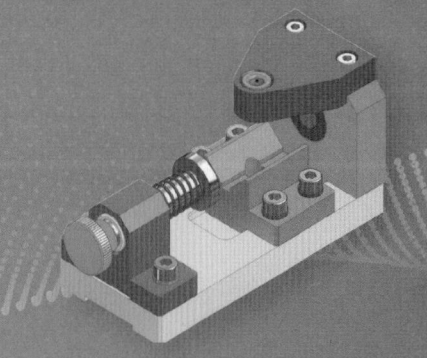

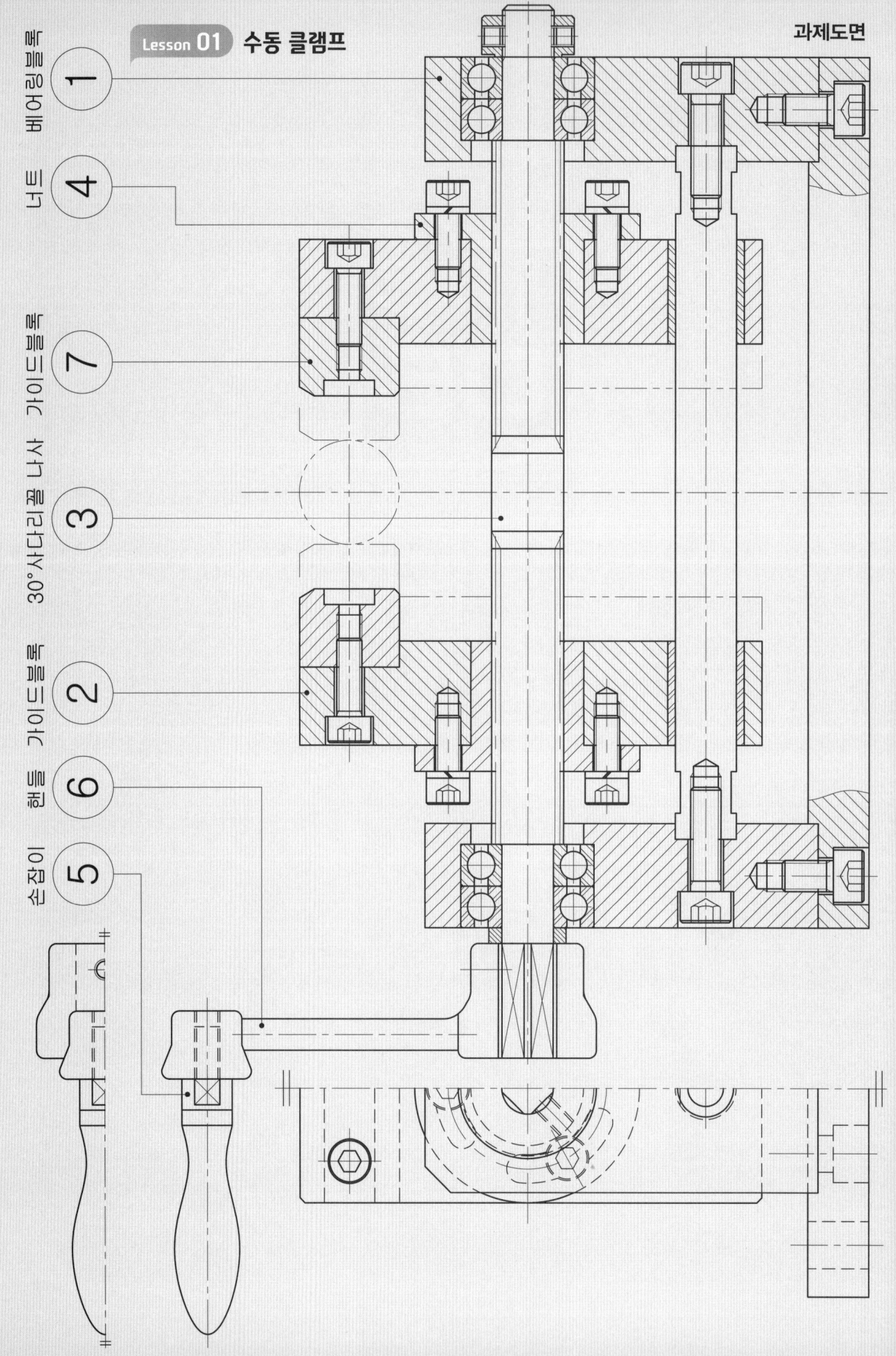

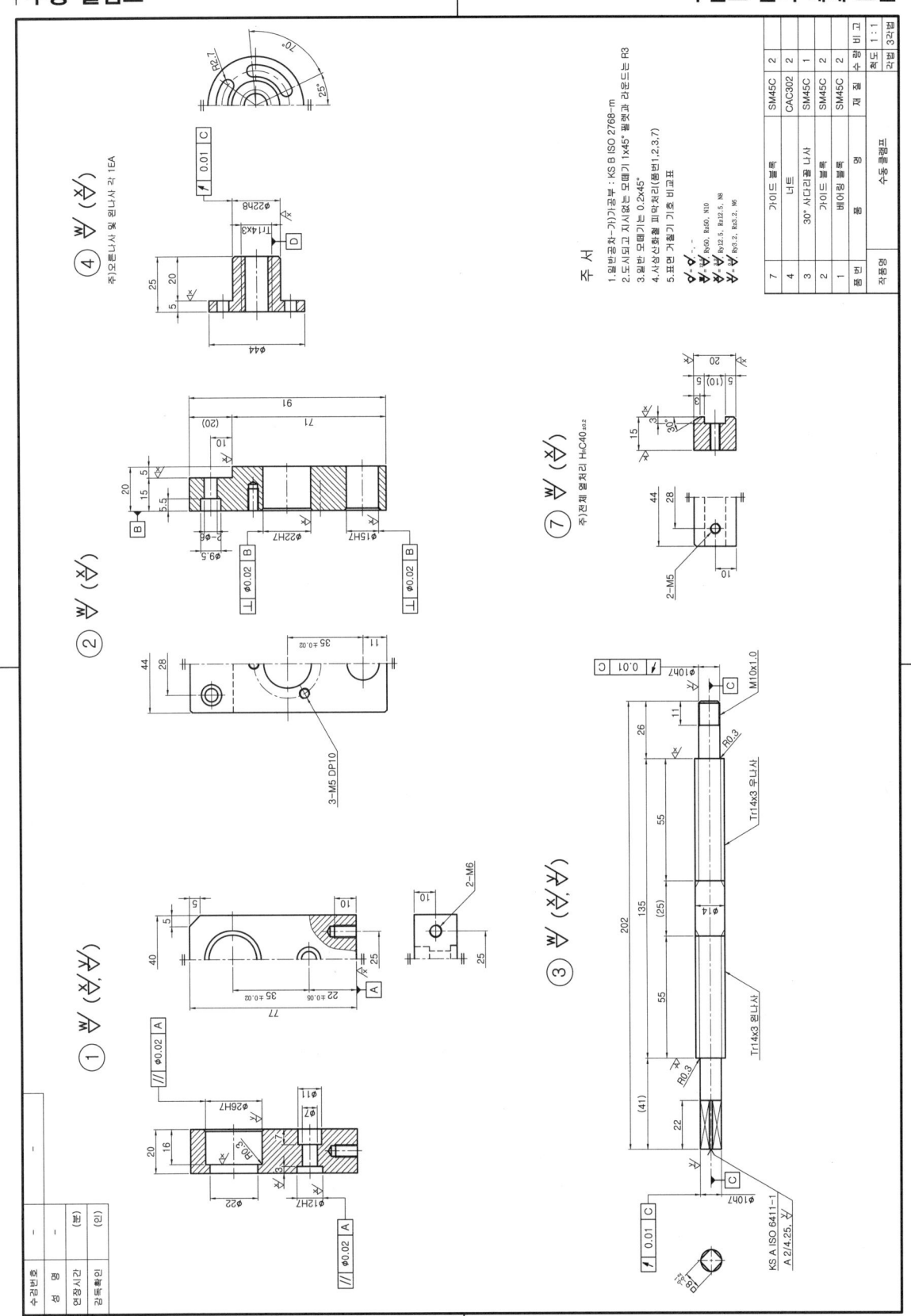

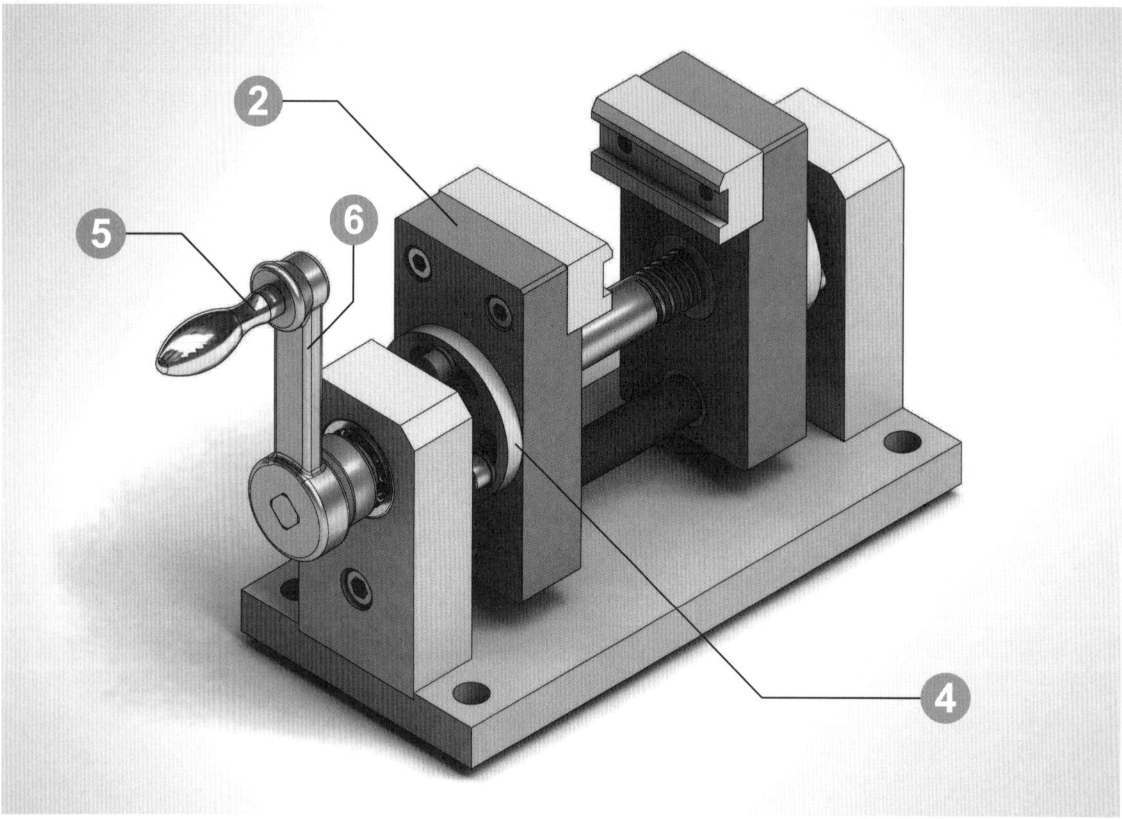

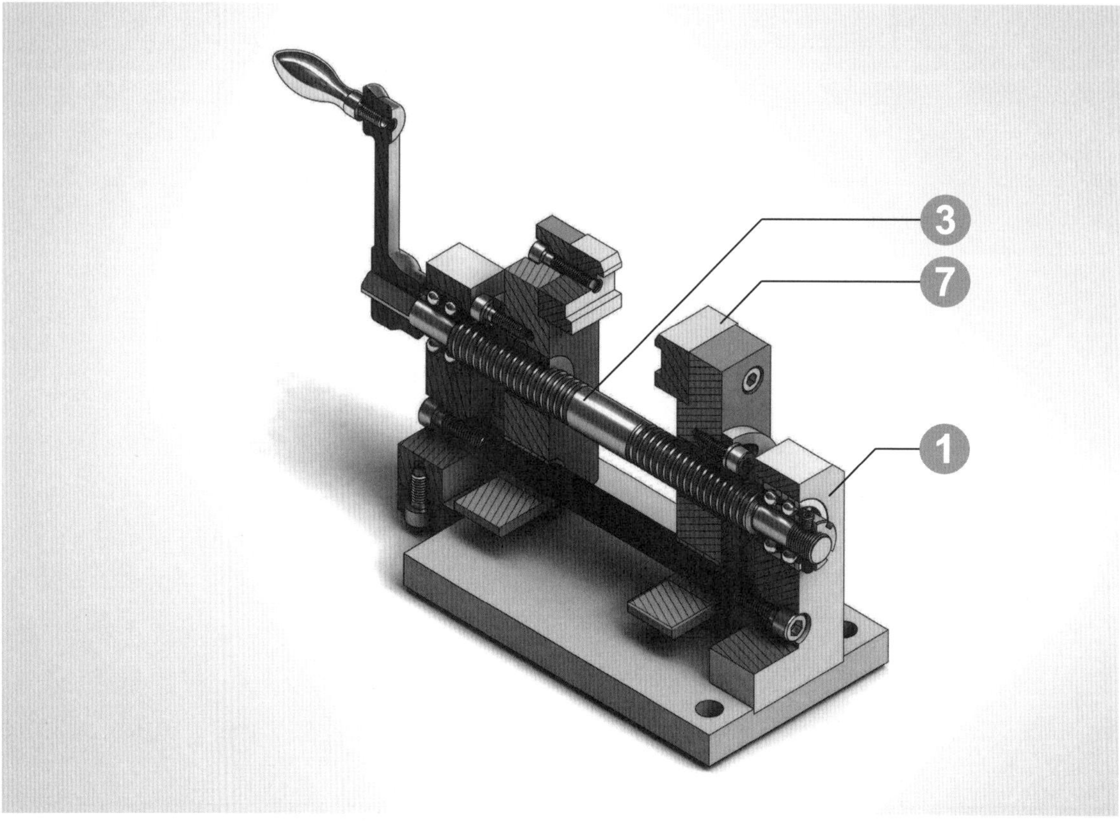

| 수동 클램프 | 3D 모델링

| 수동 클램프 | 분해 등각 구조도

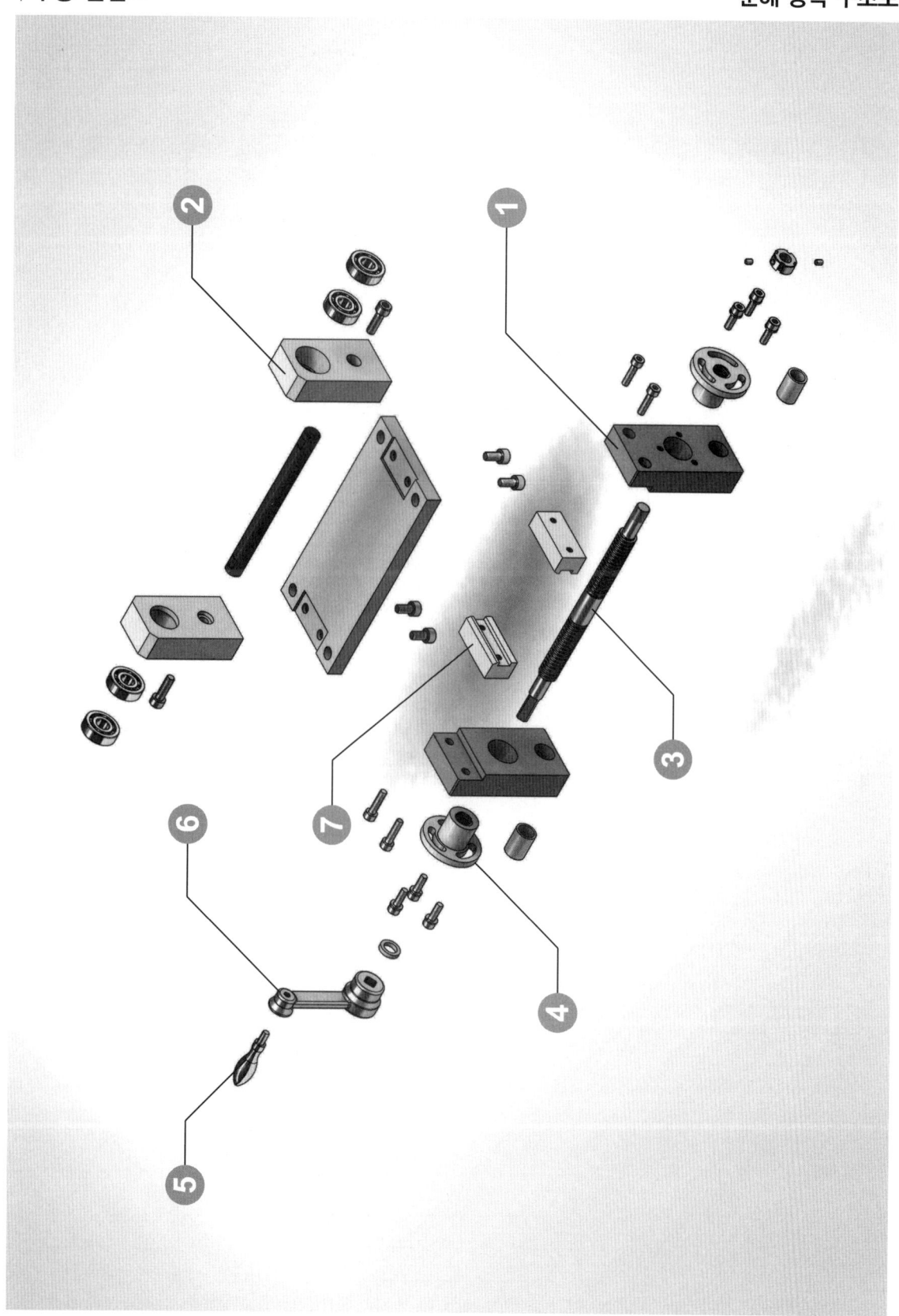

Lesson 02 스토퍼 유니트

과제도면

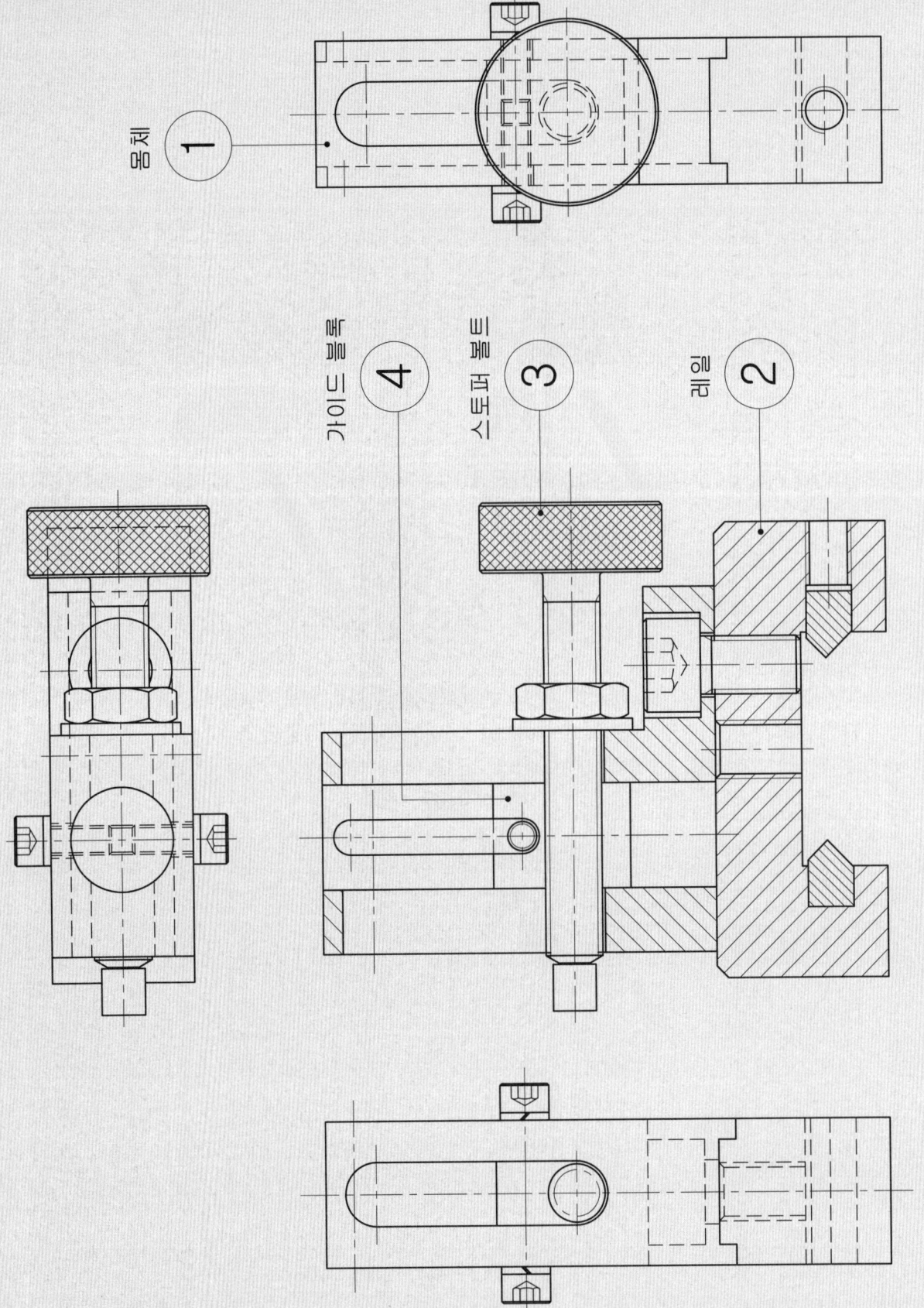

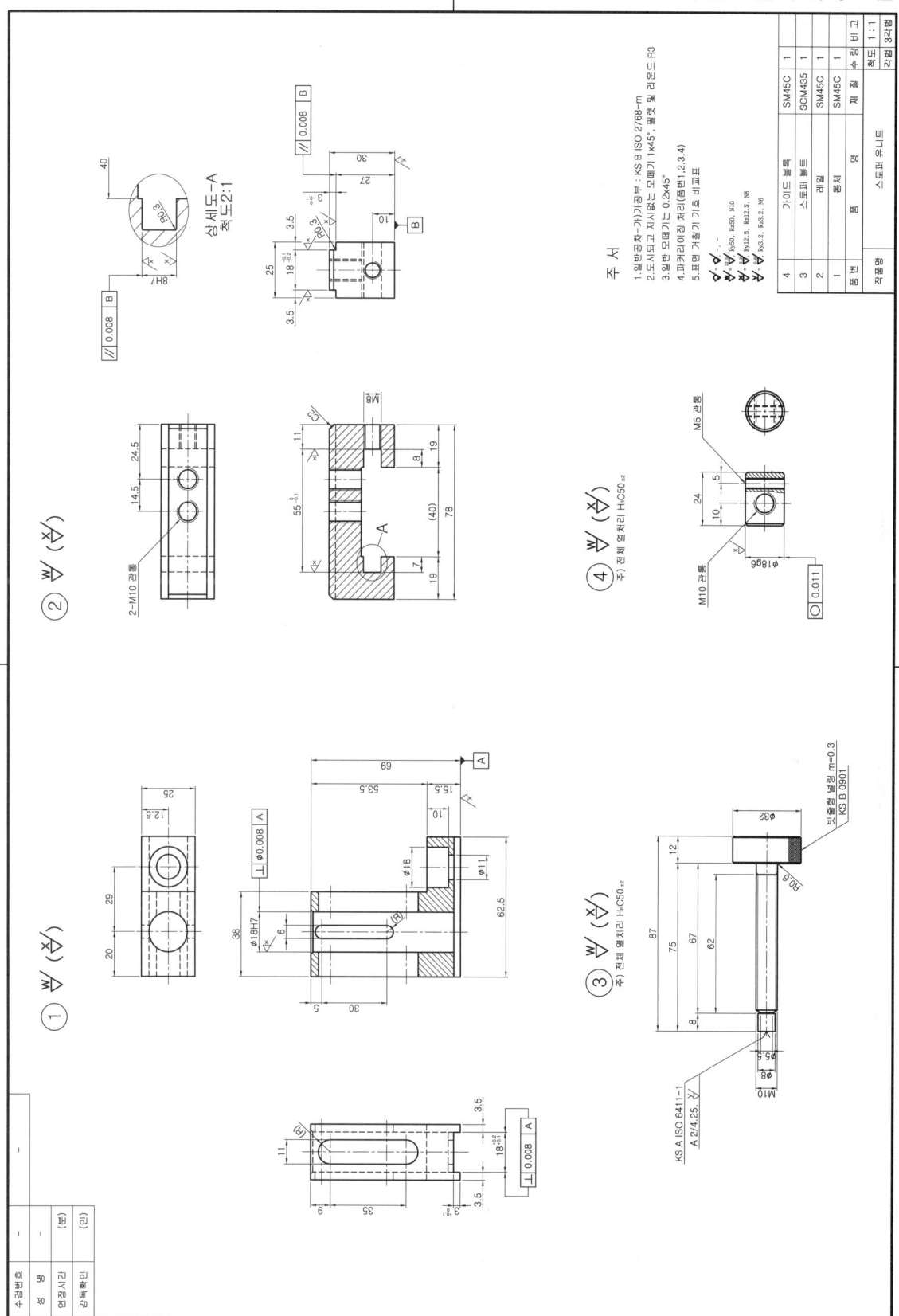

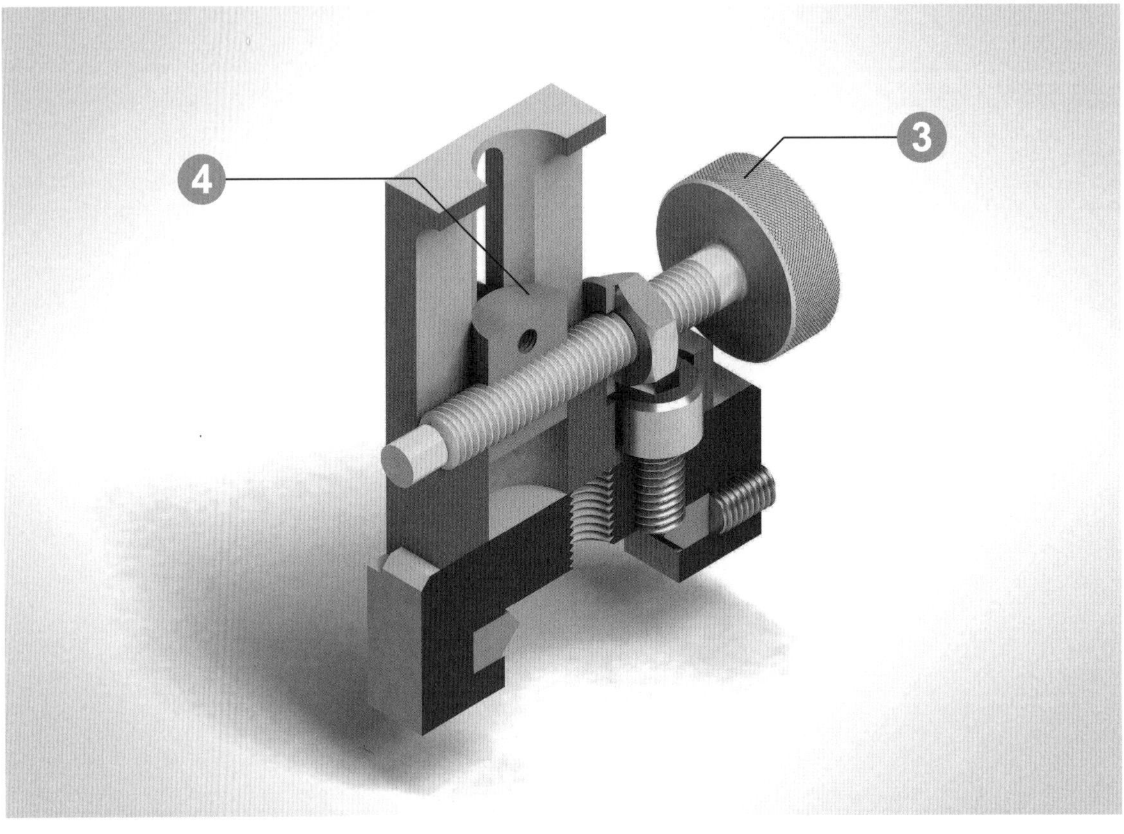

| 스토퍼 유니트

3D 모델링

스토퍼 유니트

분해 등각 구조도

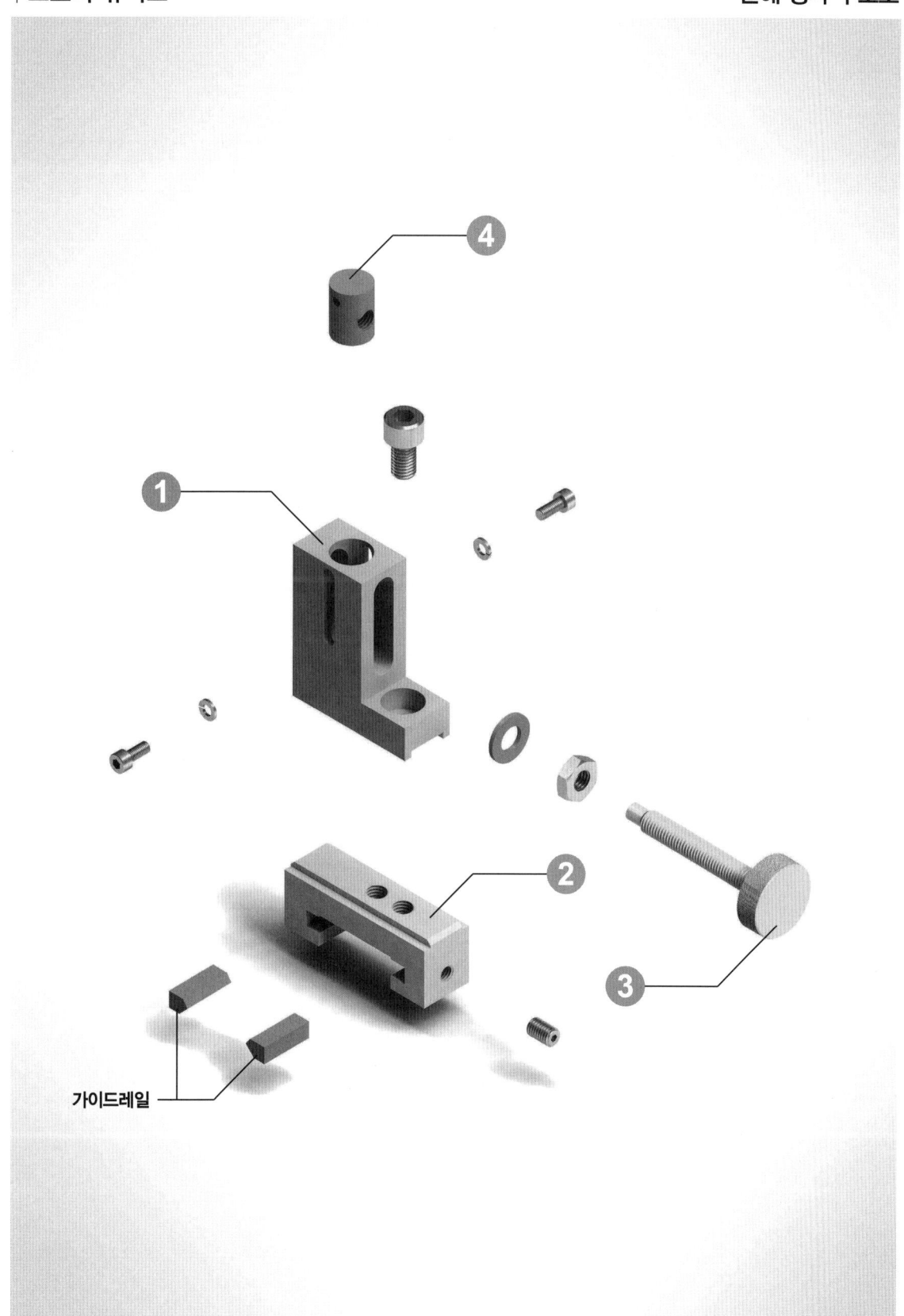

Lesson 03 연마기 고정 V-블록

과제도면

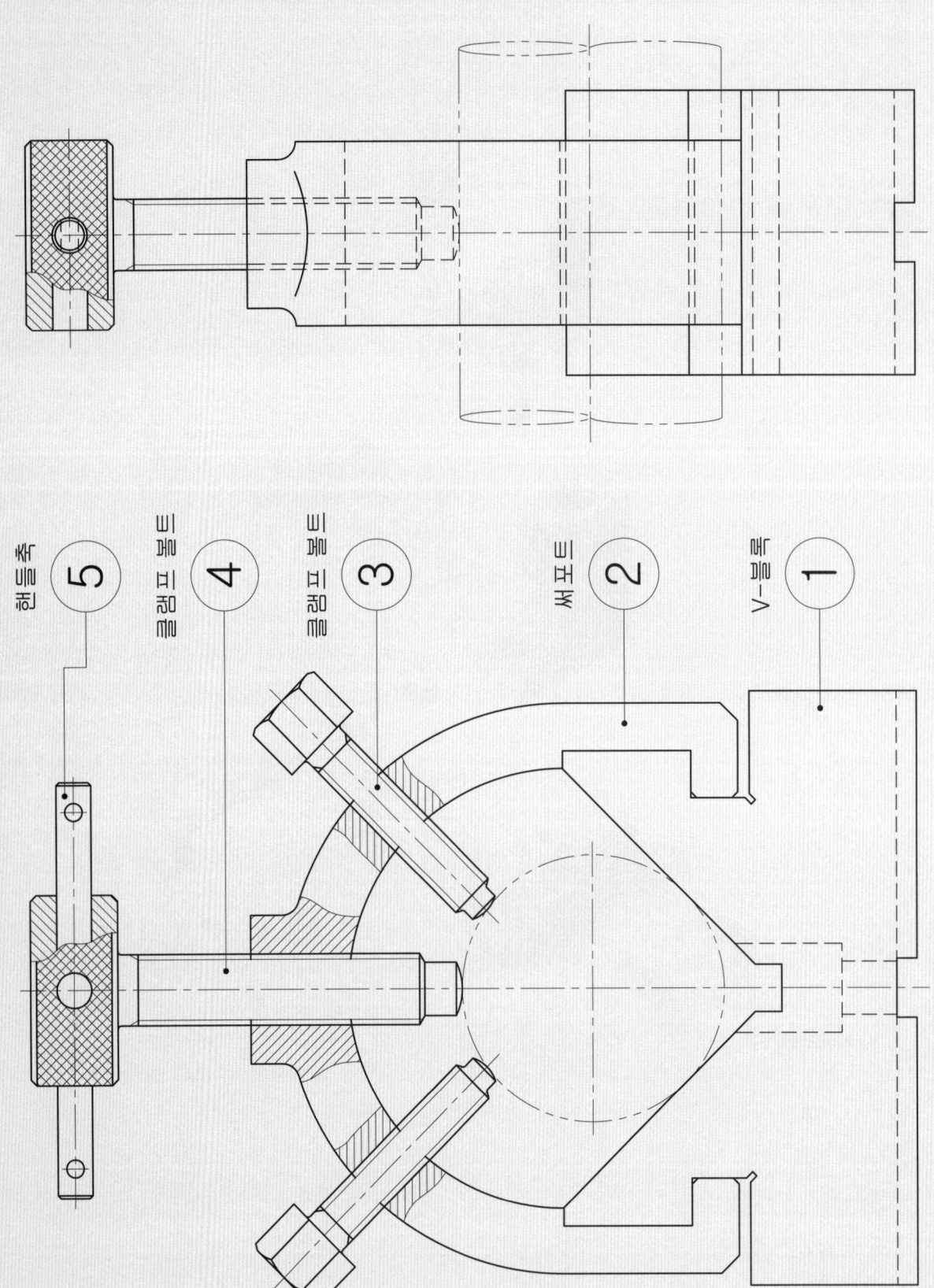

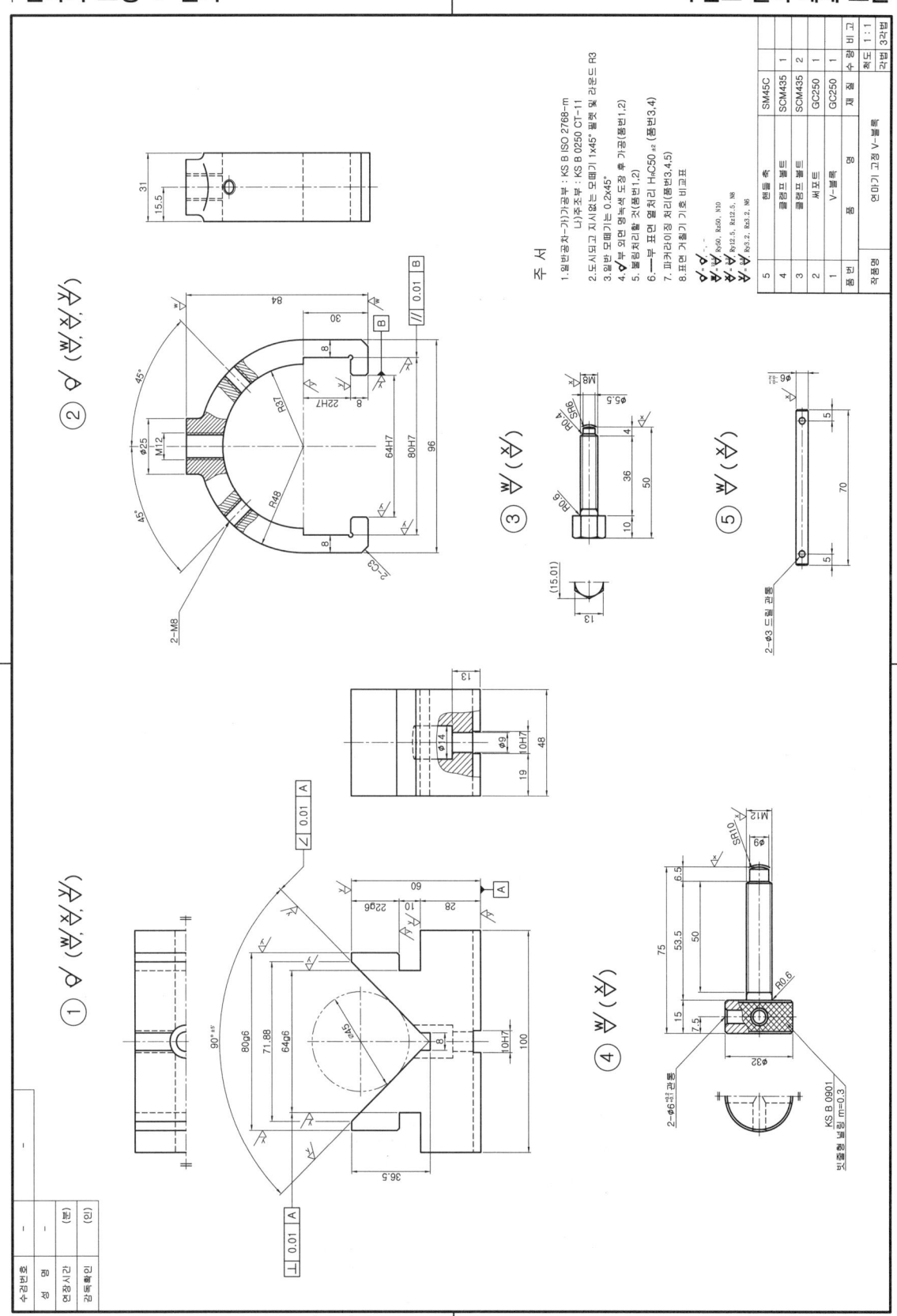

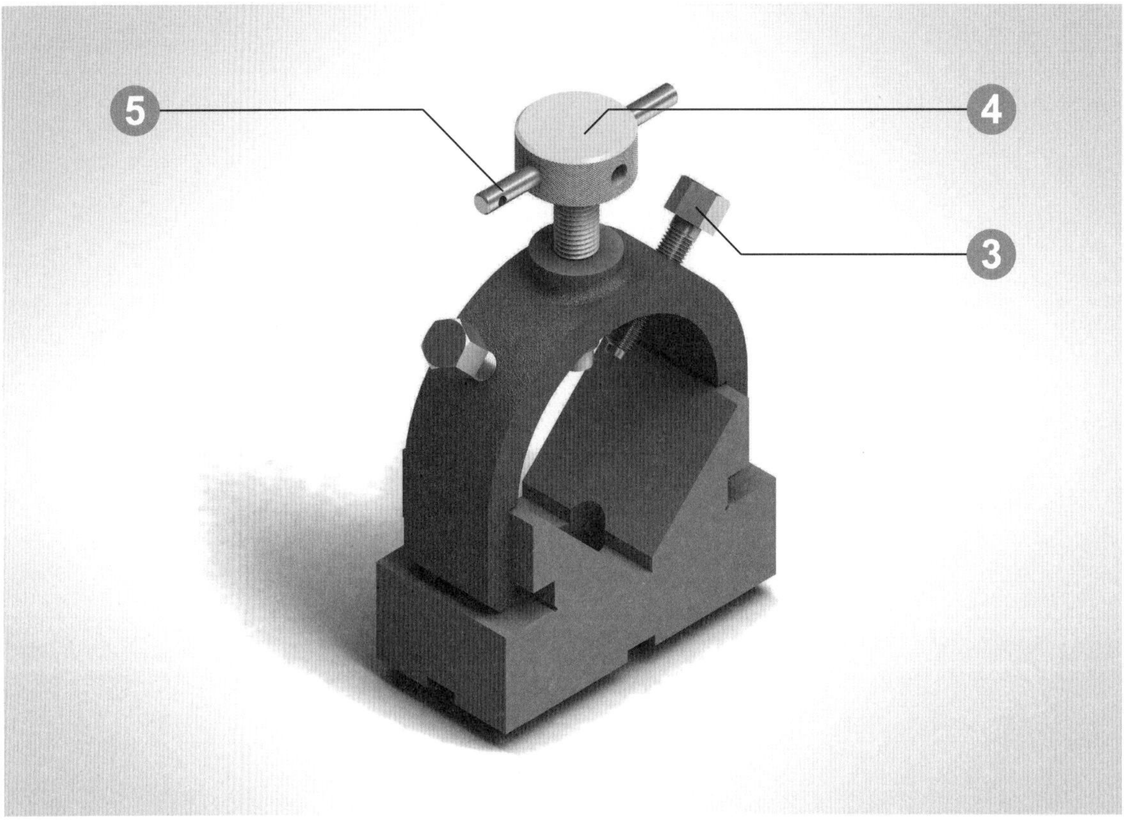

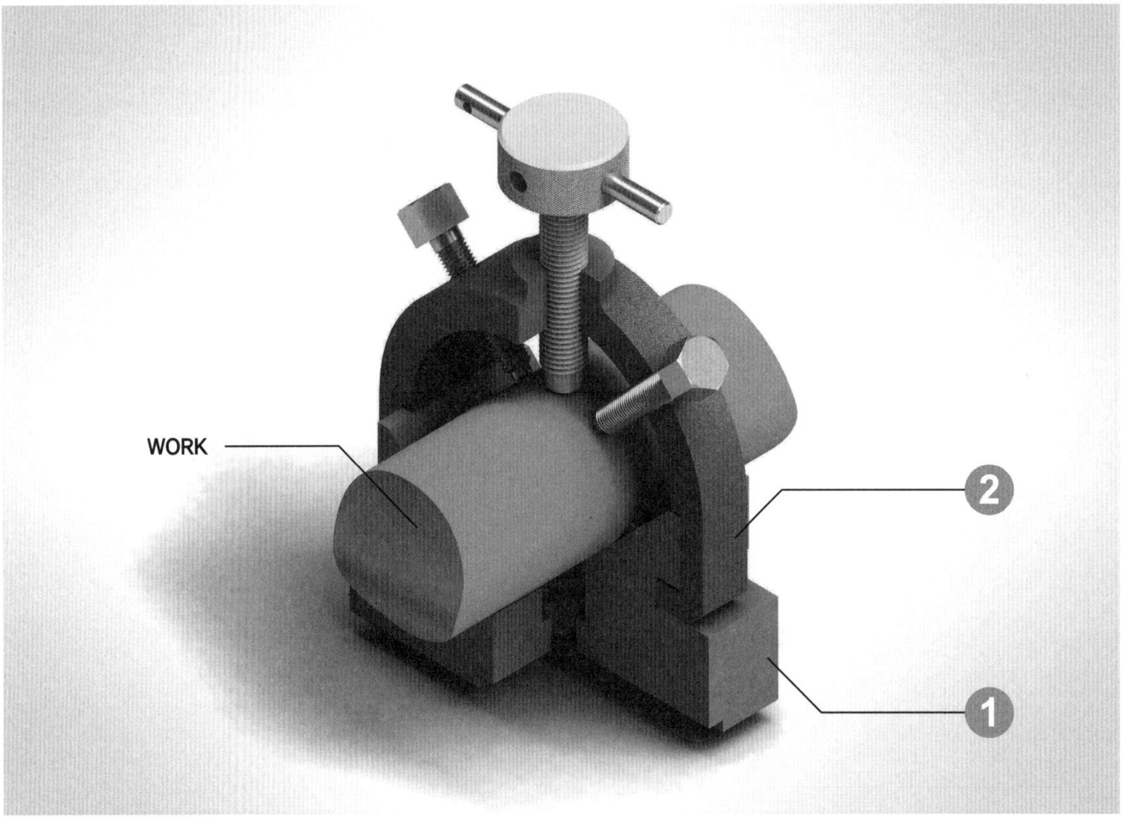

| 연마기 고정 V-블록   3D 모델링

WORK

연마기 고정 V-블록

분해 등각 구조도

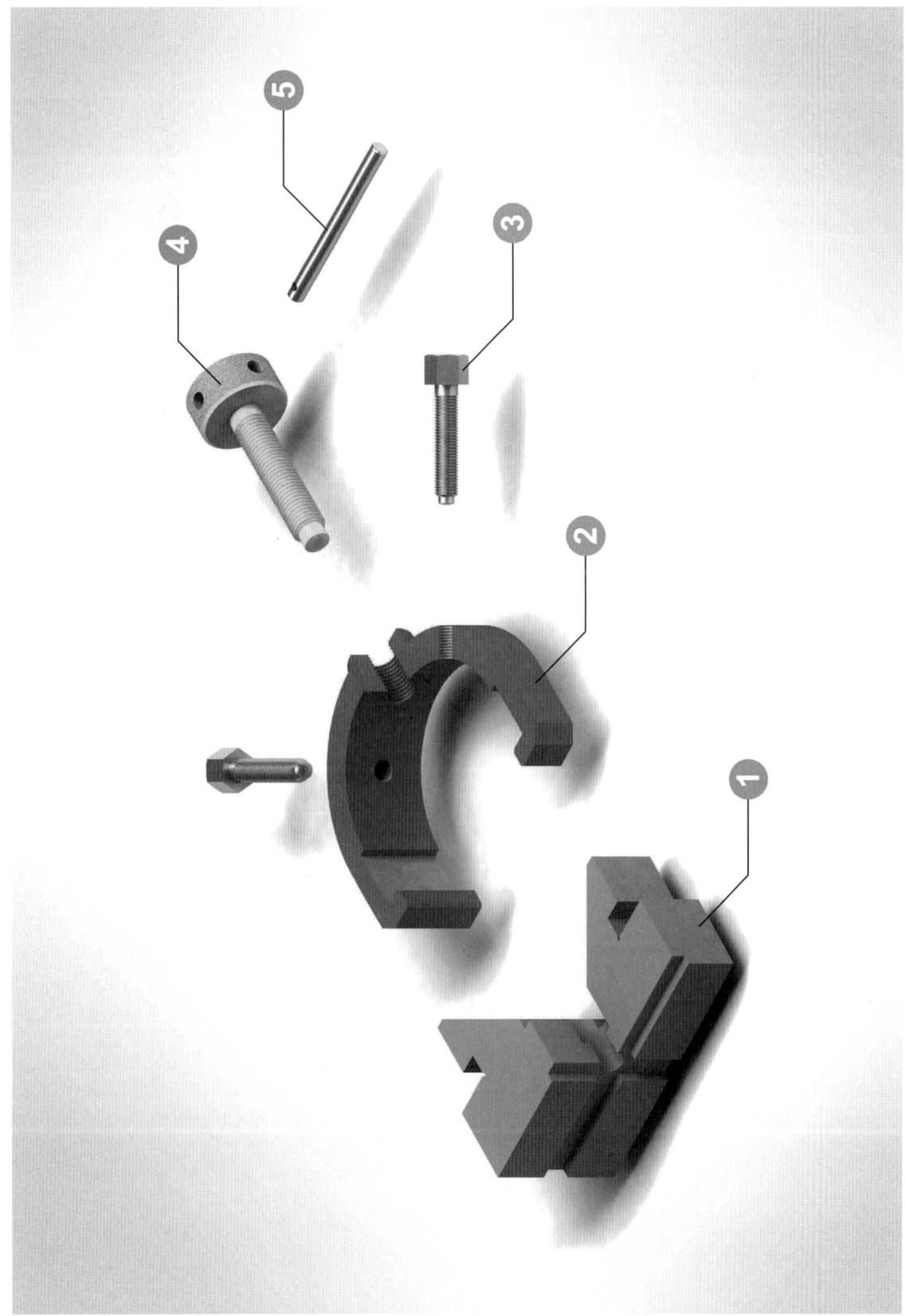

Lesson 04 WORK CLAMP JIG

과제도면

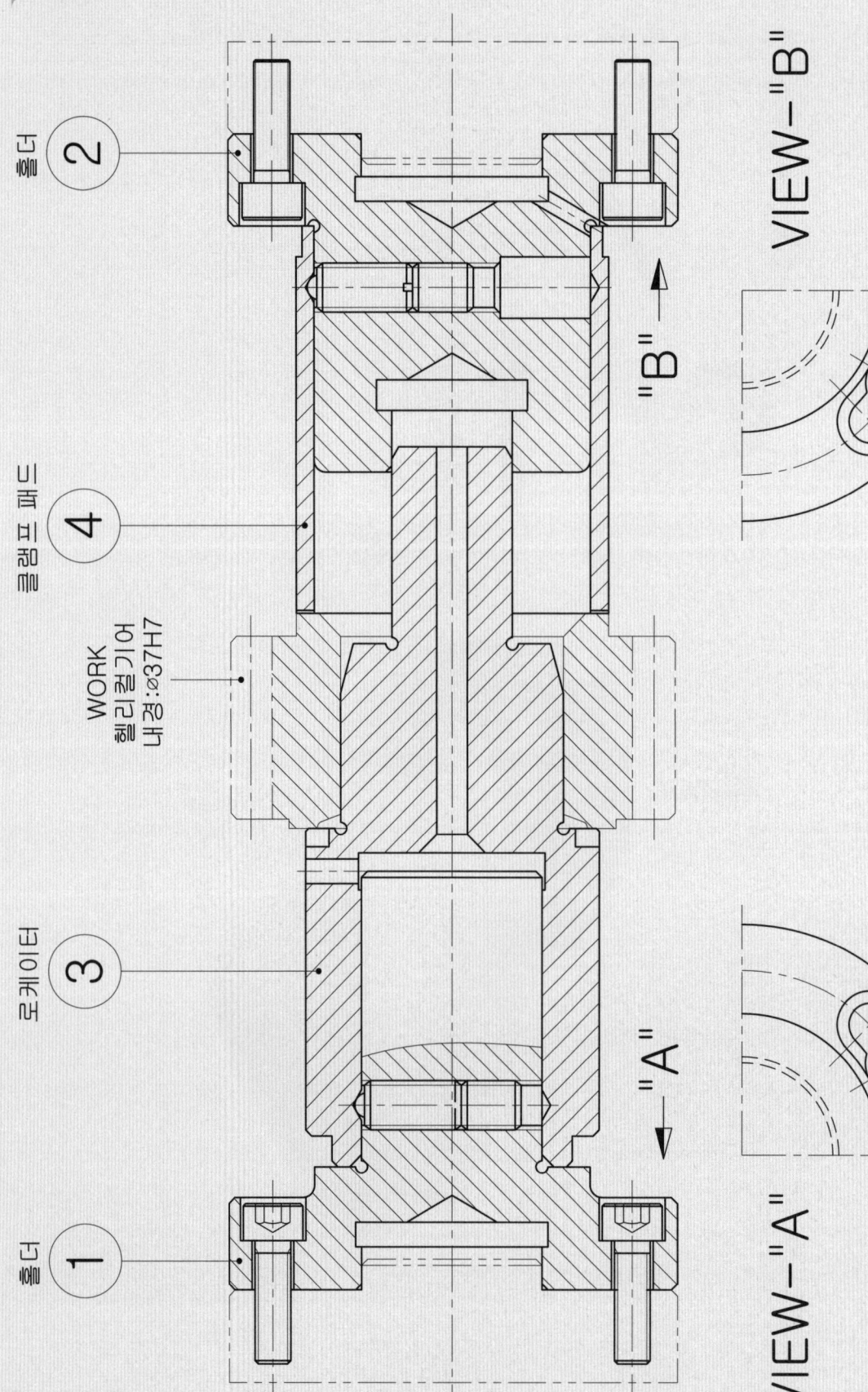

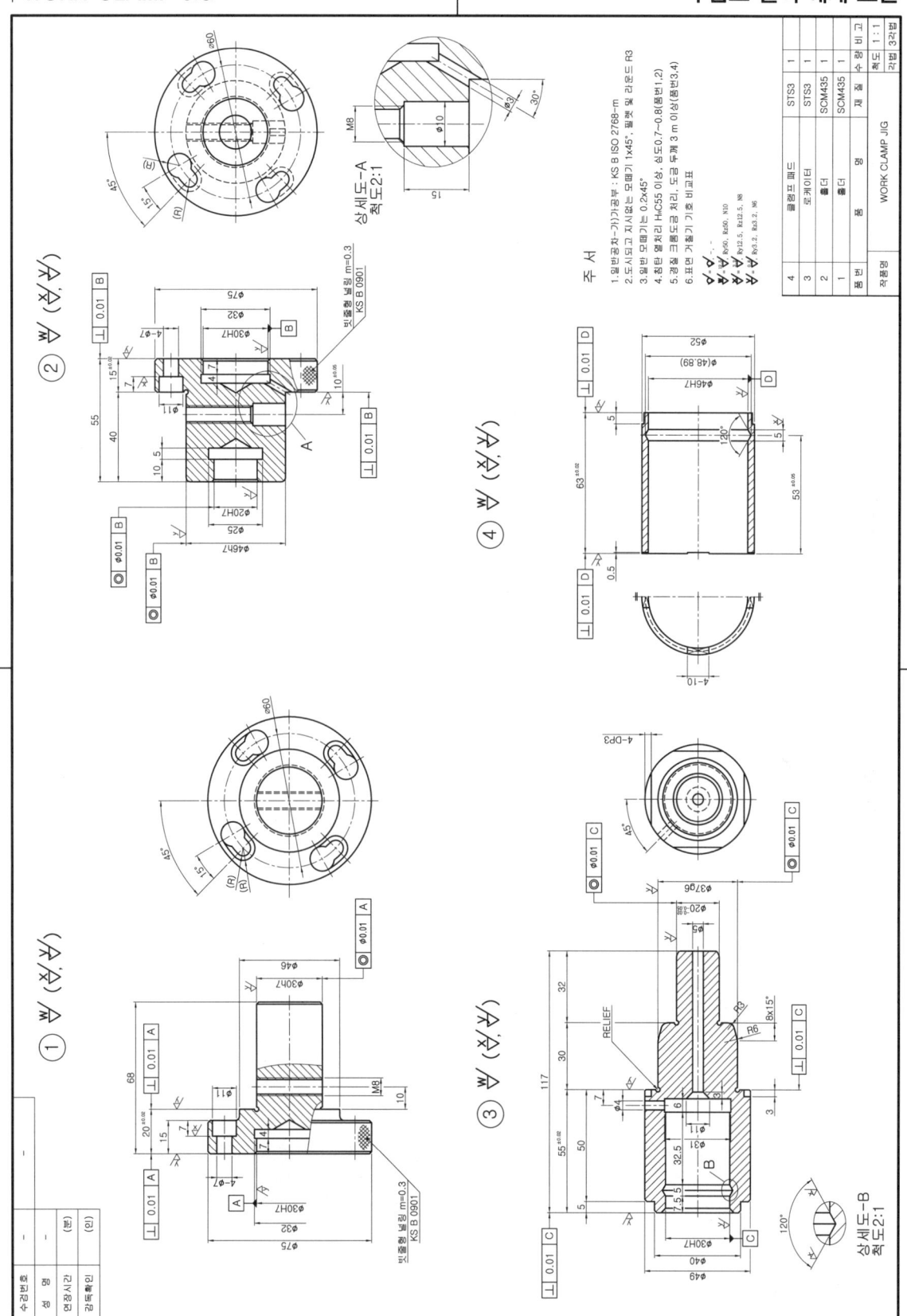

| WORK CLAMP JIG 3D 모델링

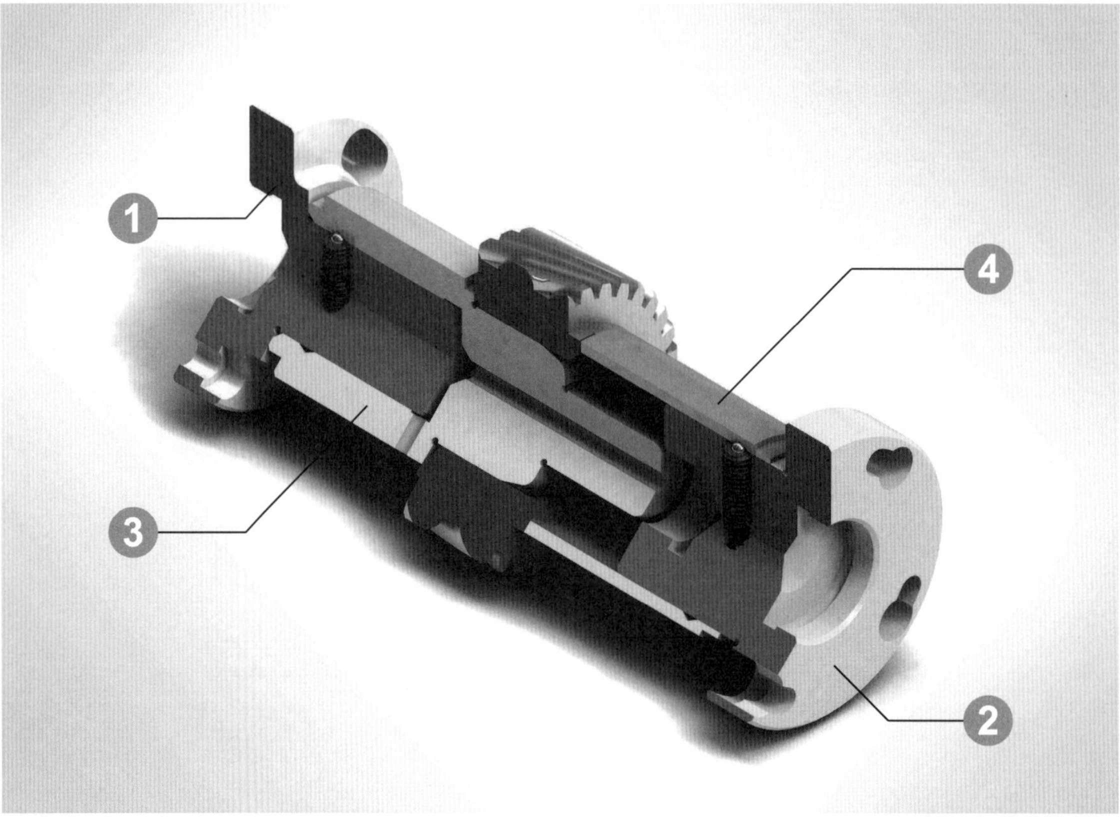

WORK CLAMP JIG

분해 등각 구조도

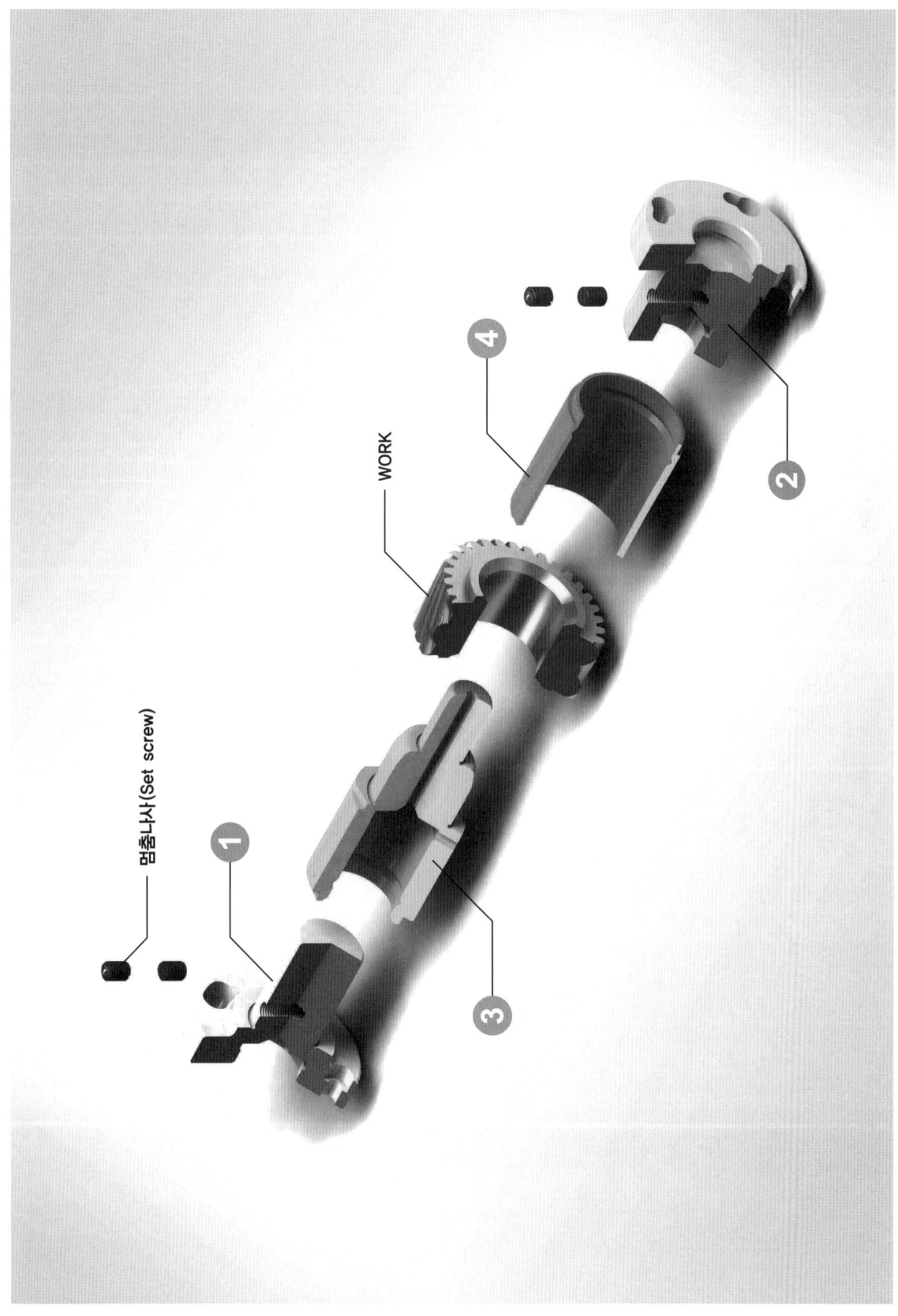

Part 05 _클램프 설계 실습

Lesson 05 나사 클램프

과제도면

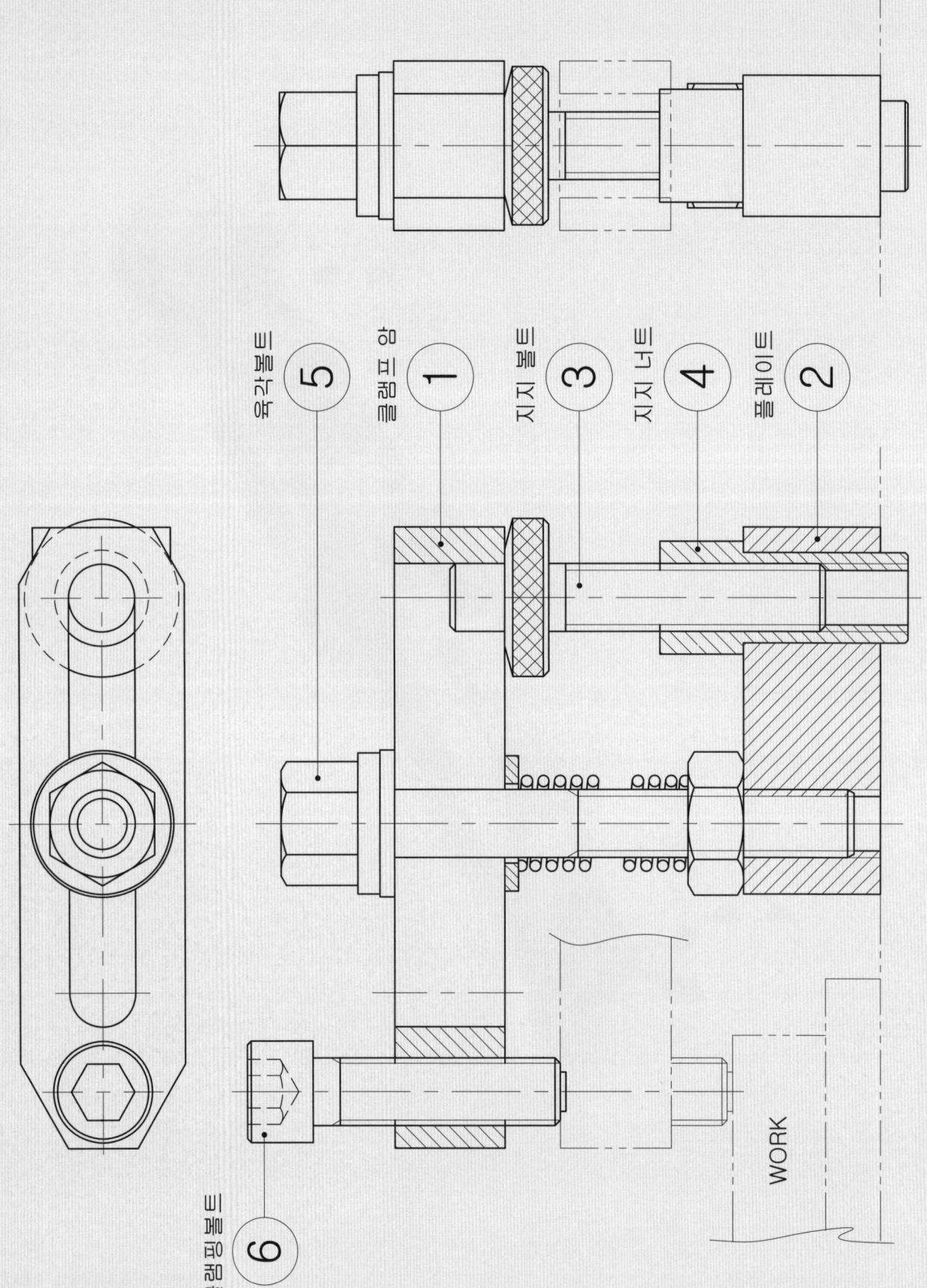

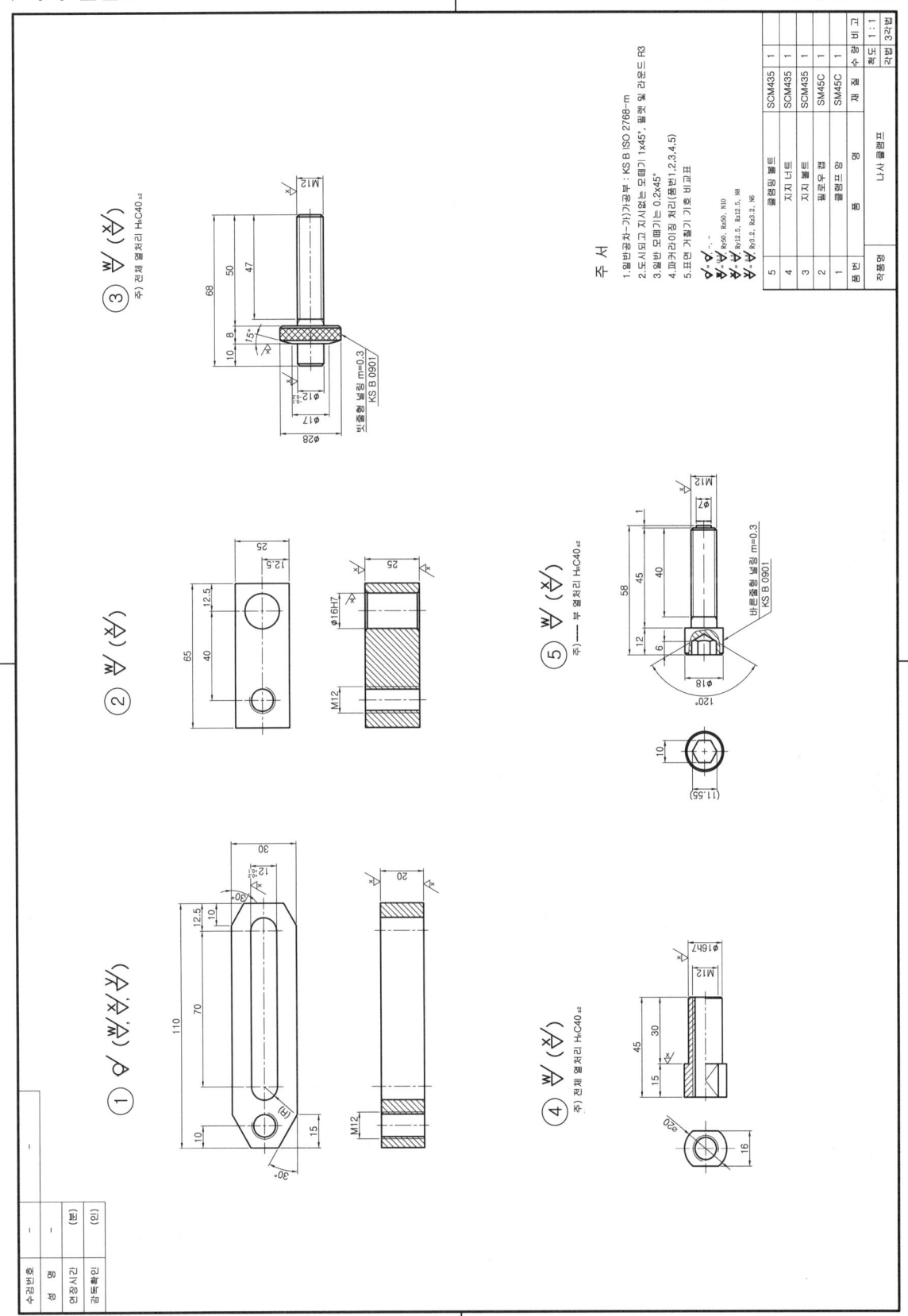

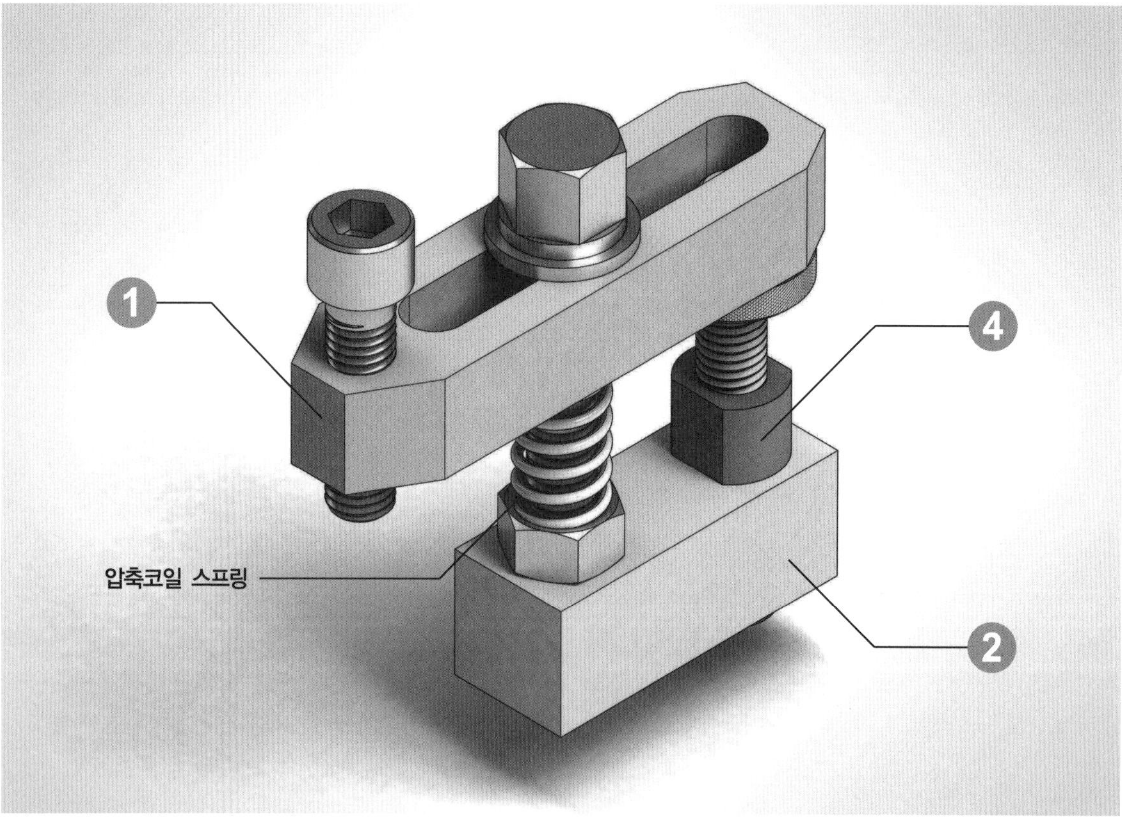

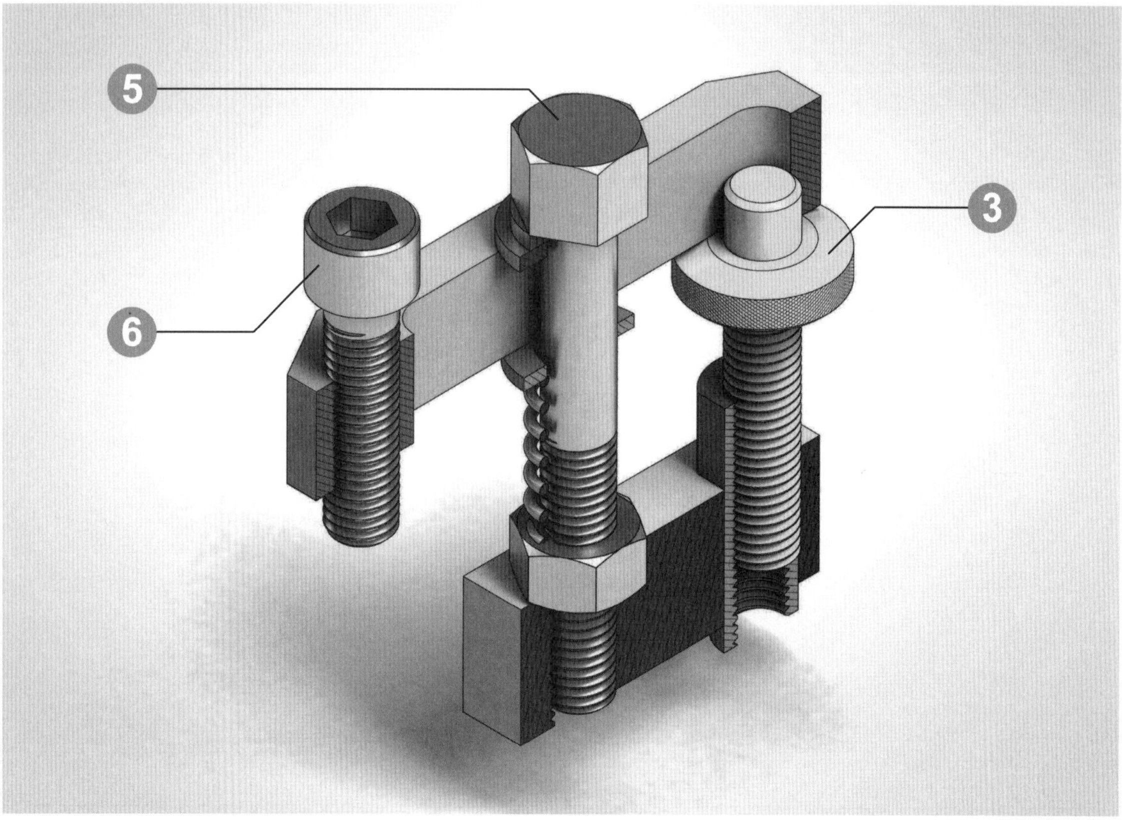

| 나사 클램프   3D 모델링

압축코일 스프링

나사 클램프

분해 등각 구조도

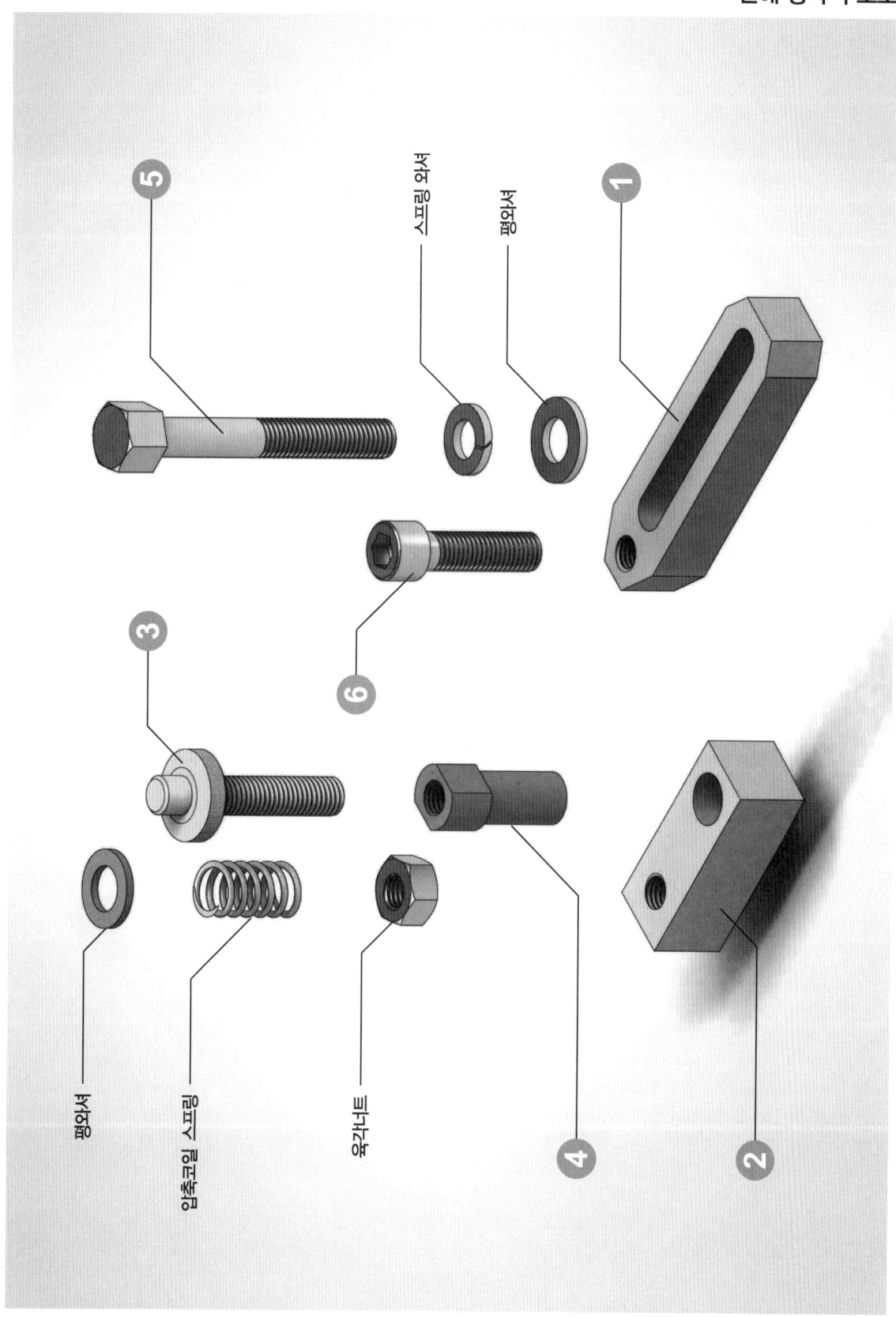

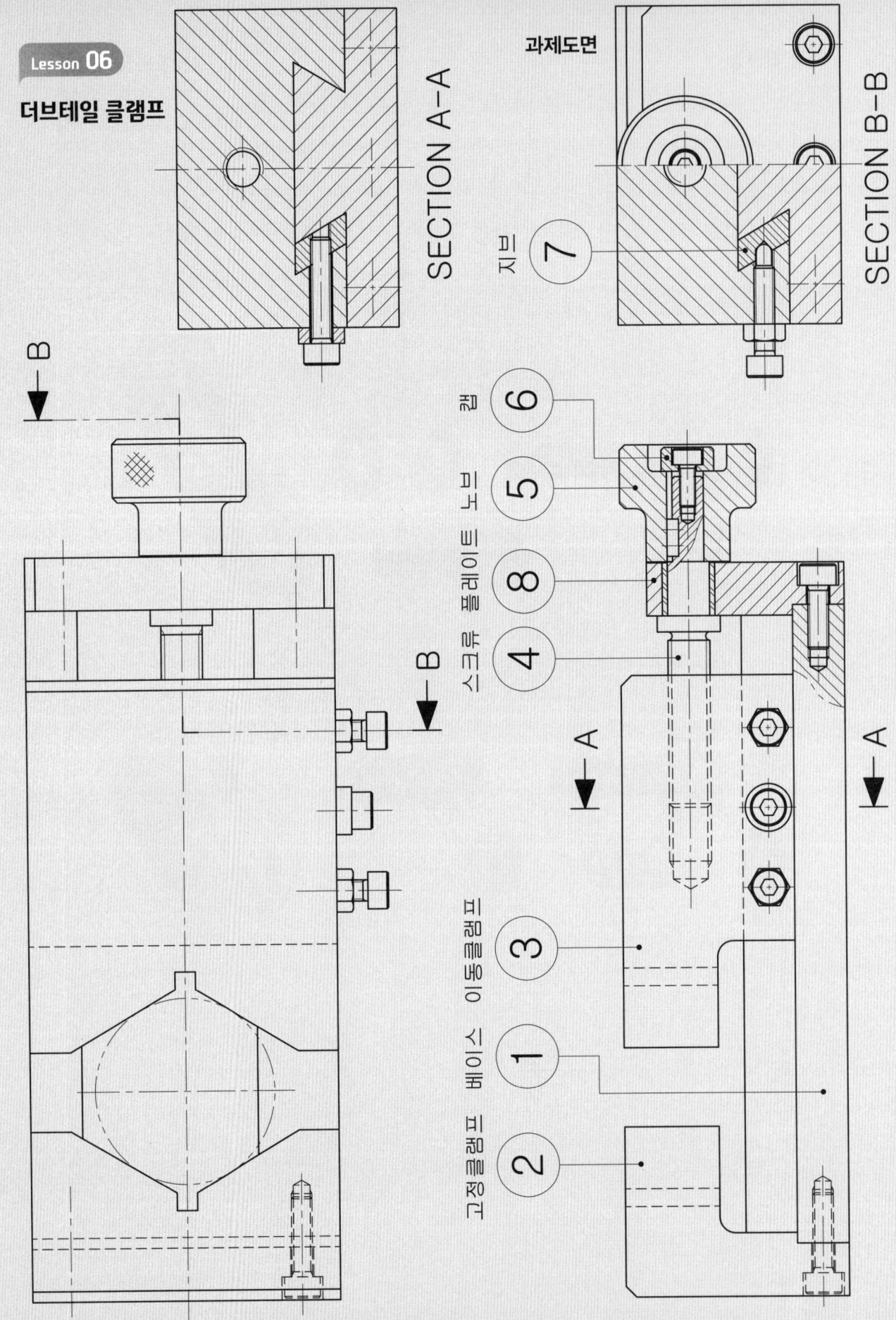

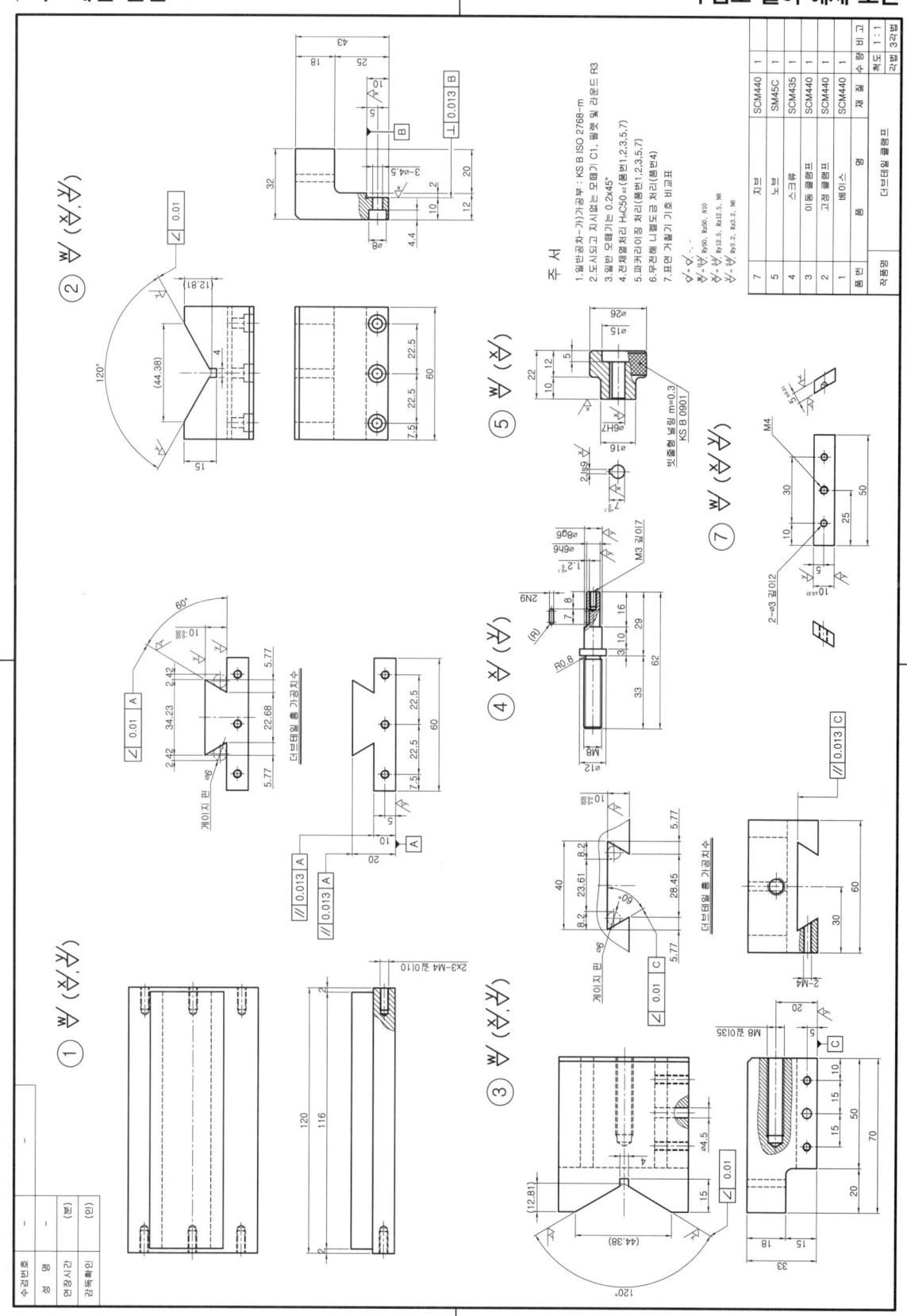

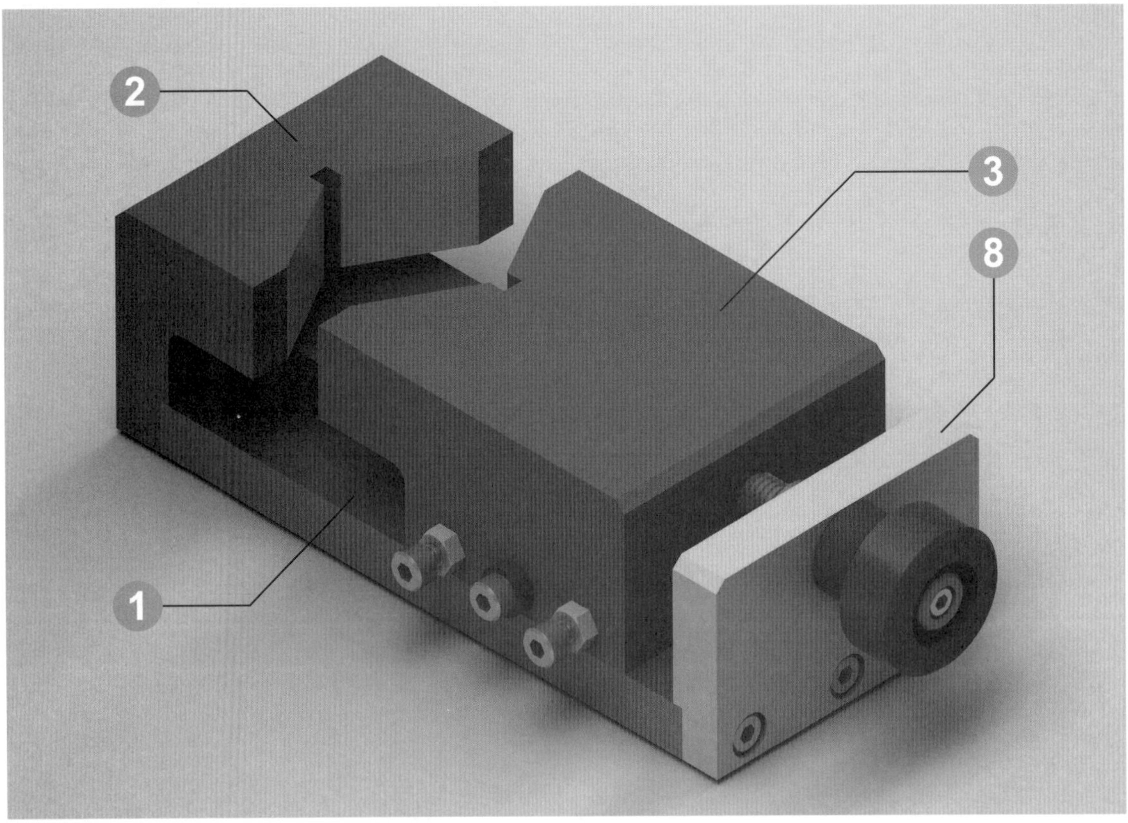

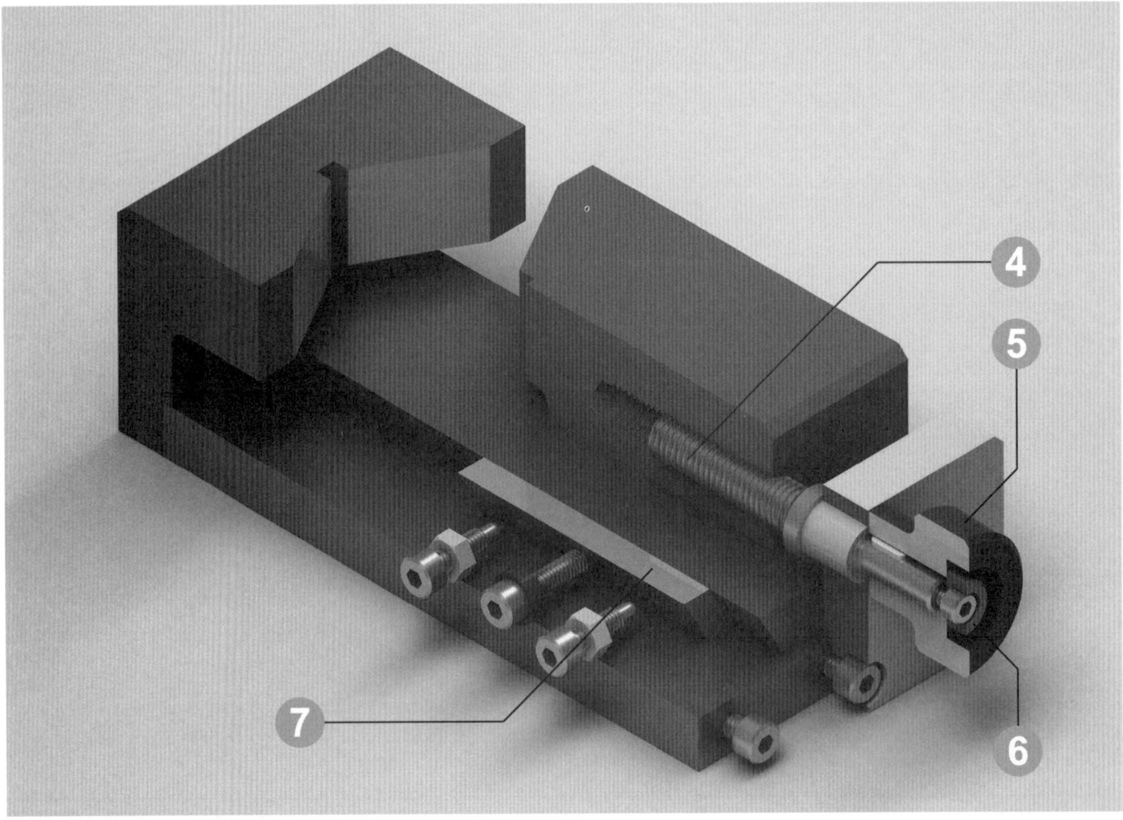

더브테일 클램프

3D 모델링

더브테일 클램프

분해 등각 구조도

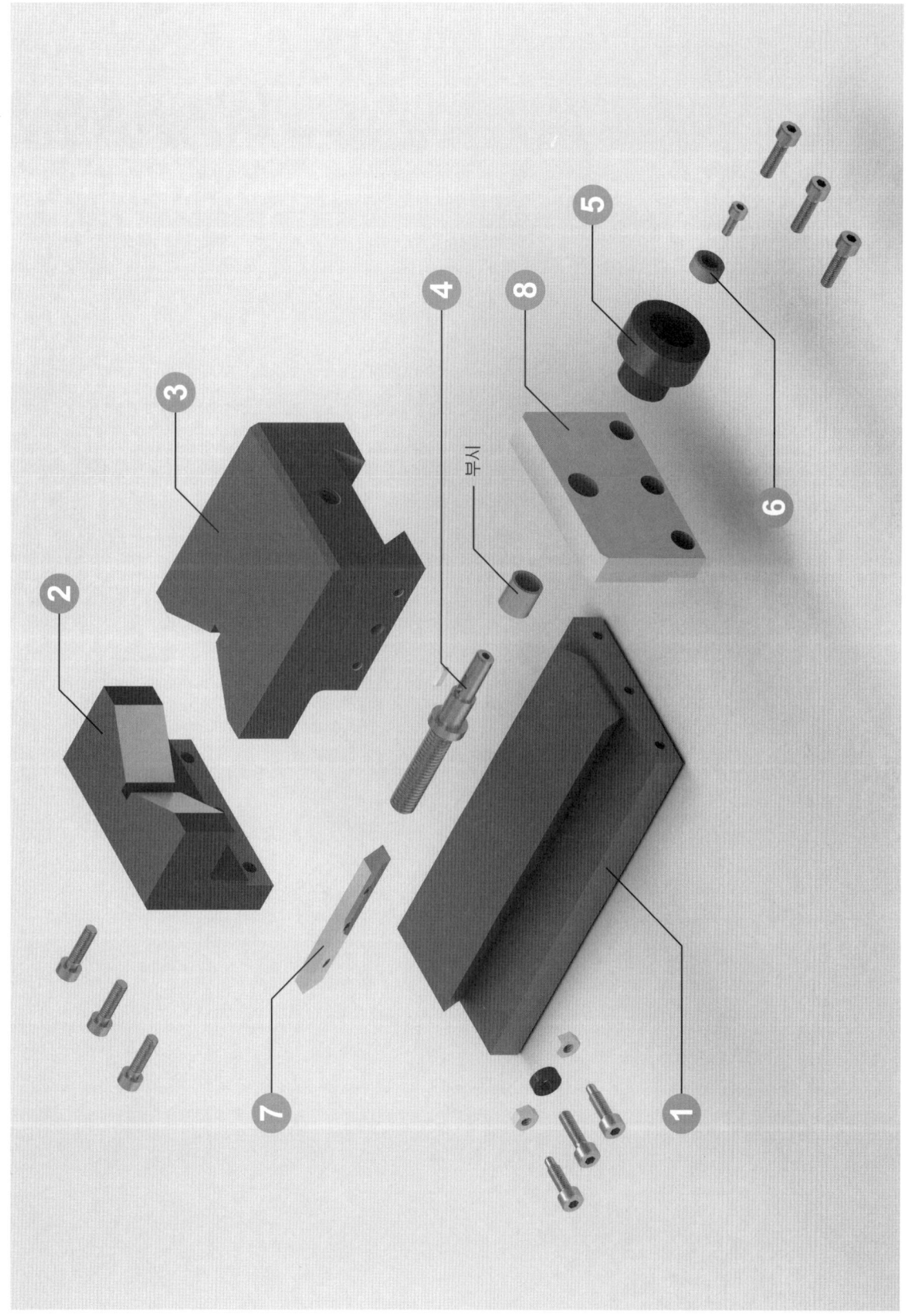

Lesson 07 바이스 클램프

과제도면

1 베이스
2 가동조
3 스크류 Tr14x2 (왼나사) (오른나사)
4 가동조
5 커버
6 핸들
7 회전그립

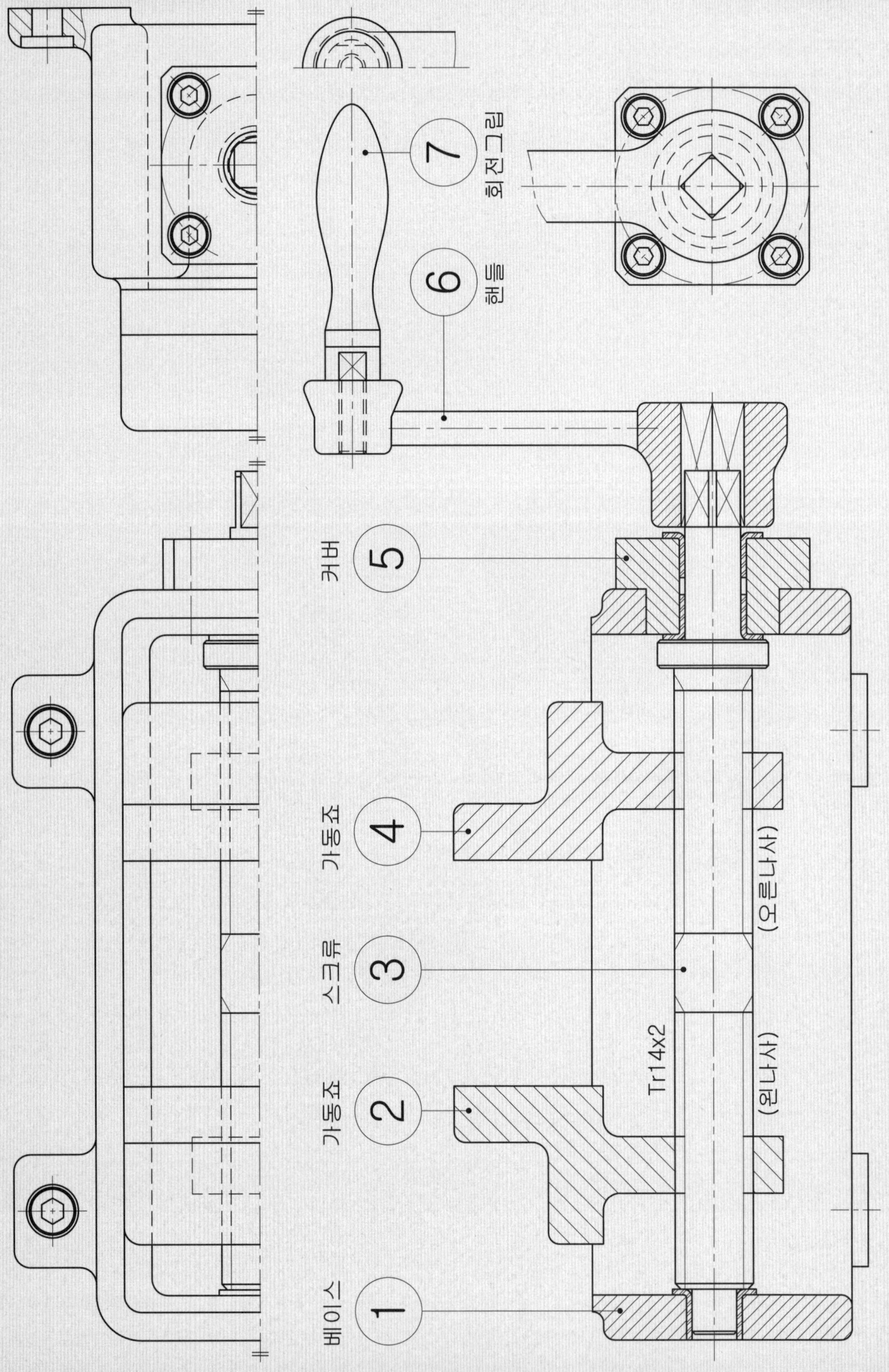

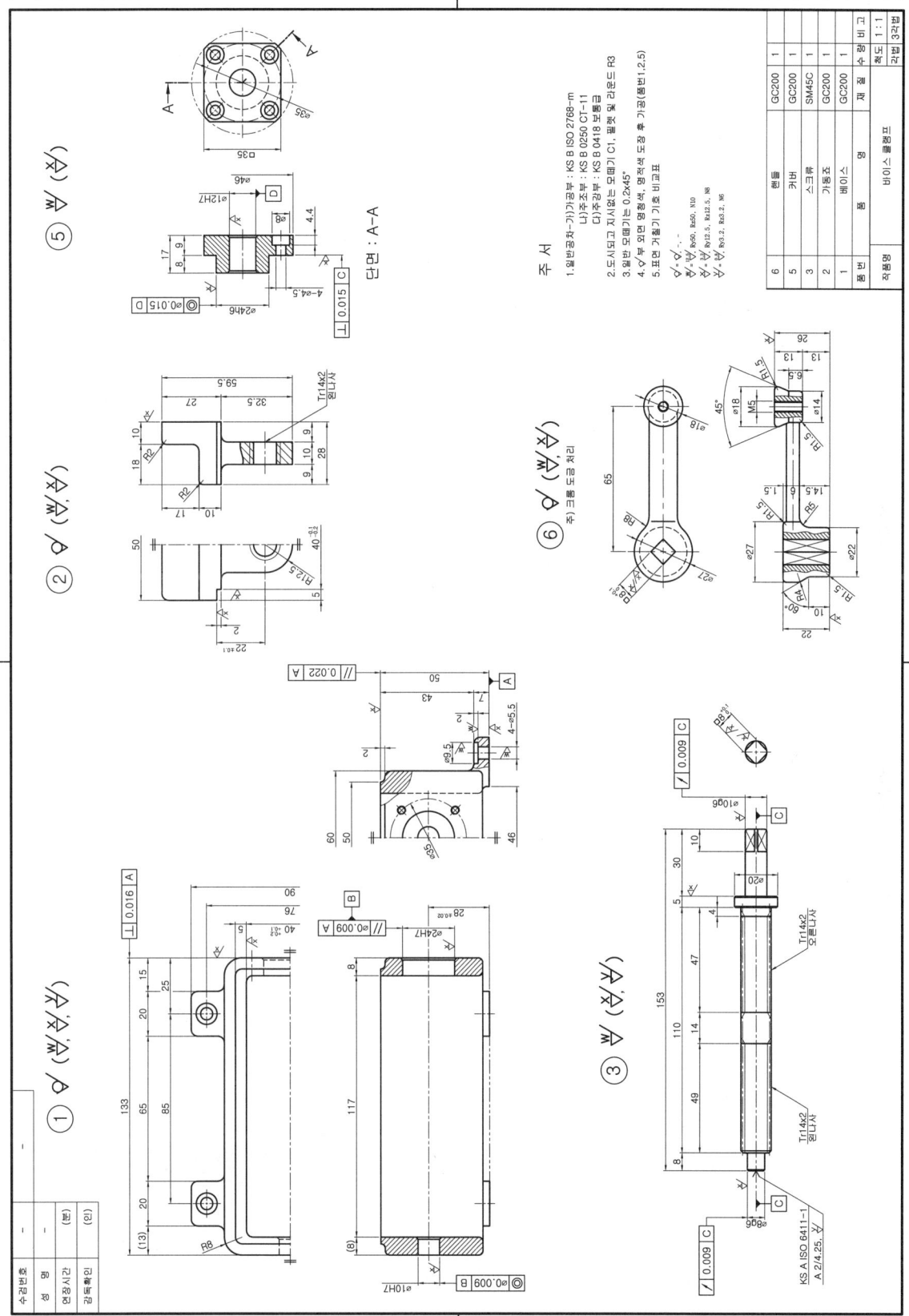

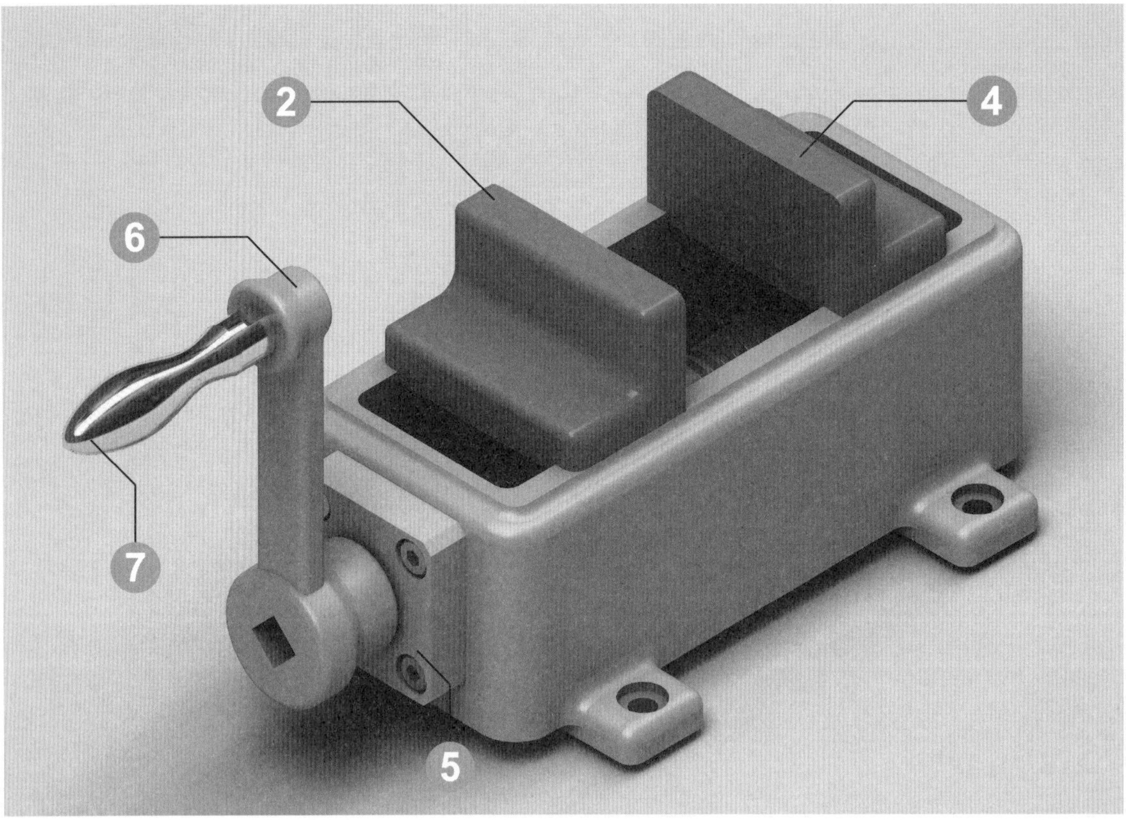

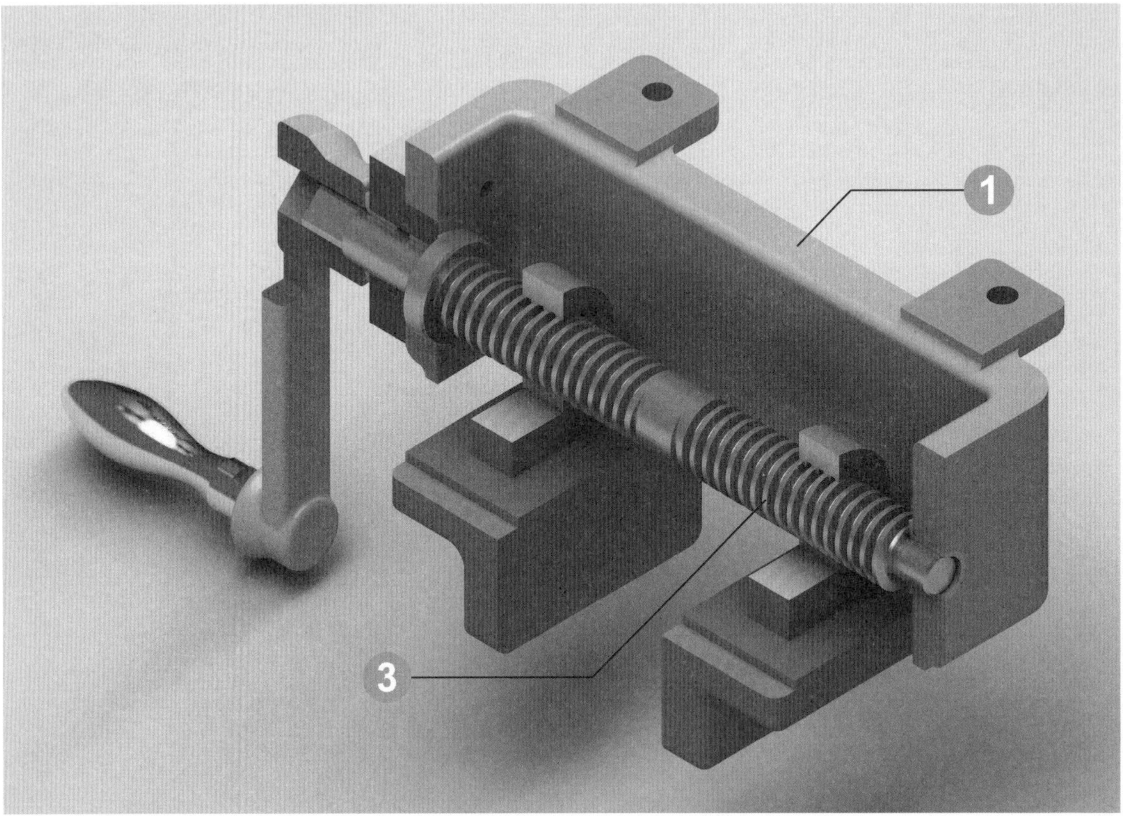

| 바이스 클램프   3D 모델링

| 바이스 클램프　　　　　　　　　　　　　　　　　　분해 등각 구조도

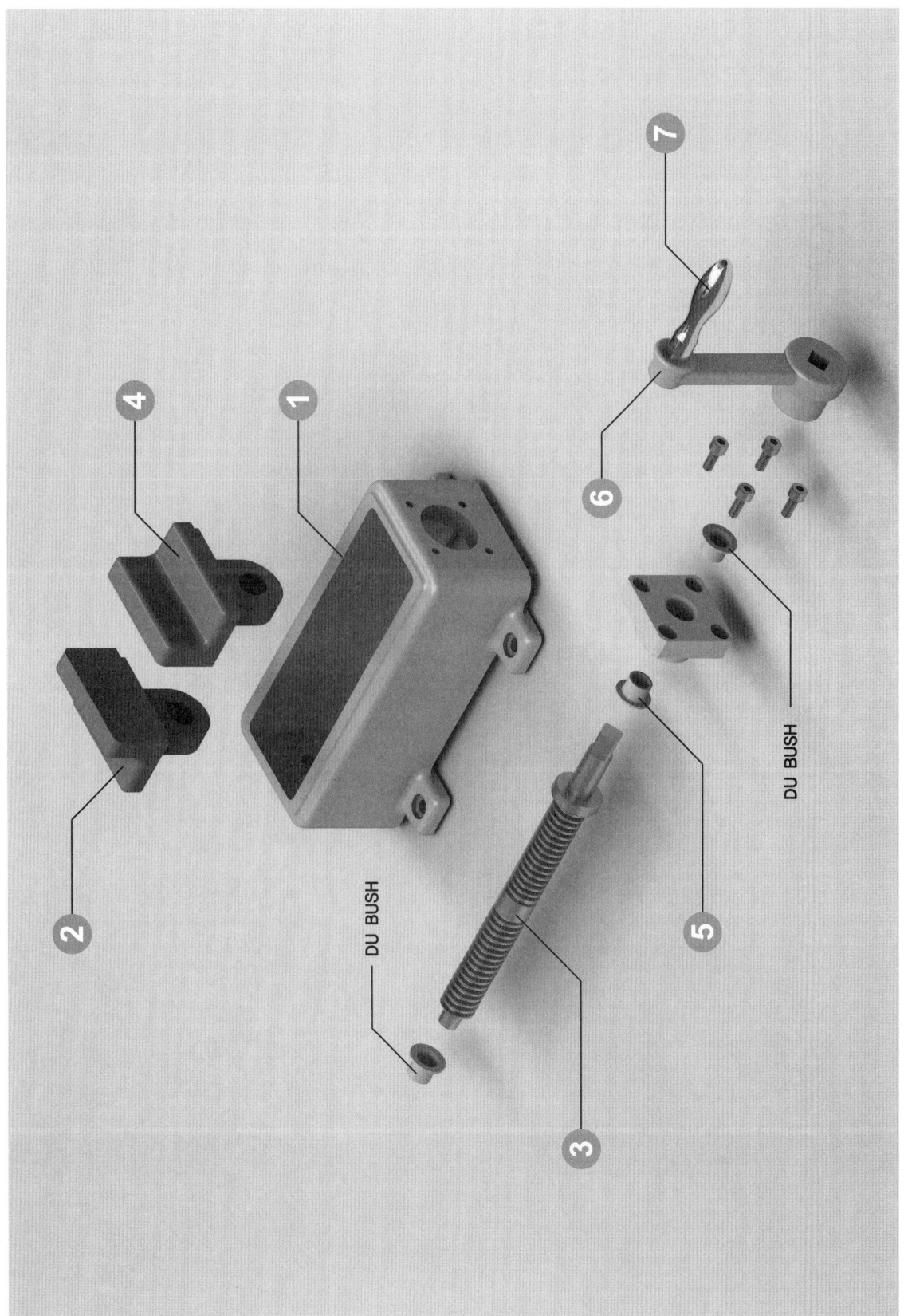

Lesson 08 V-블록 클램프

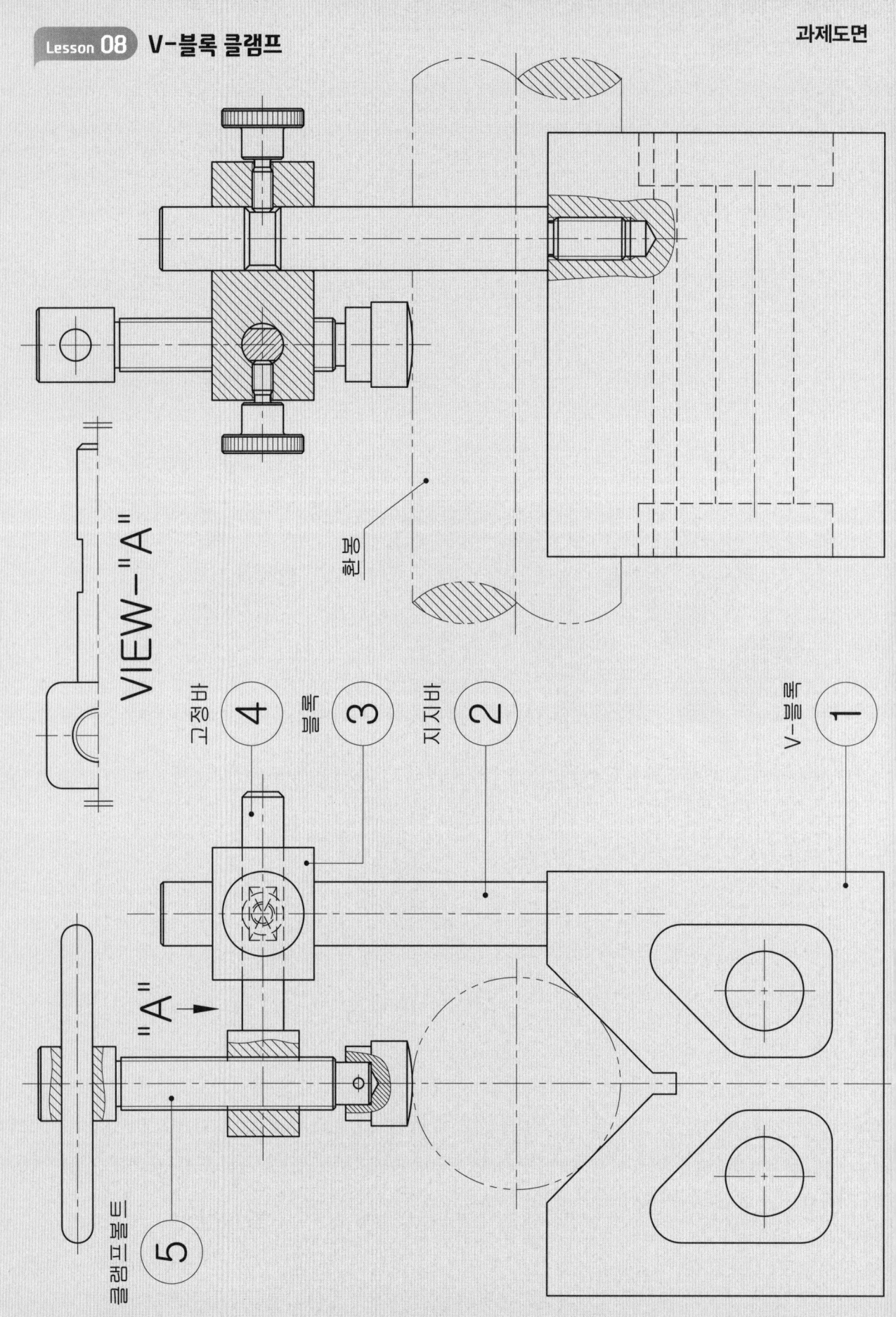

V-블록 클램프

부품도 풀이 예제 도면

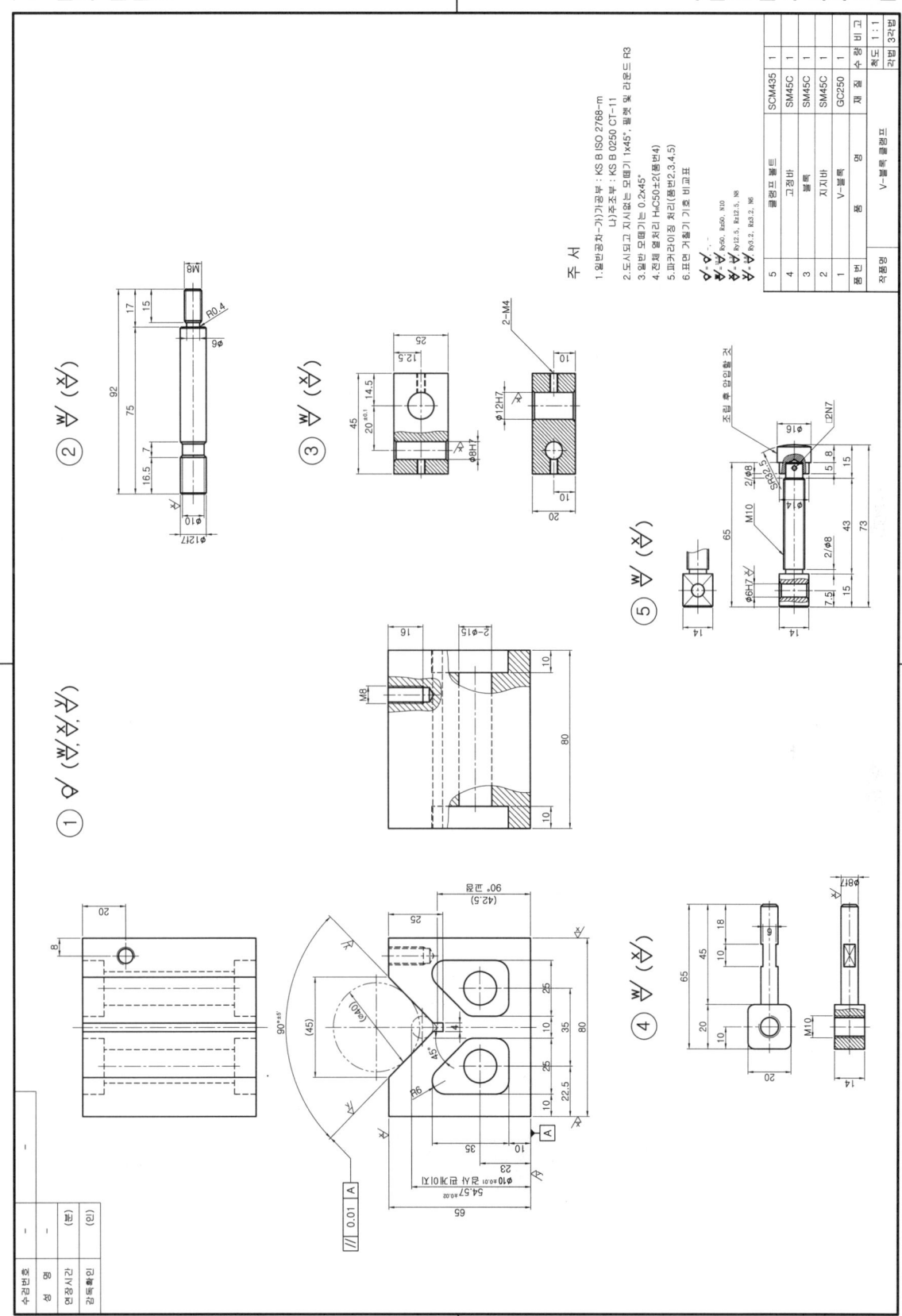

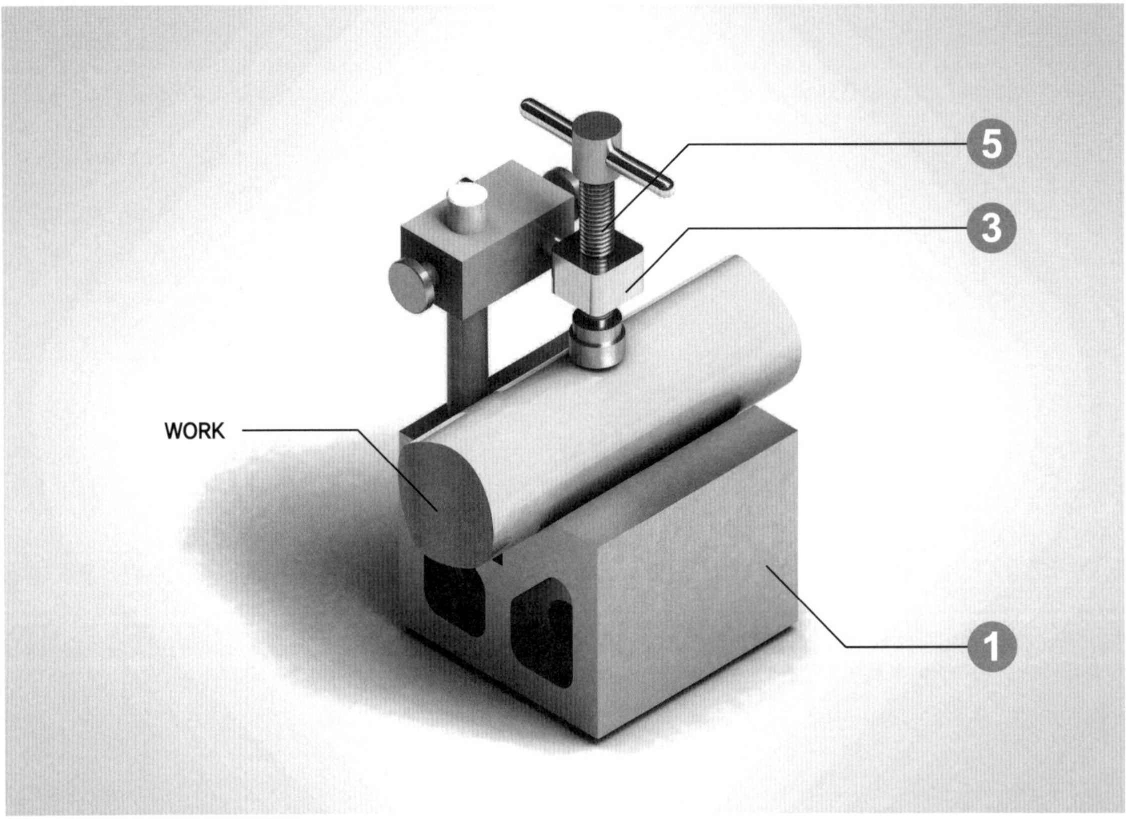

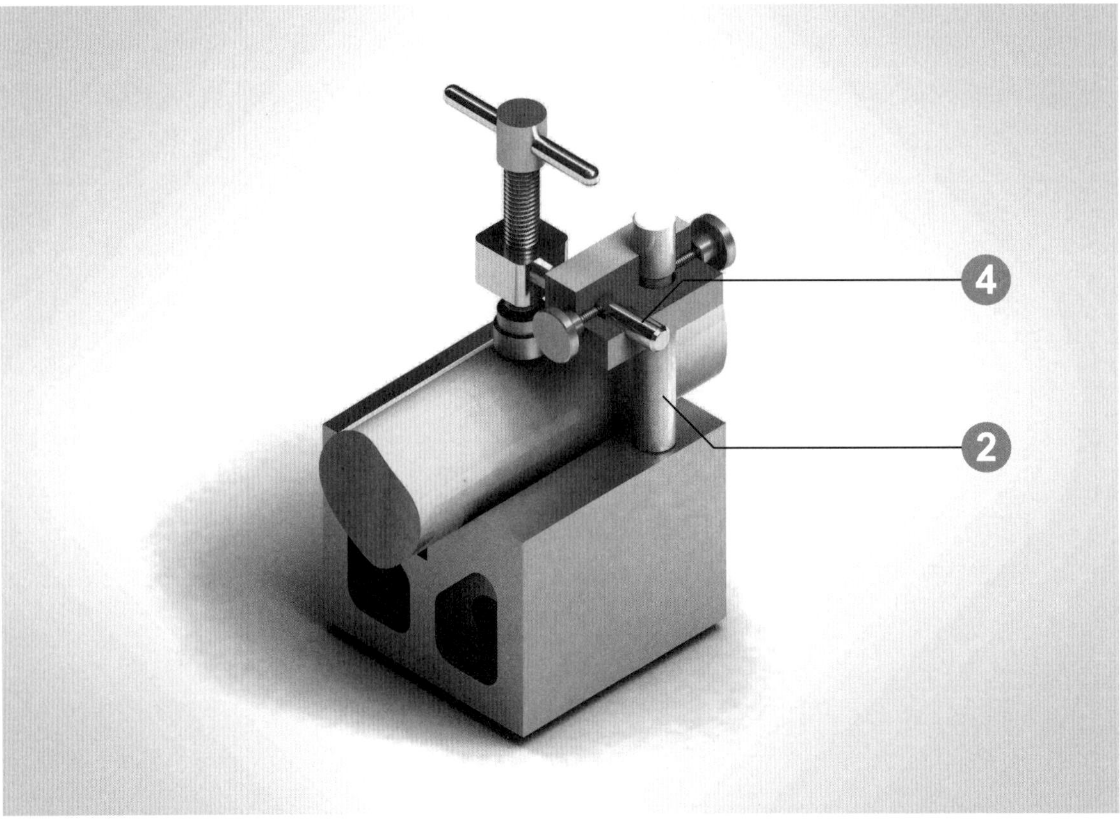

V-블록 클램프

3D 모델링

WORK

V-블록 클램프

분해 등각 구조도

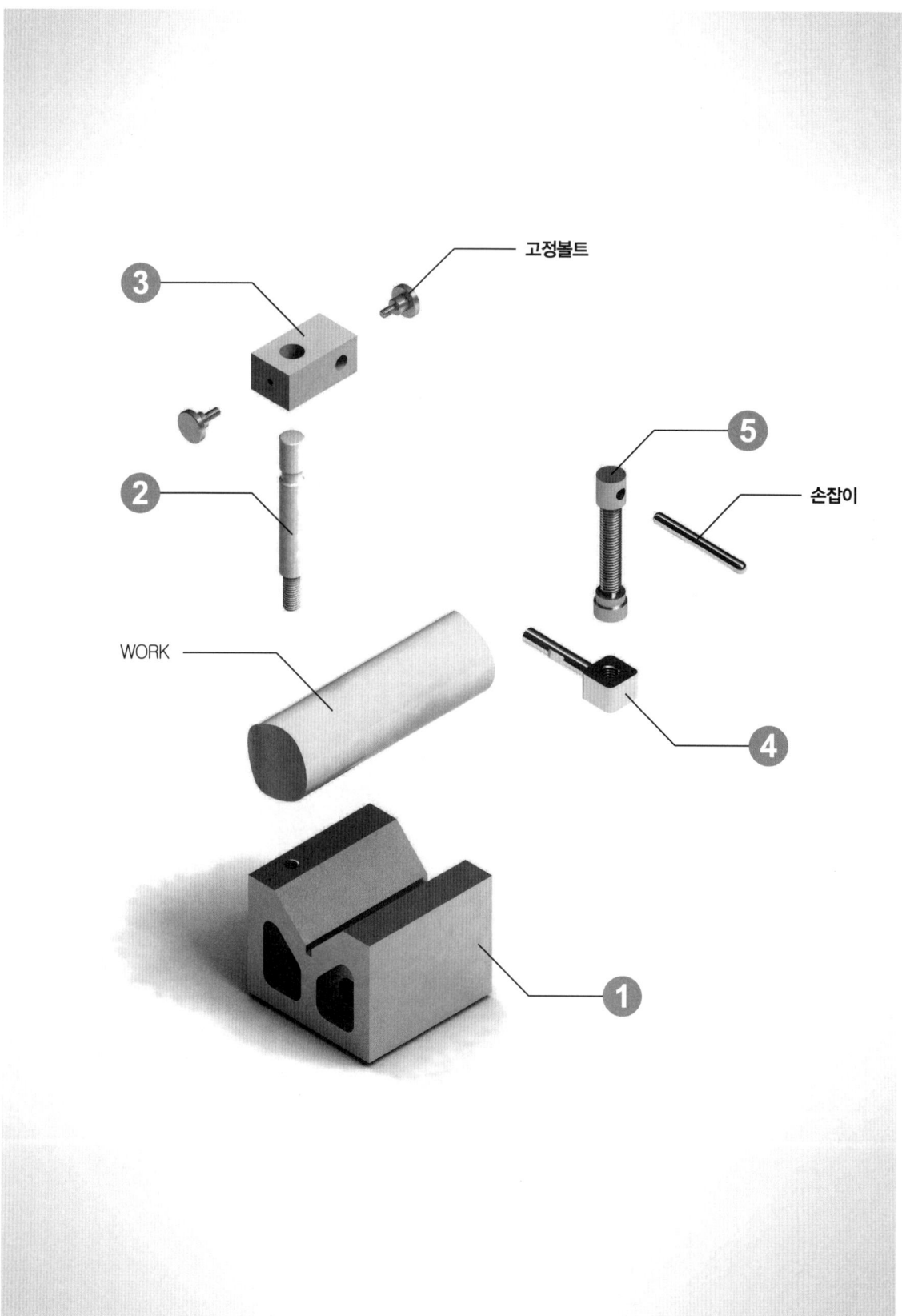

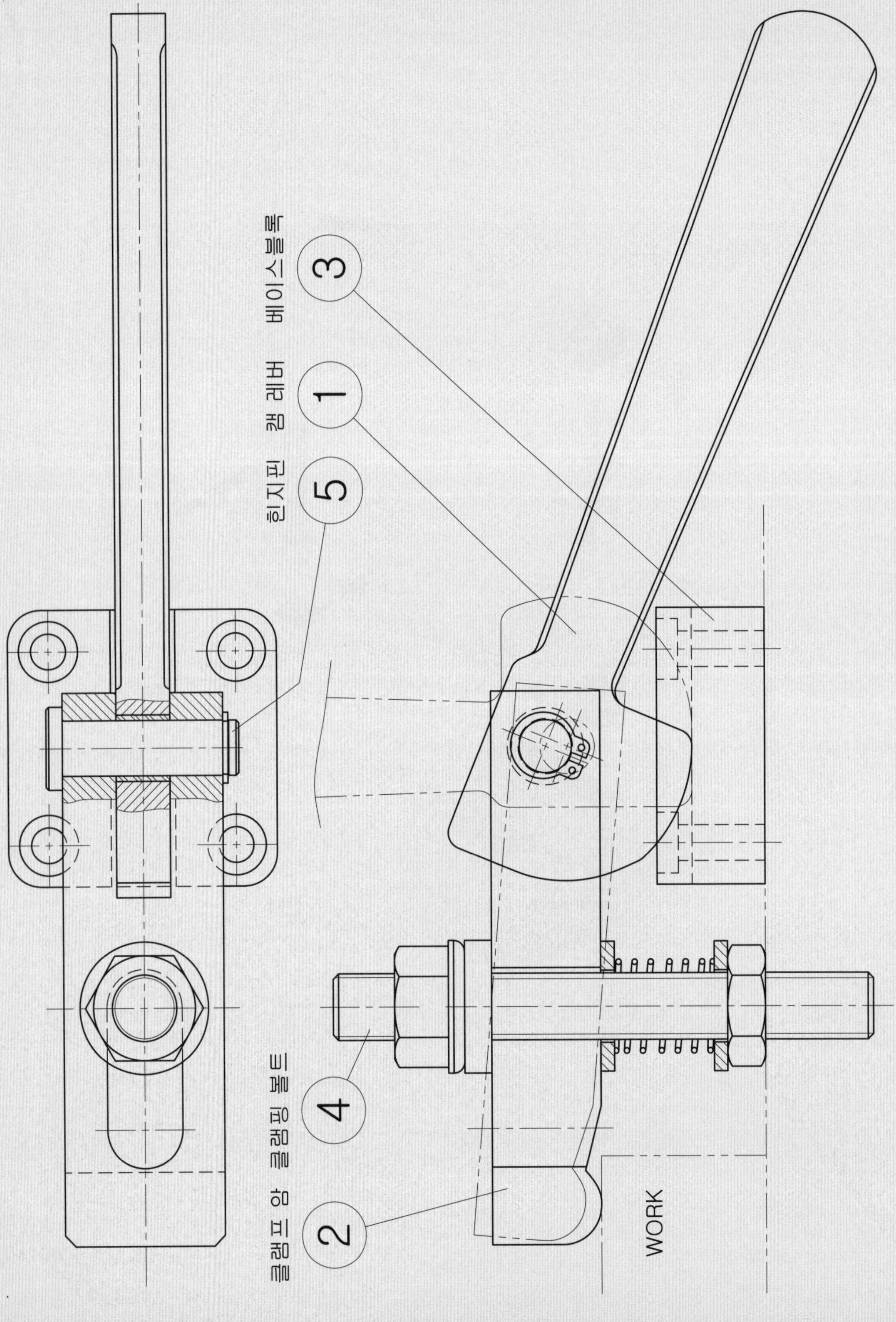

Lesson 09 캠 레버 클램프-1

과제도면

1 캠 레버
2 힌지 핀
3 베어링 부시
4 클램프 몸통
5 클램프 받침대

WORK

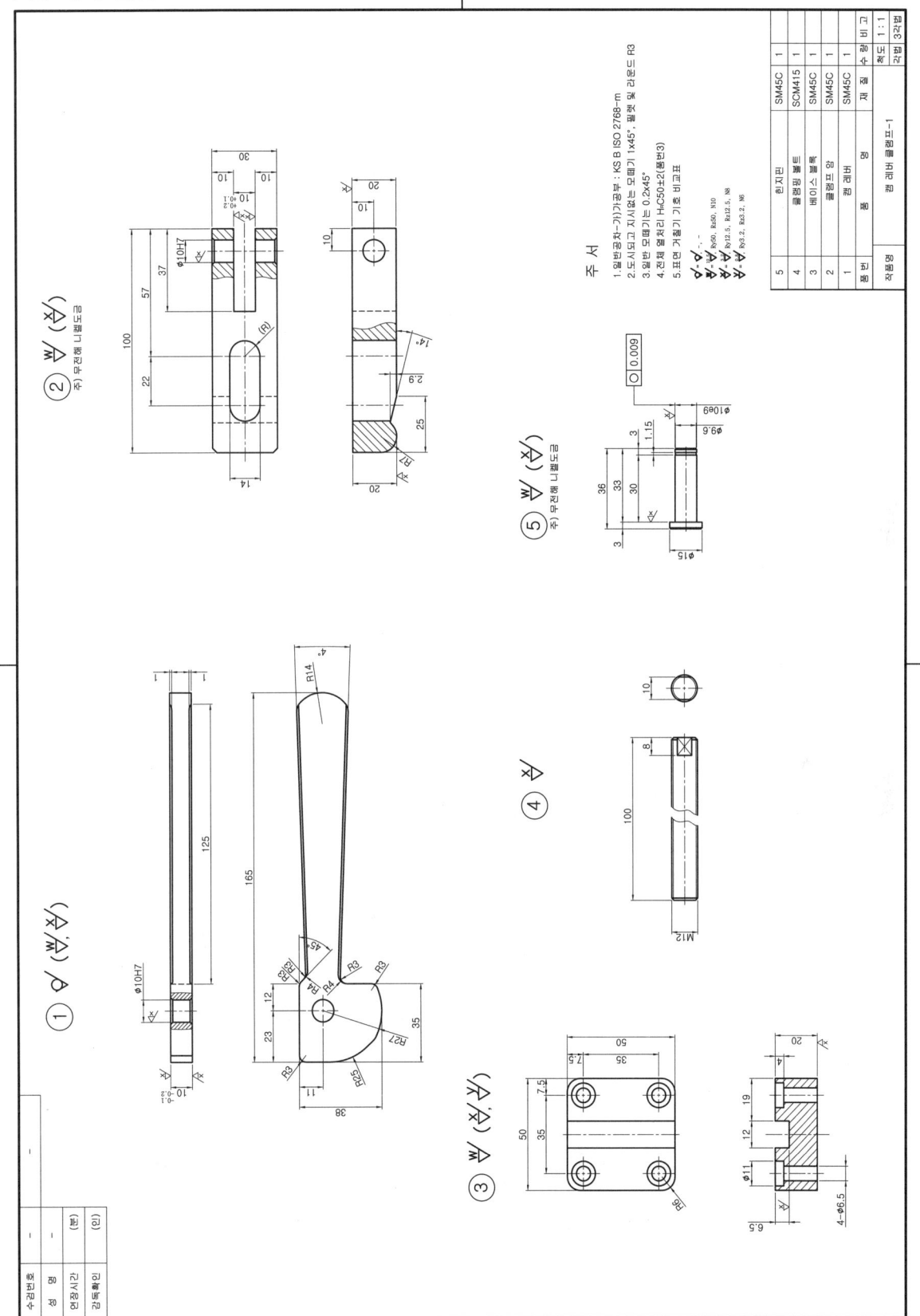

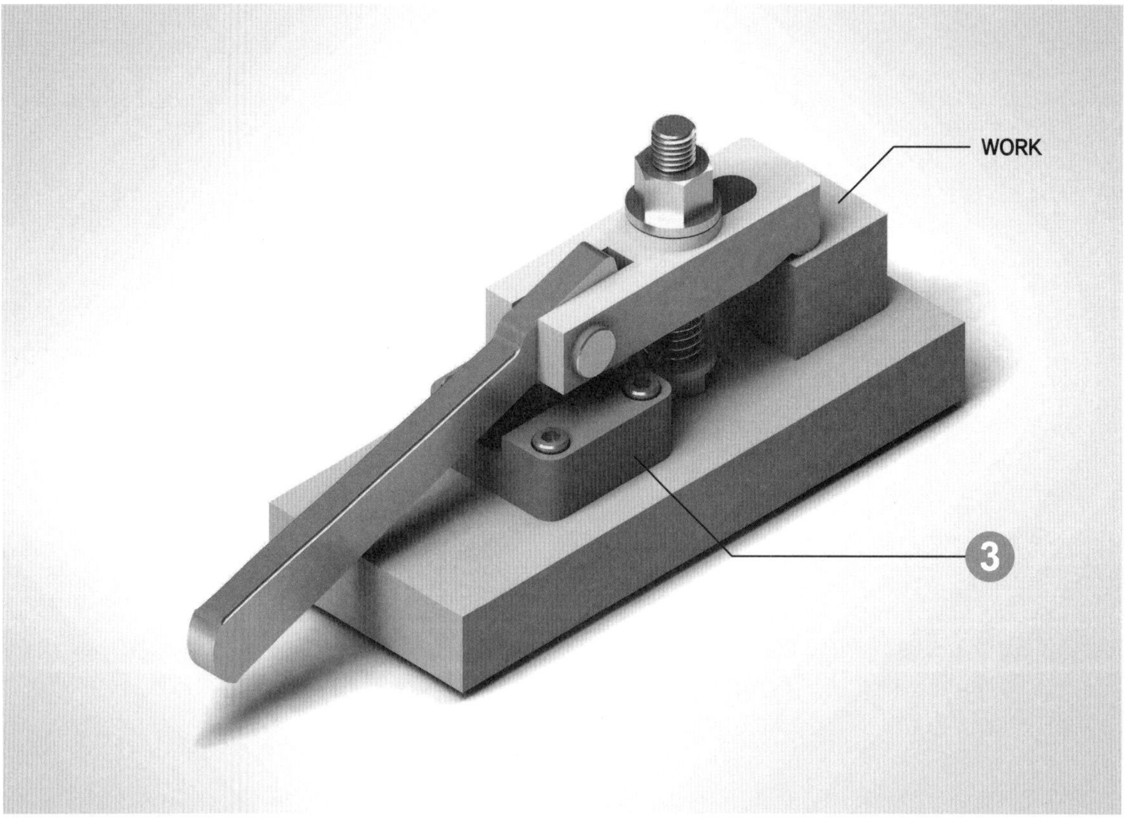

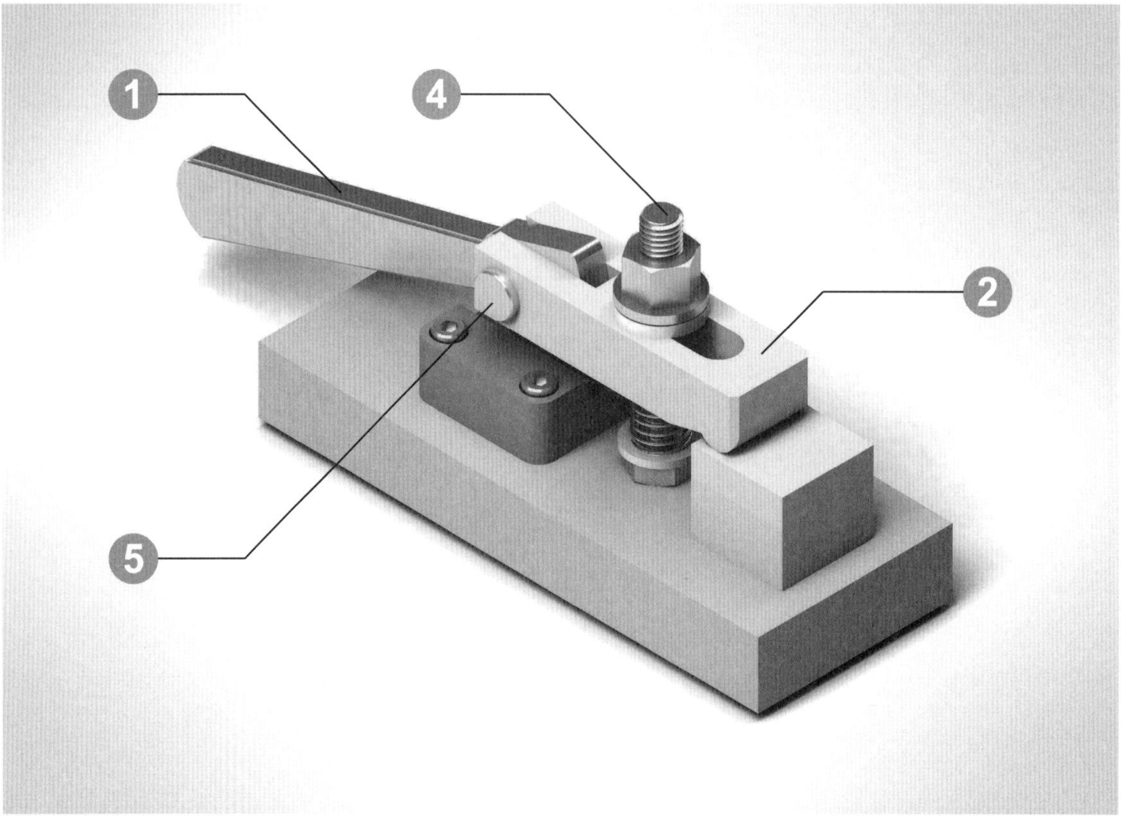

캠 레버 클램프-1

3D 모델링

WORK

캠 레버 클램프-1

분해 등각 구조도

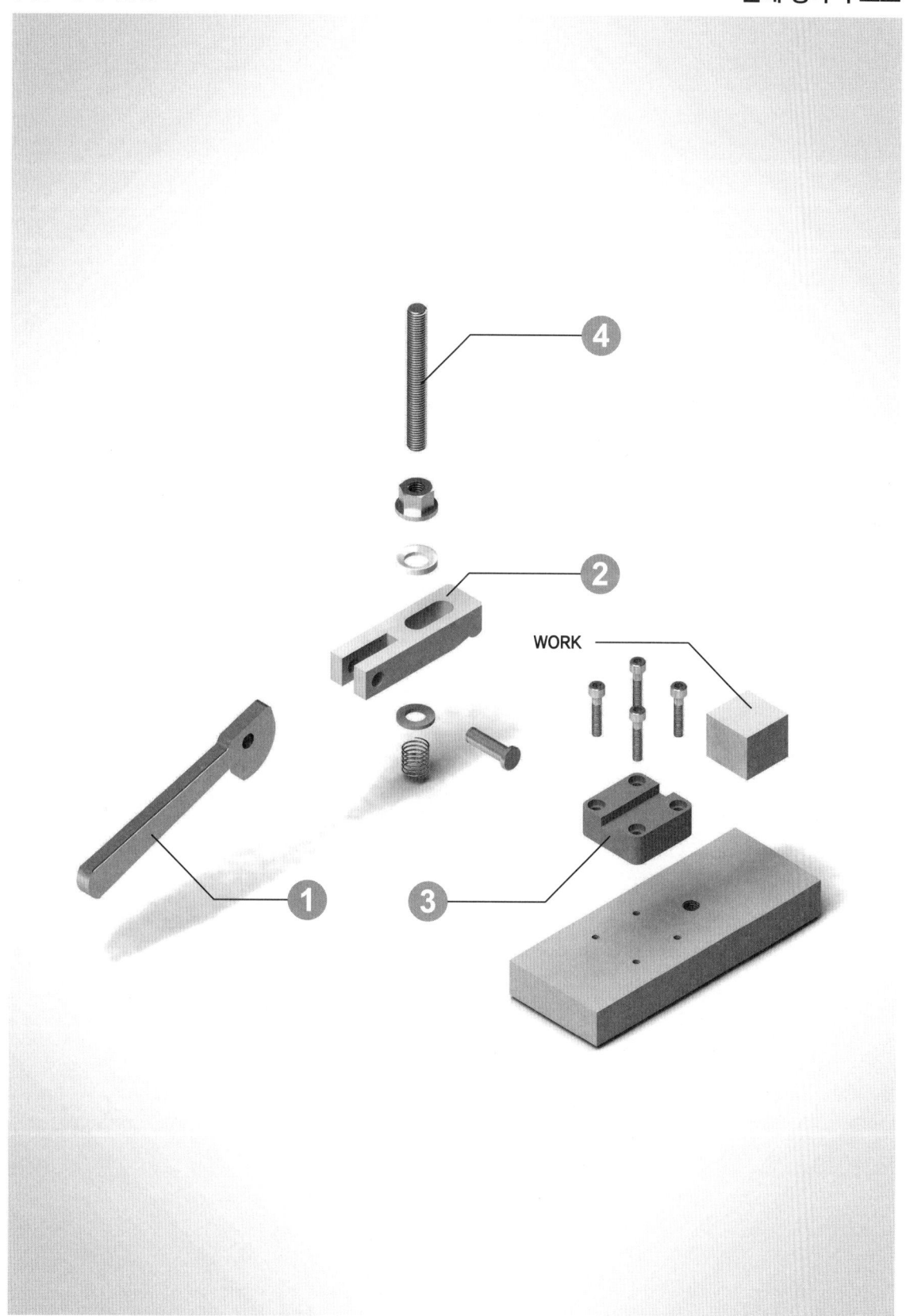

Lesson 10 캠 레버 클램프-2

과제도면

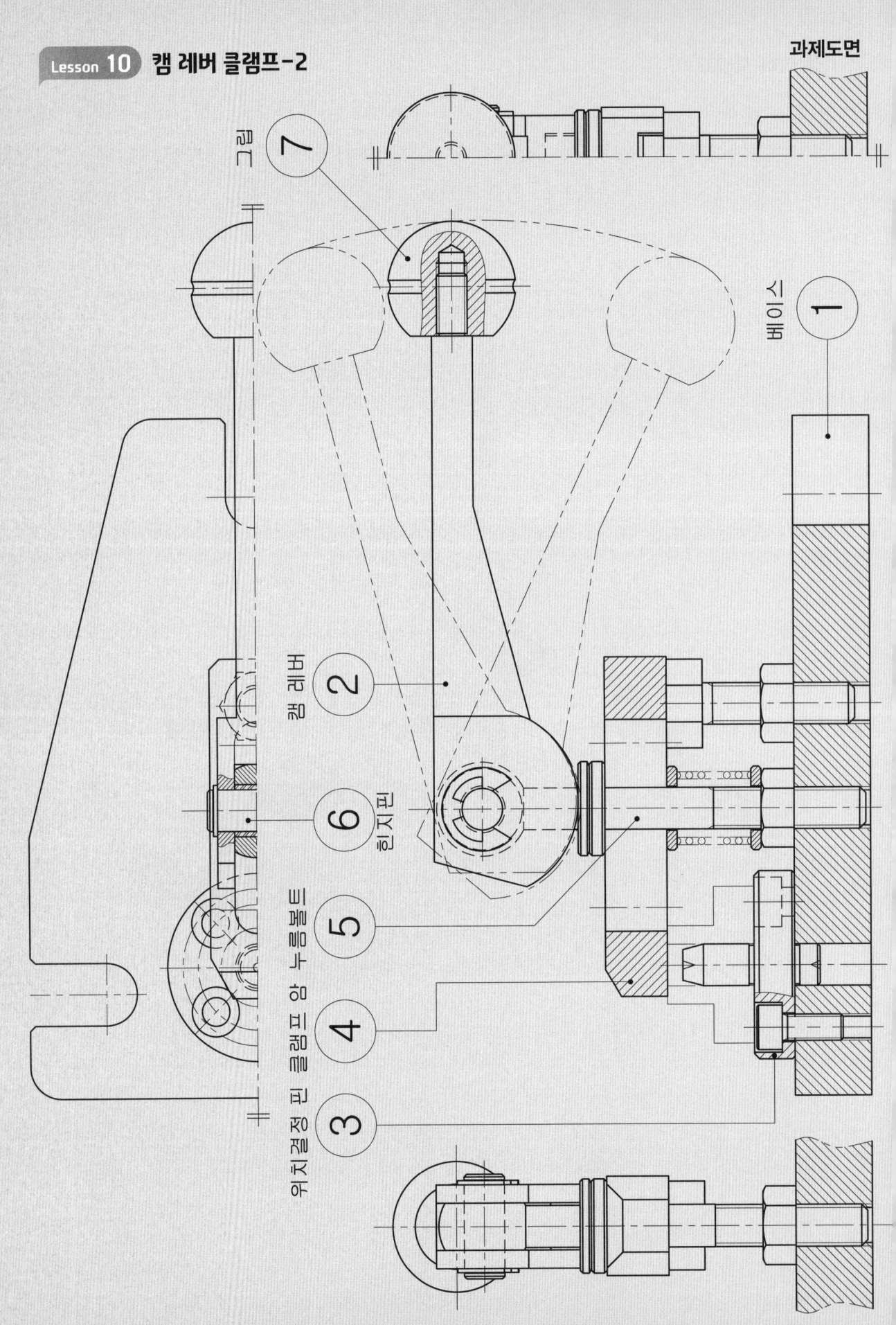

캠 레버 클램프-2

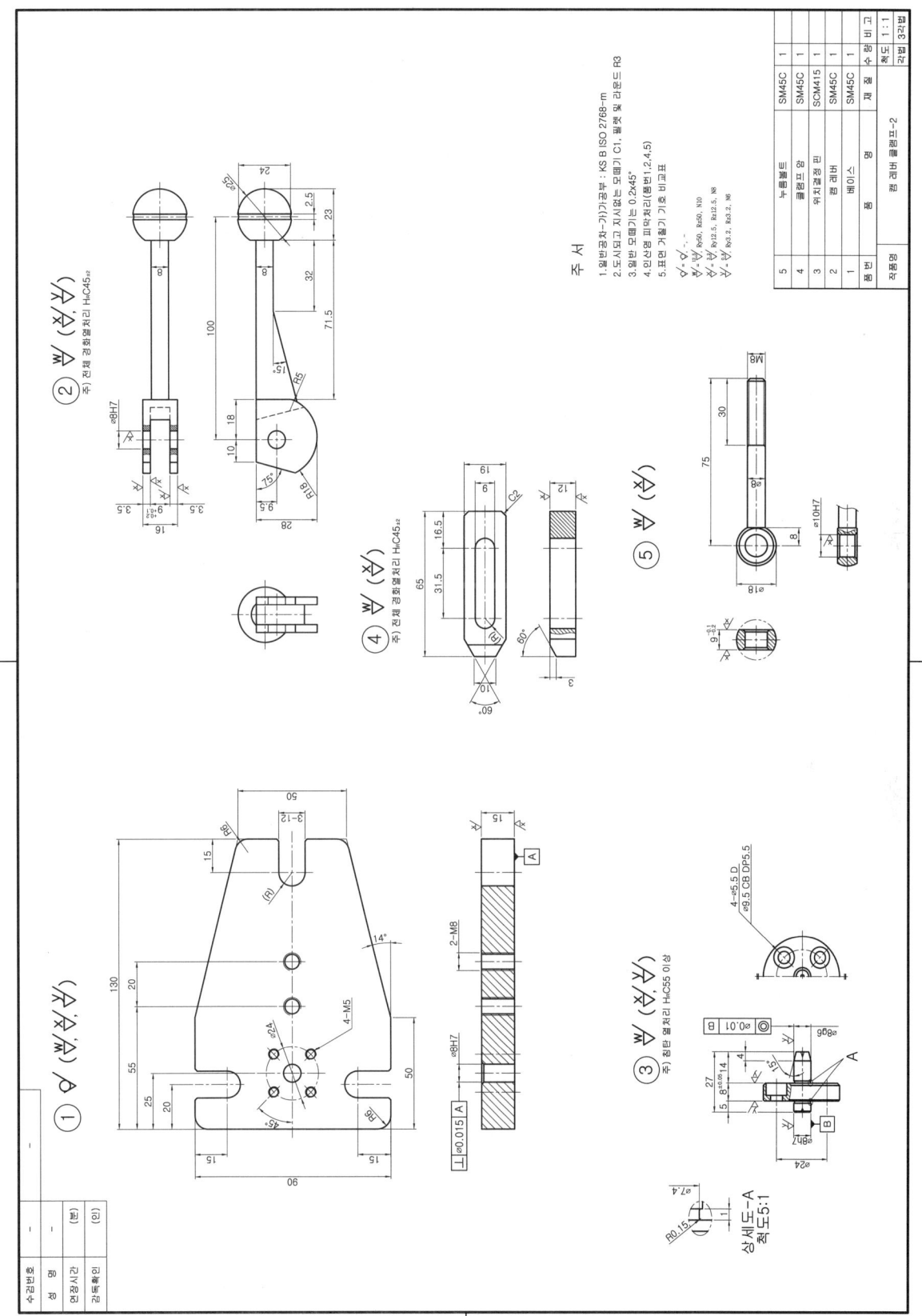

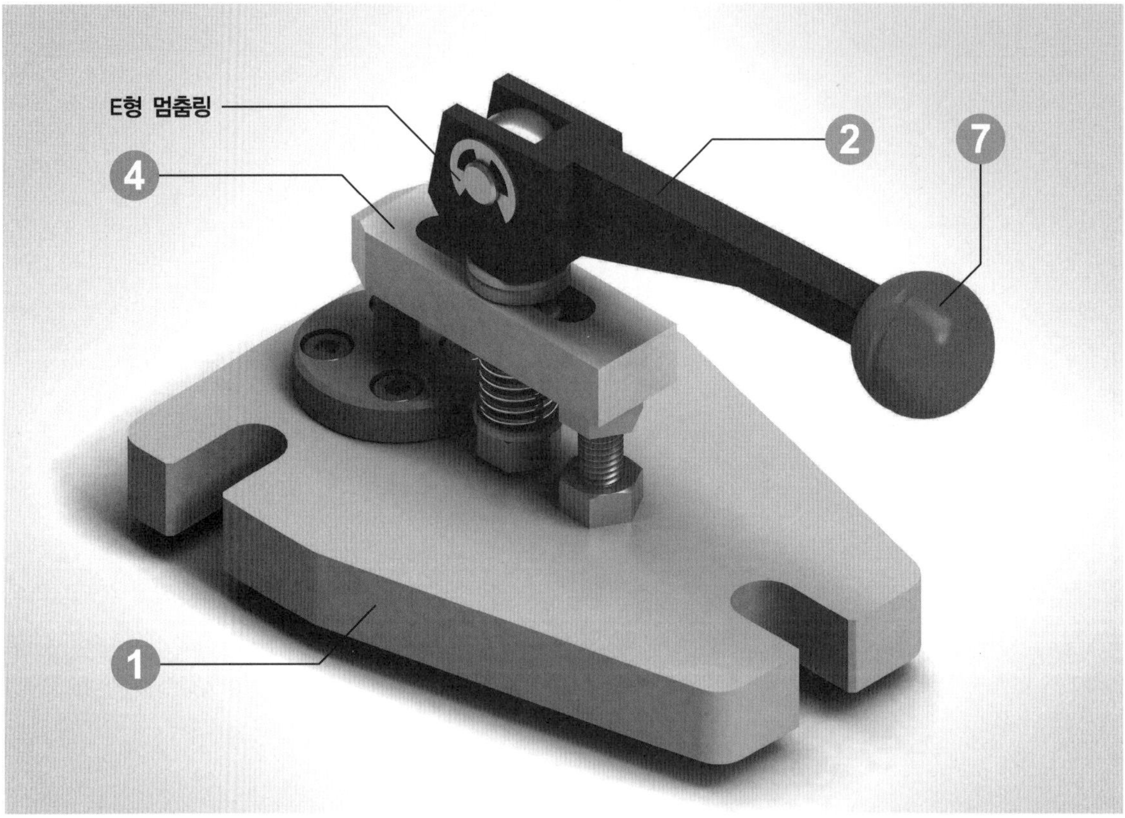

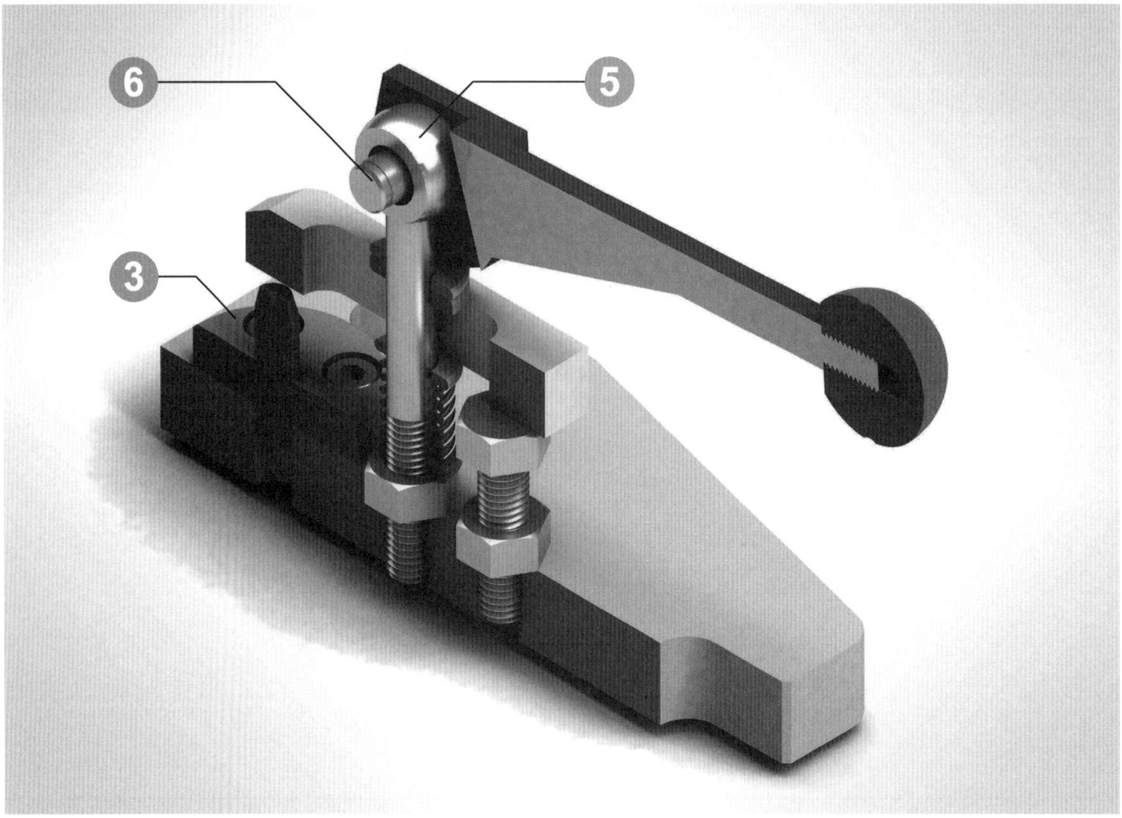

캠 레버 클램프-2

3D 모델링

E형 멈춤링

캠 레버 클램프-2

분해 등각 구조도

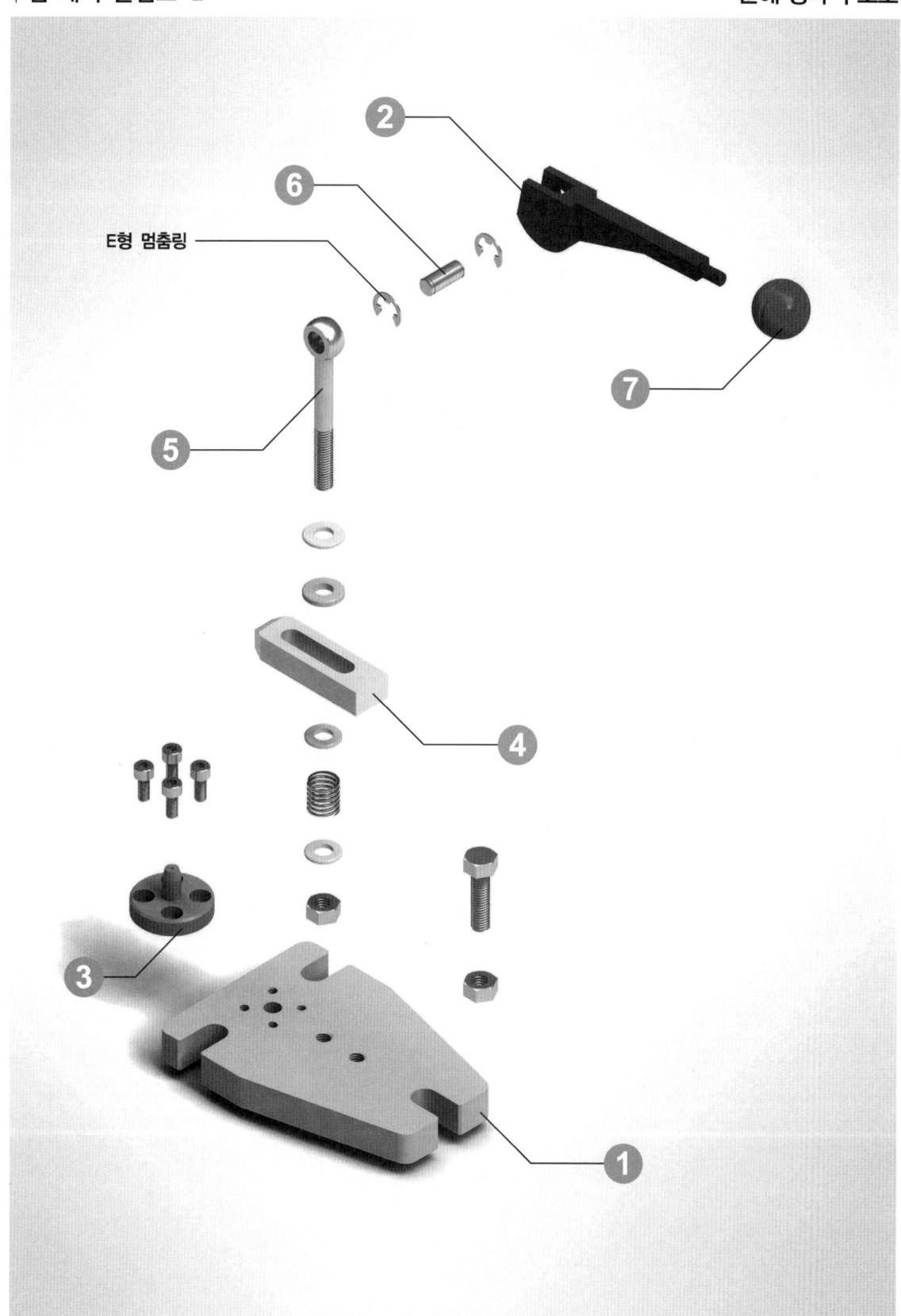

E형 멈춤링

Lesson 11 측면 클램프-1

과제도면

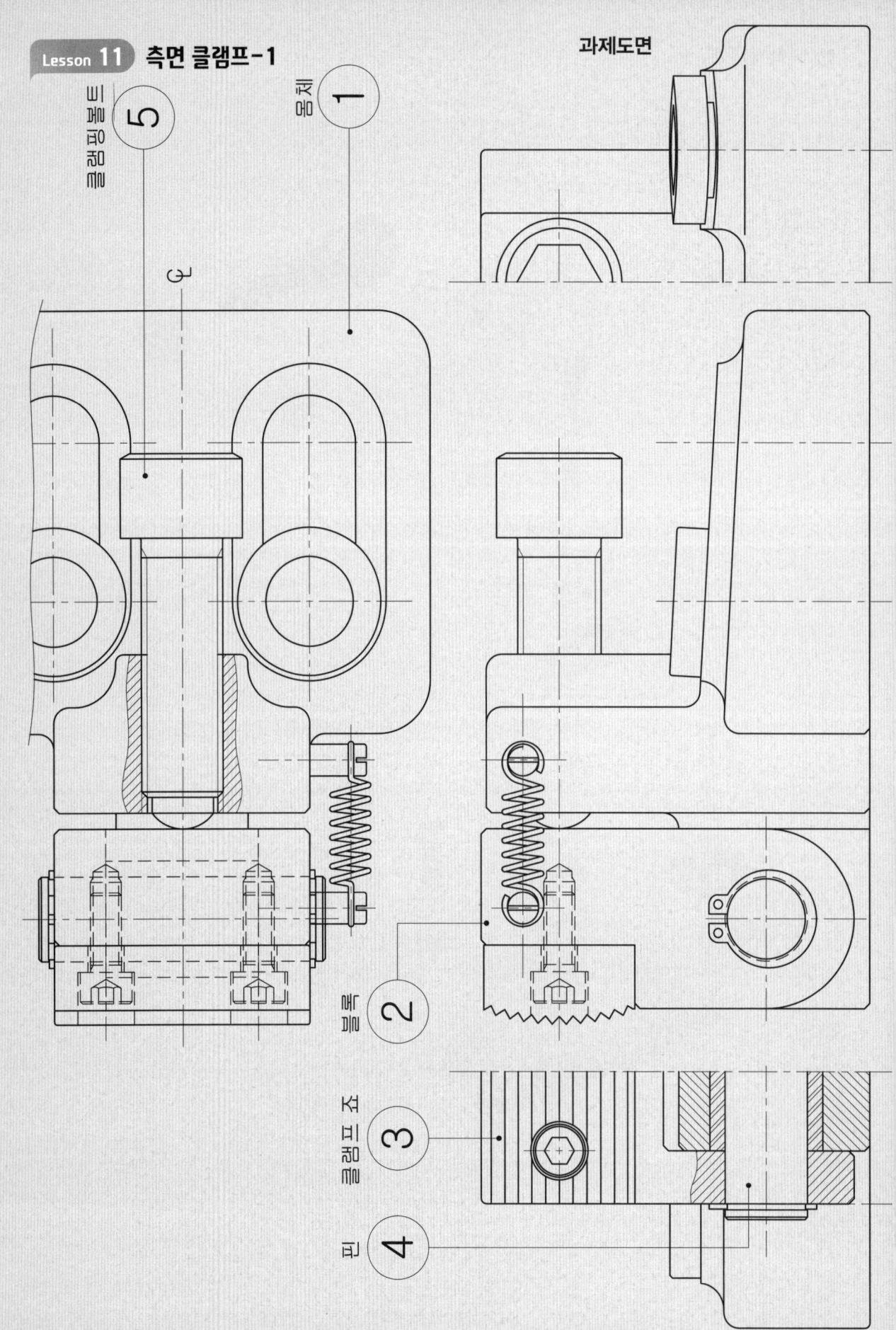

측면 클램프-1 | 부품도 풀이 예제 도면

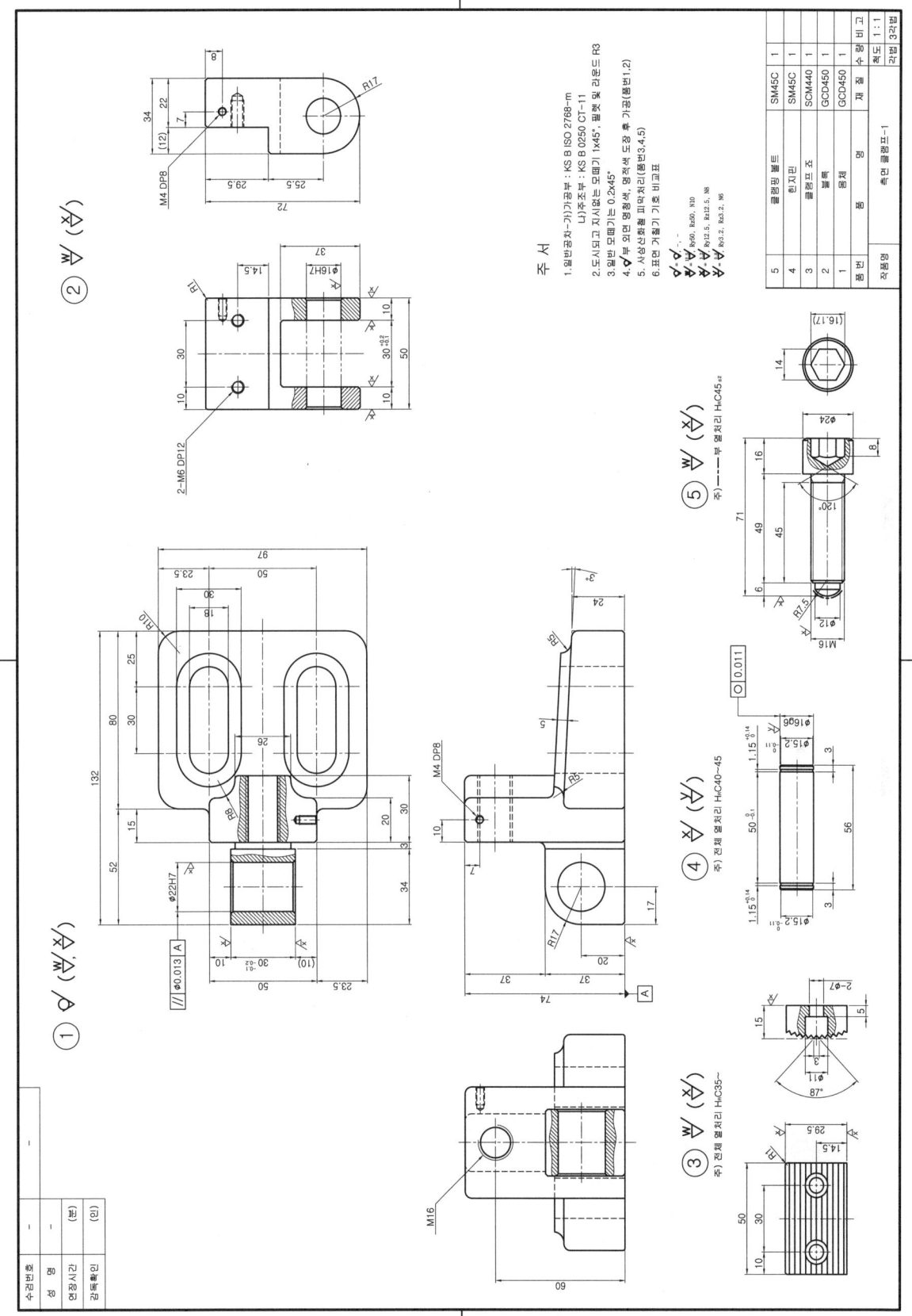

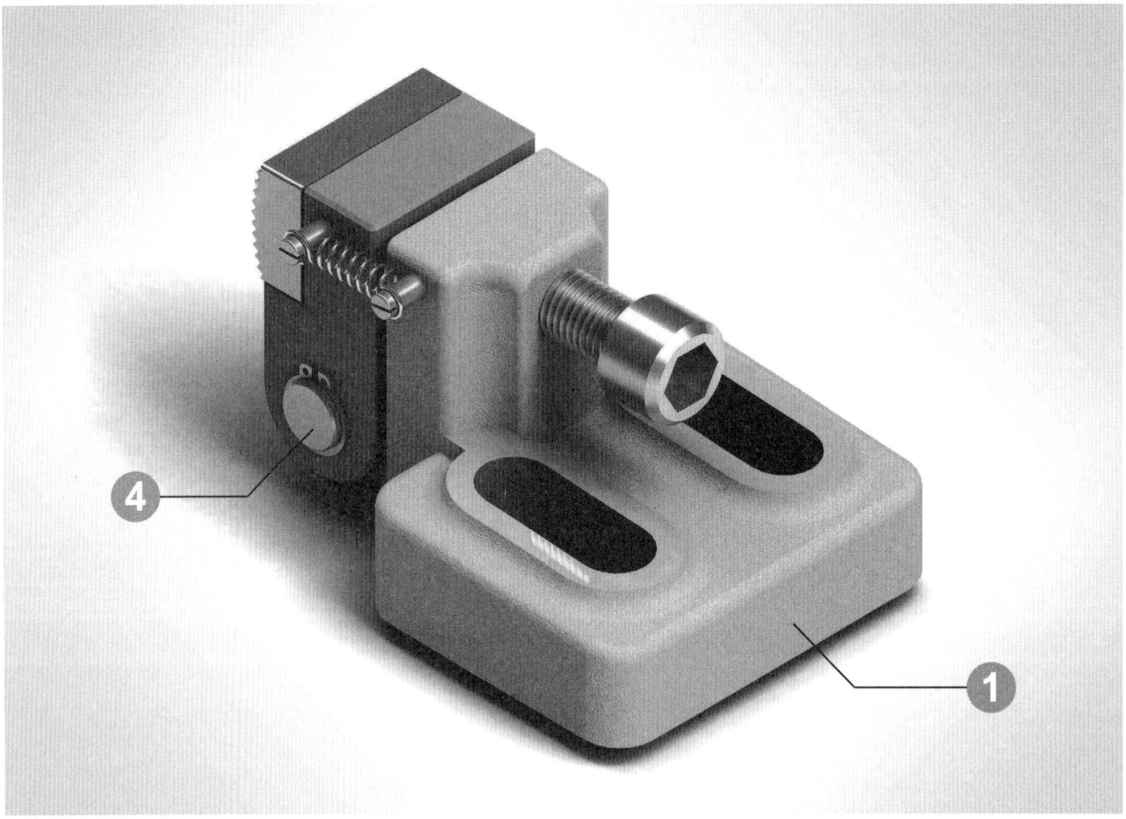

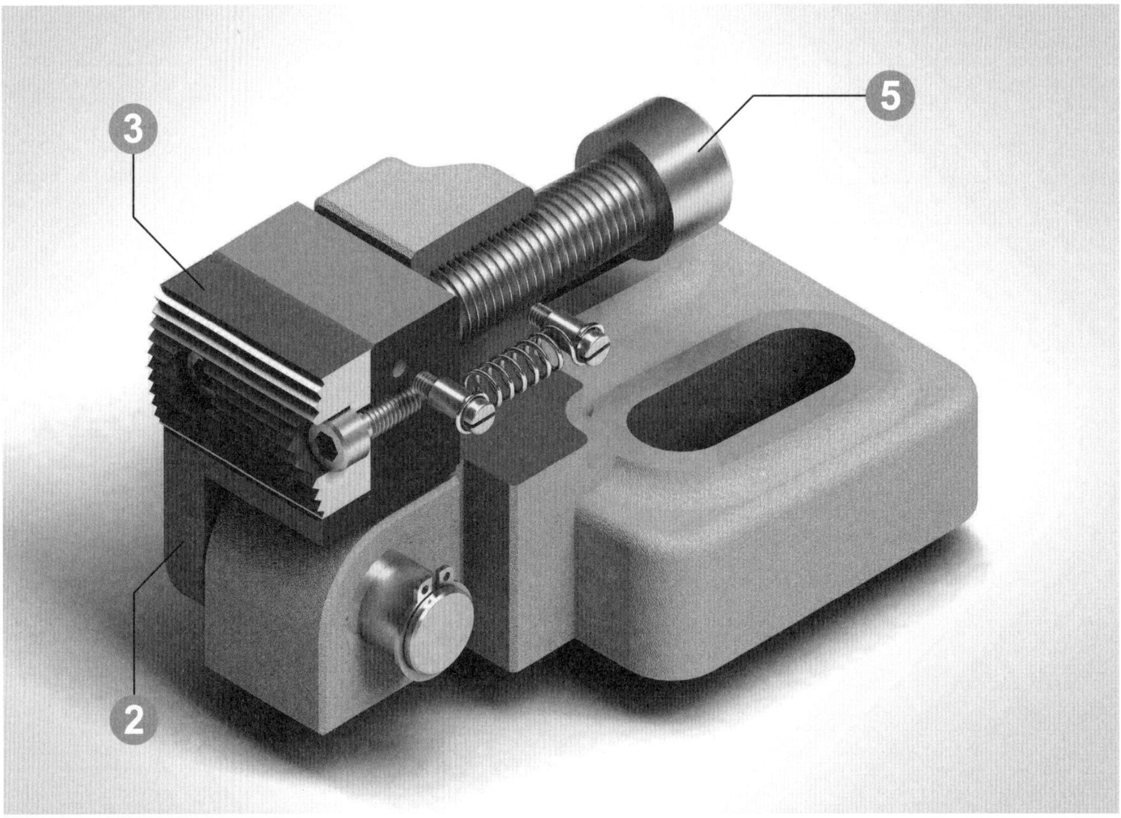

| 측면 클램프-1 　　　　　　　　　　　　　　　　　　　　　　　　3D 모델링

| 측면 클램프-1   분해 등각 구조도

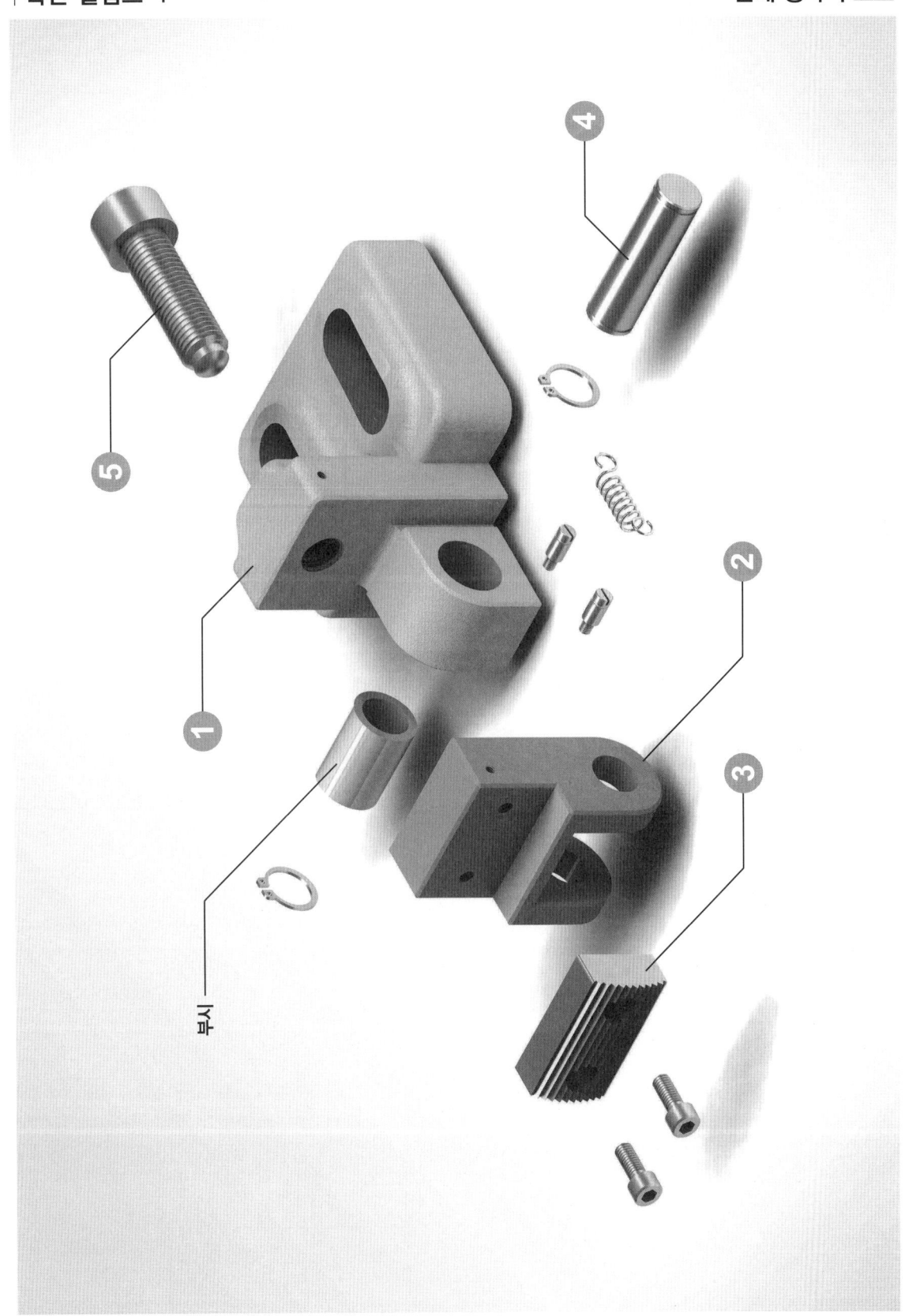

Lesson 12 측면 클램프-2

과제도면

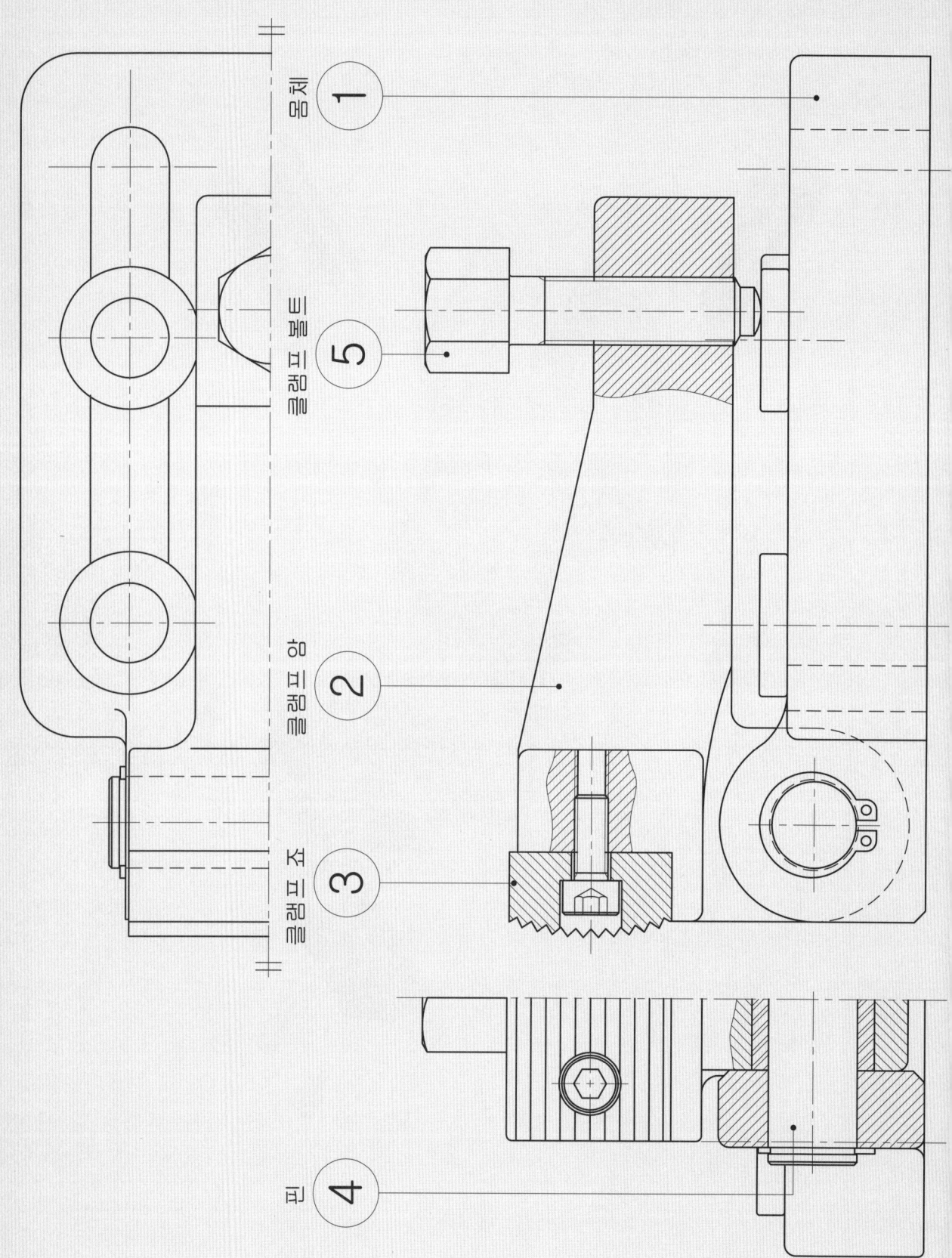

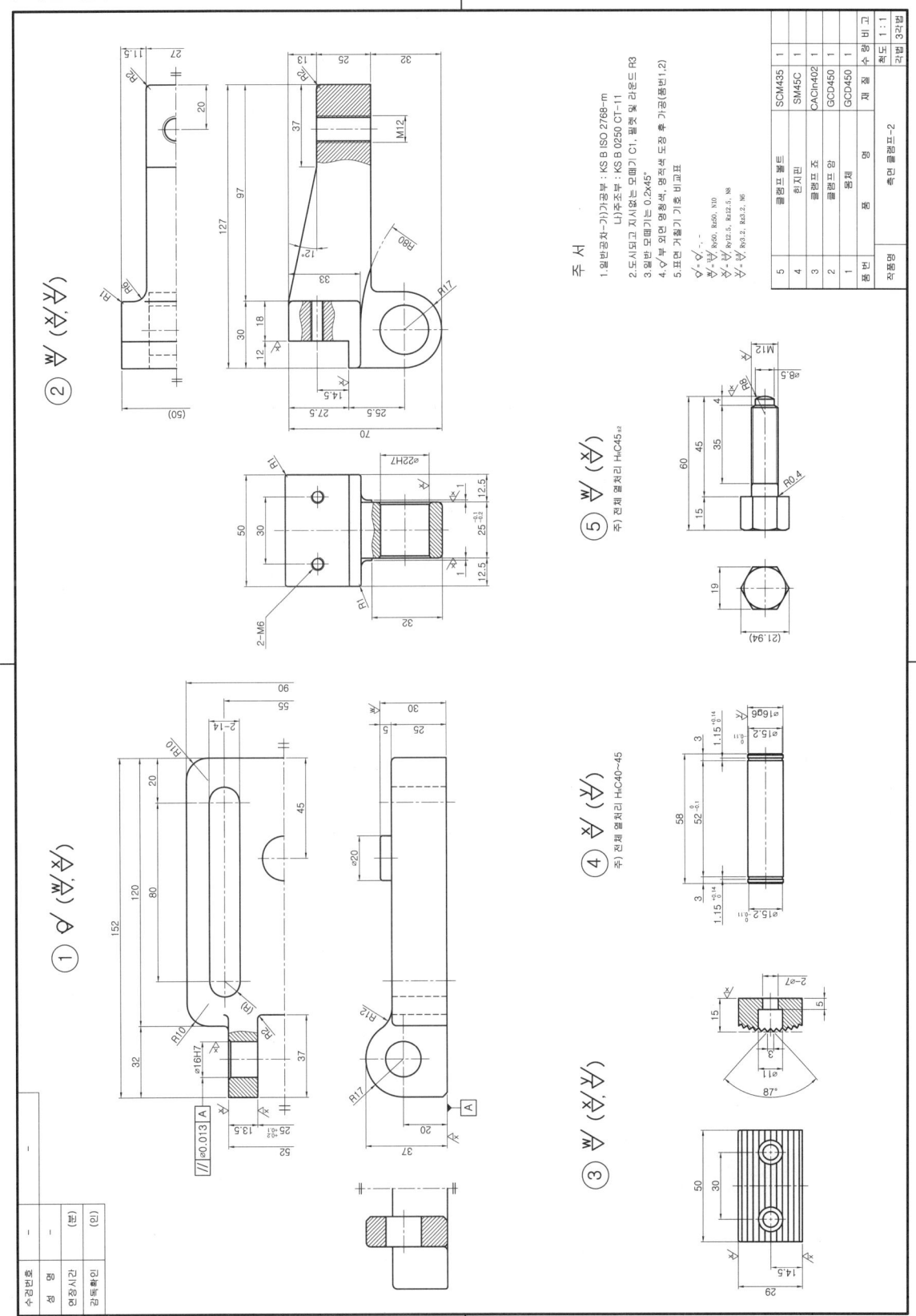

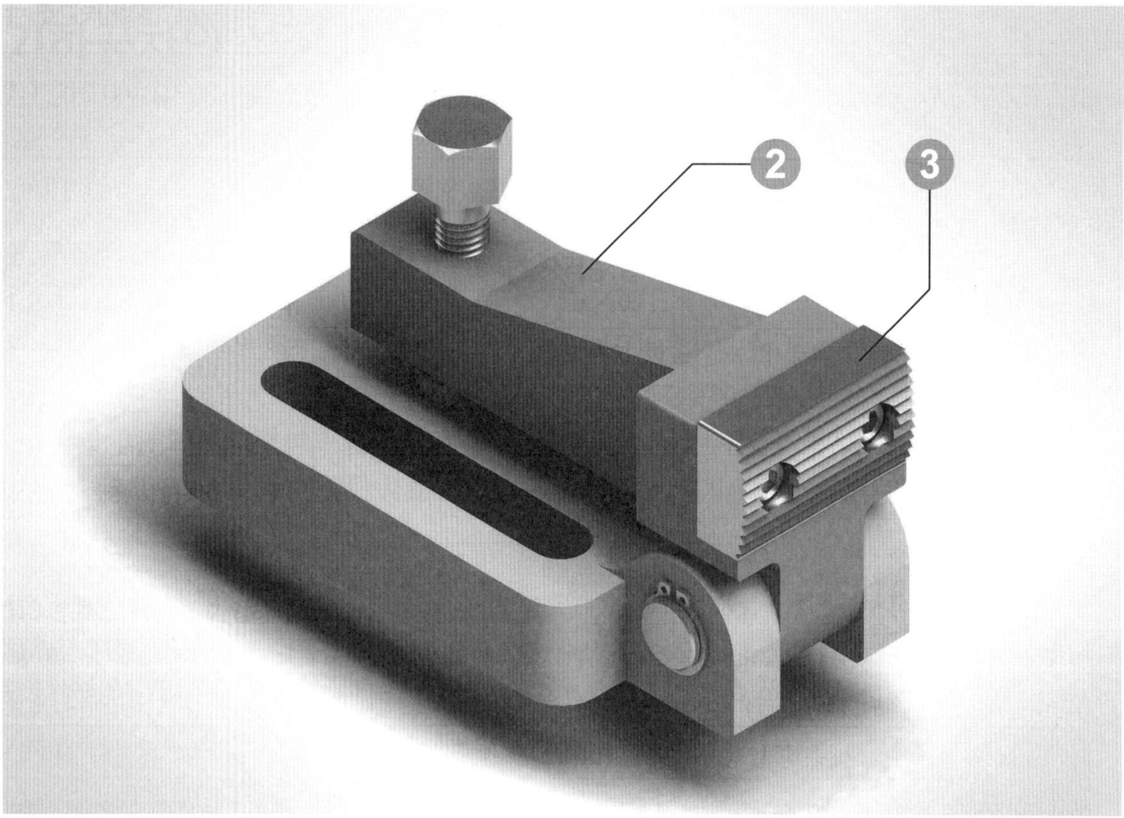

| 측면 클램프-2

3D 모델링

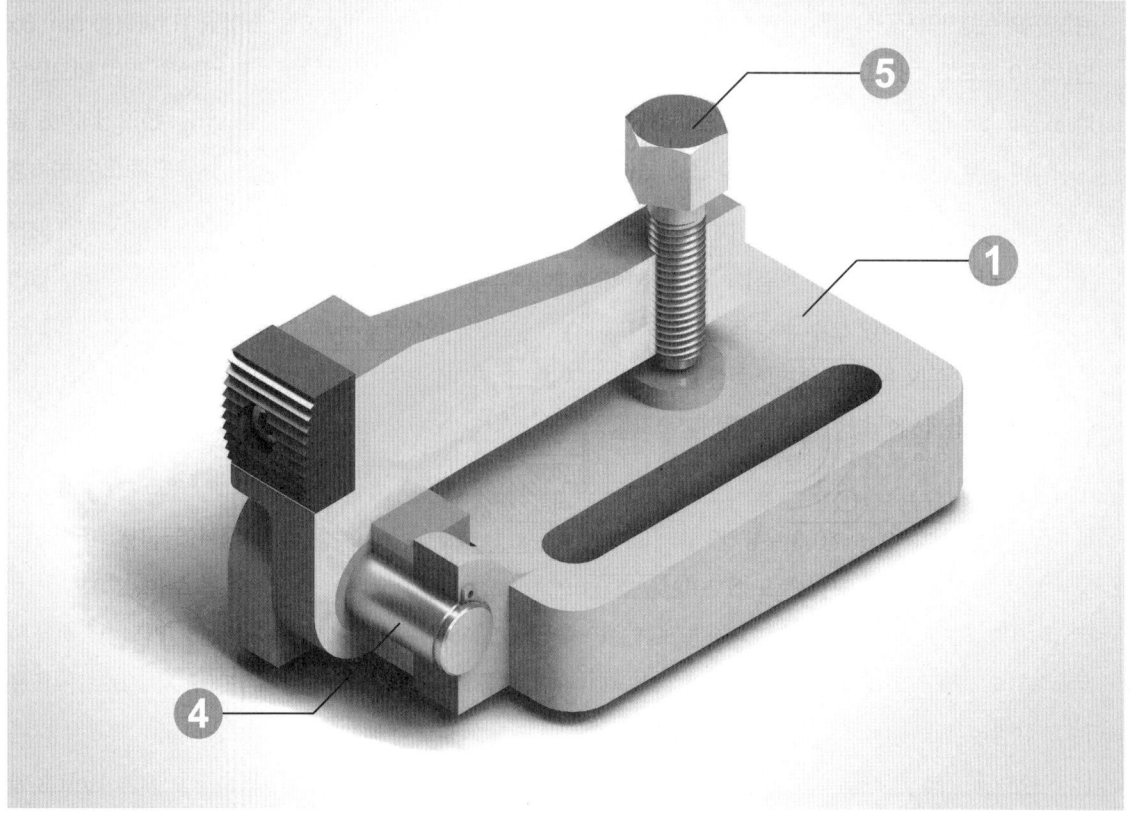

| 측면 클램프-2   분해 등각 구조도

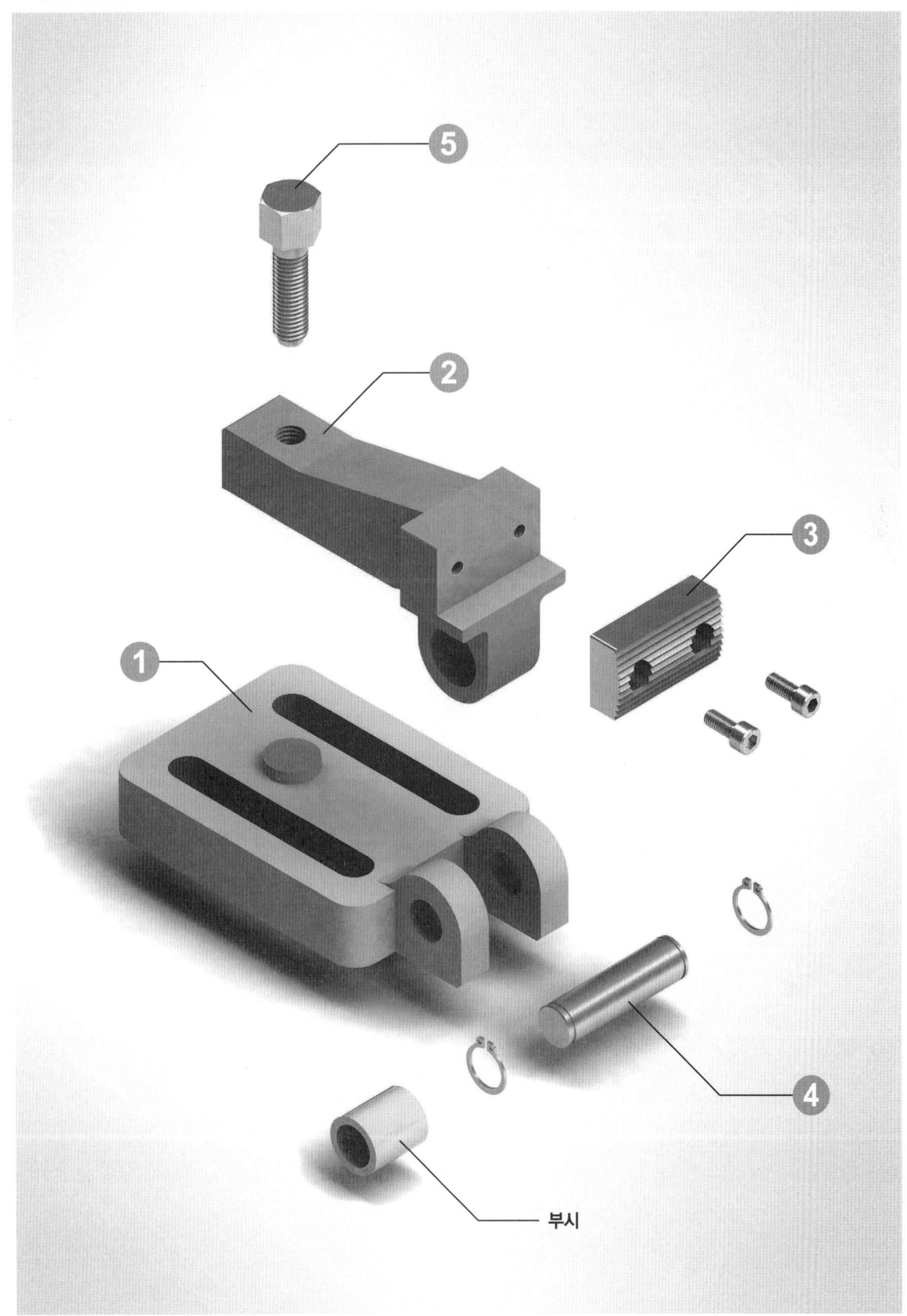

부시

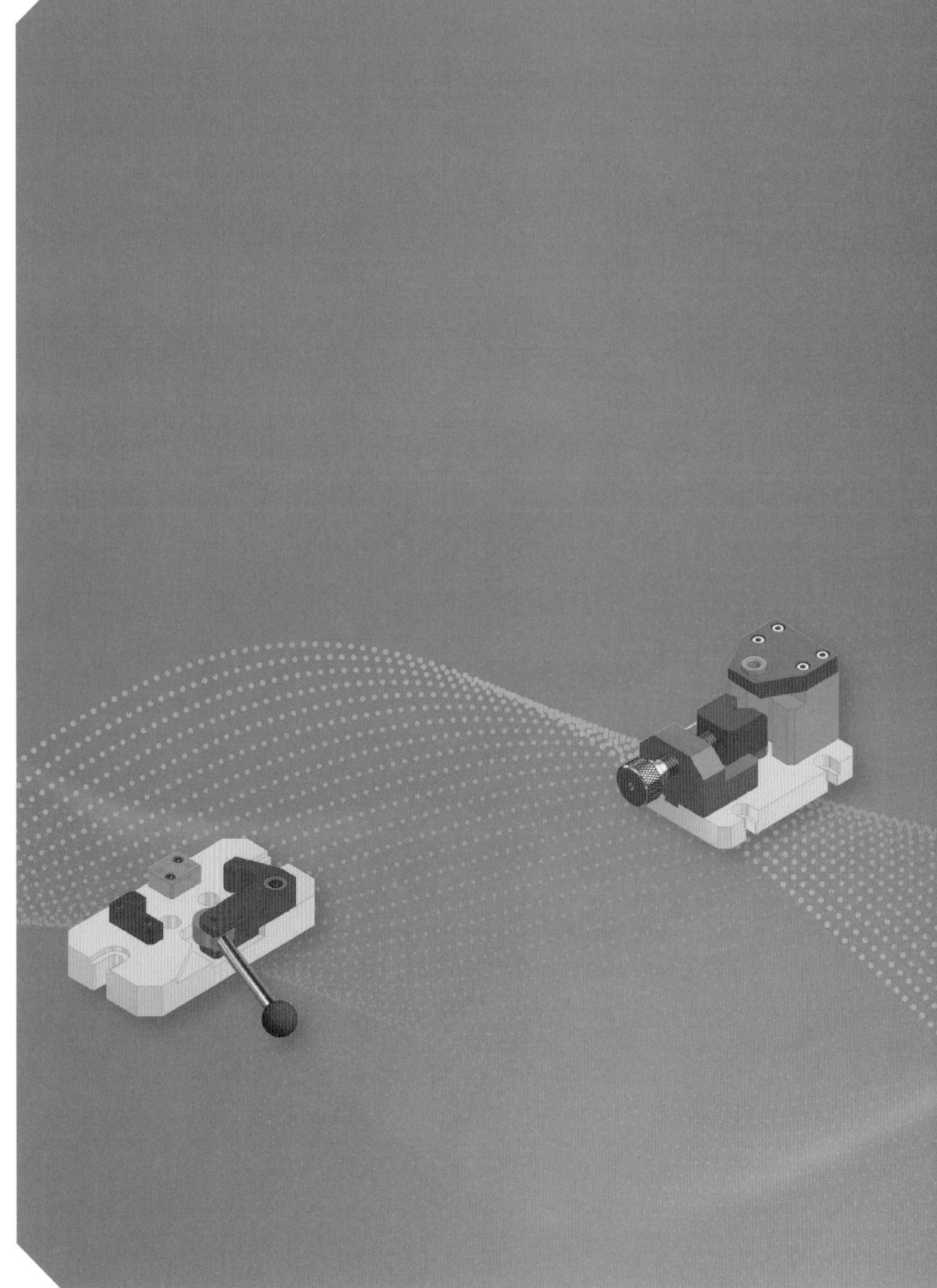

PART 06

지그와 고정구 설계 실습

Lesson 01 공압 클램프
Lesson 02 싱글 조 클램프
Lesson 03 밀링 클램프
Lesson 04 밀링 고정구
Lesson 05 바이스
Lesson 06 드릴지그-1
Lesson 07 드릴지그-2
Lesson 08 드릴지그-3
Lesson 09 드릴지그-4
Lesson 10 드릴지그-5
Lesson 11 드릴지그-6
Lesson 12 리밍지그-1
Lesson 13 리밍지그-2
Lesson 14 탁상 드릴지그-1
Lesson 15 탁상 드릴지그-2
Lesson 16 에어척-1
Lesson 17 에어척-2
Lesson 18 에어척-3

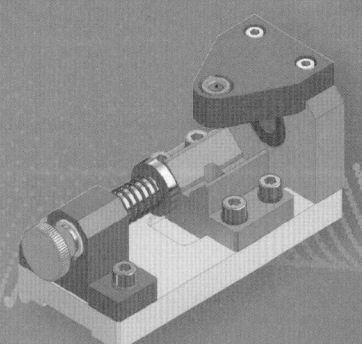

Lesson 01 공압 클램프

과제도면

부품도(2D) : 1, 3, 4, 5
등각 투상도(3D) : 1, 2, 3, 4, 5

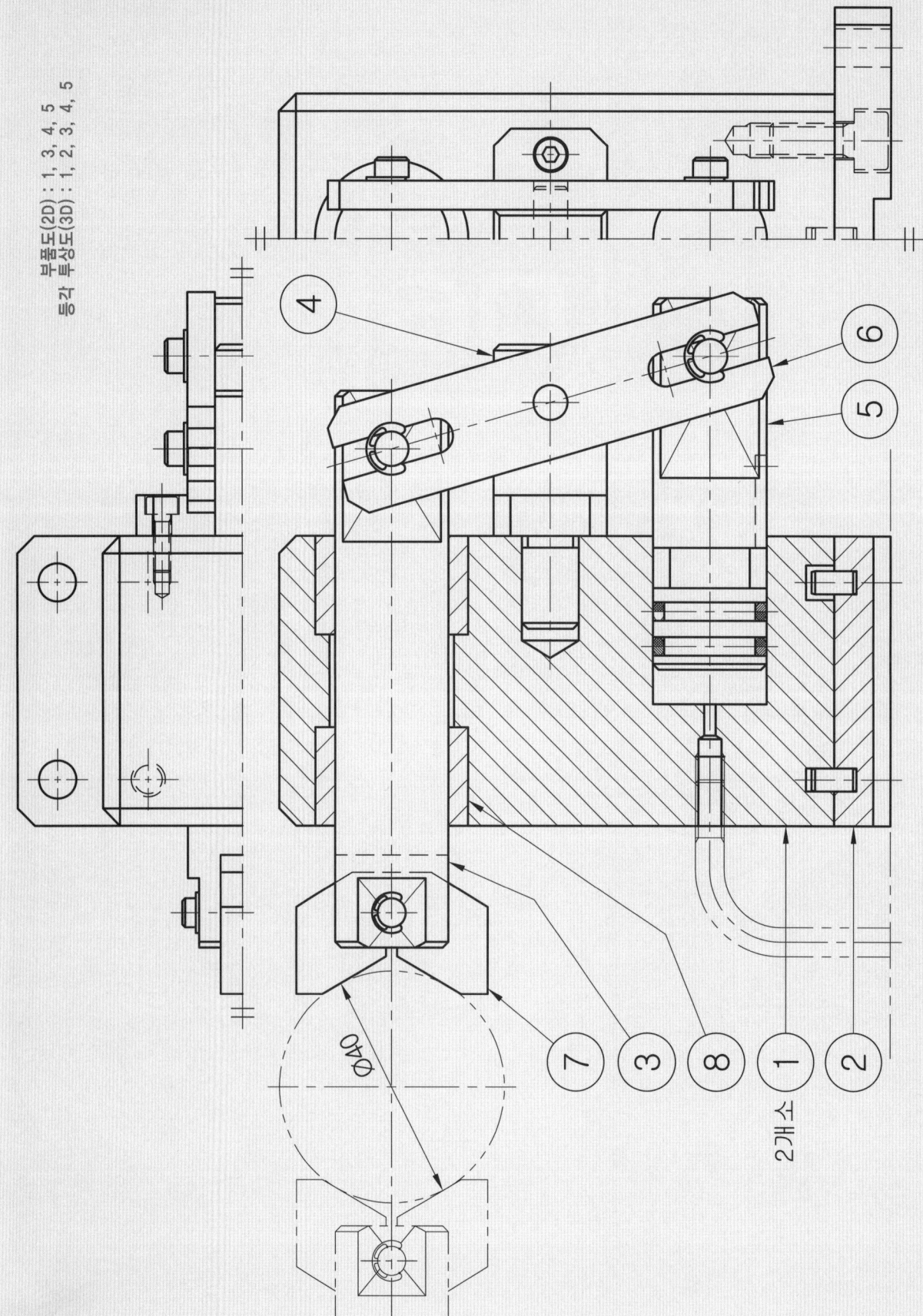

공압 클램프 — 부품도 풀이 예제 도면

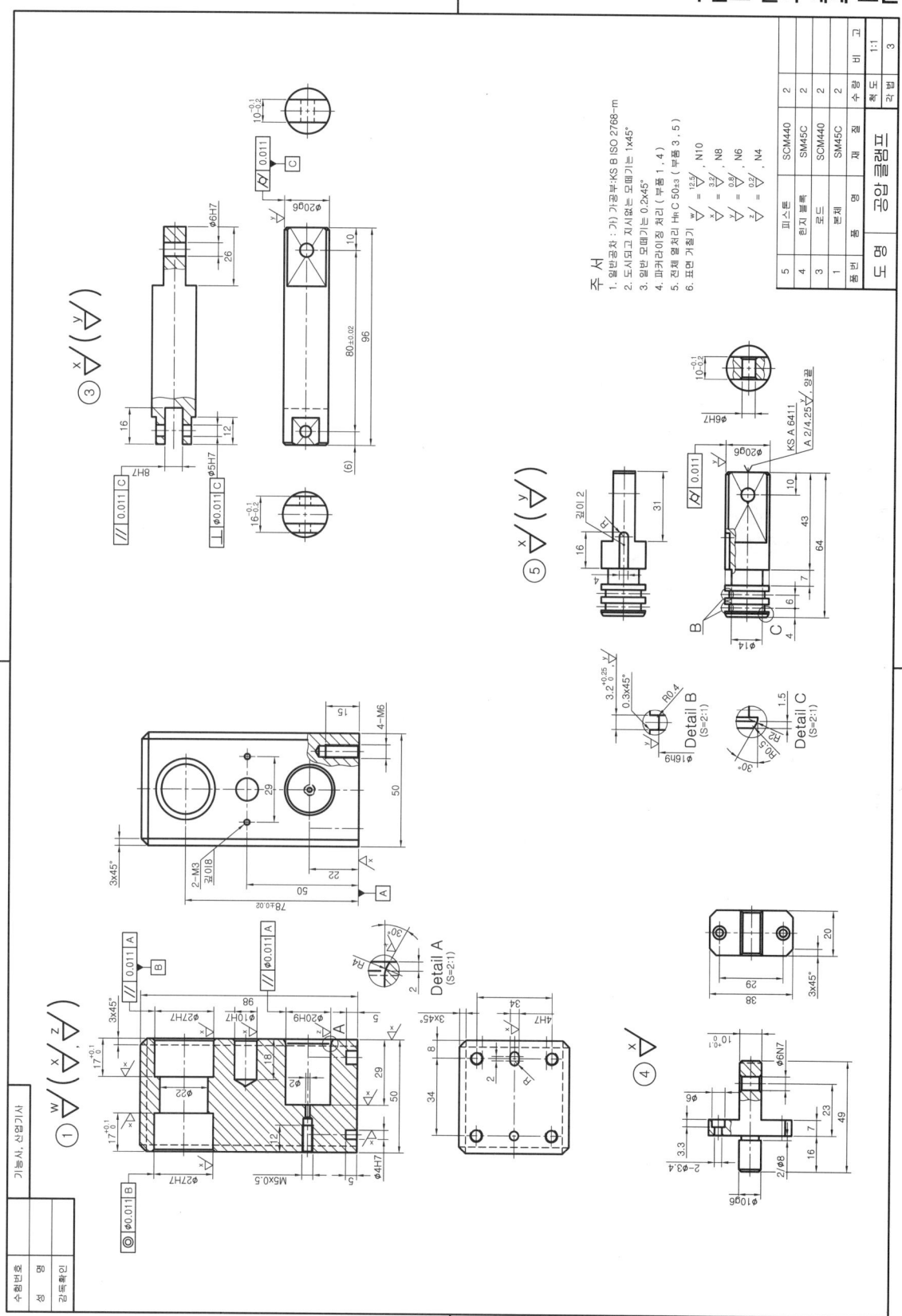

공압 클램프

등각 분해도 예제 도면

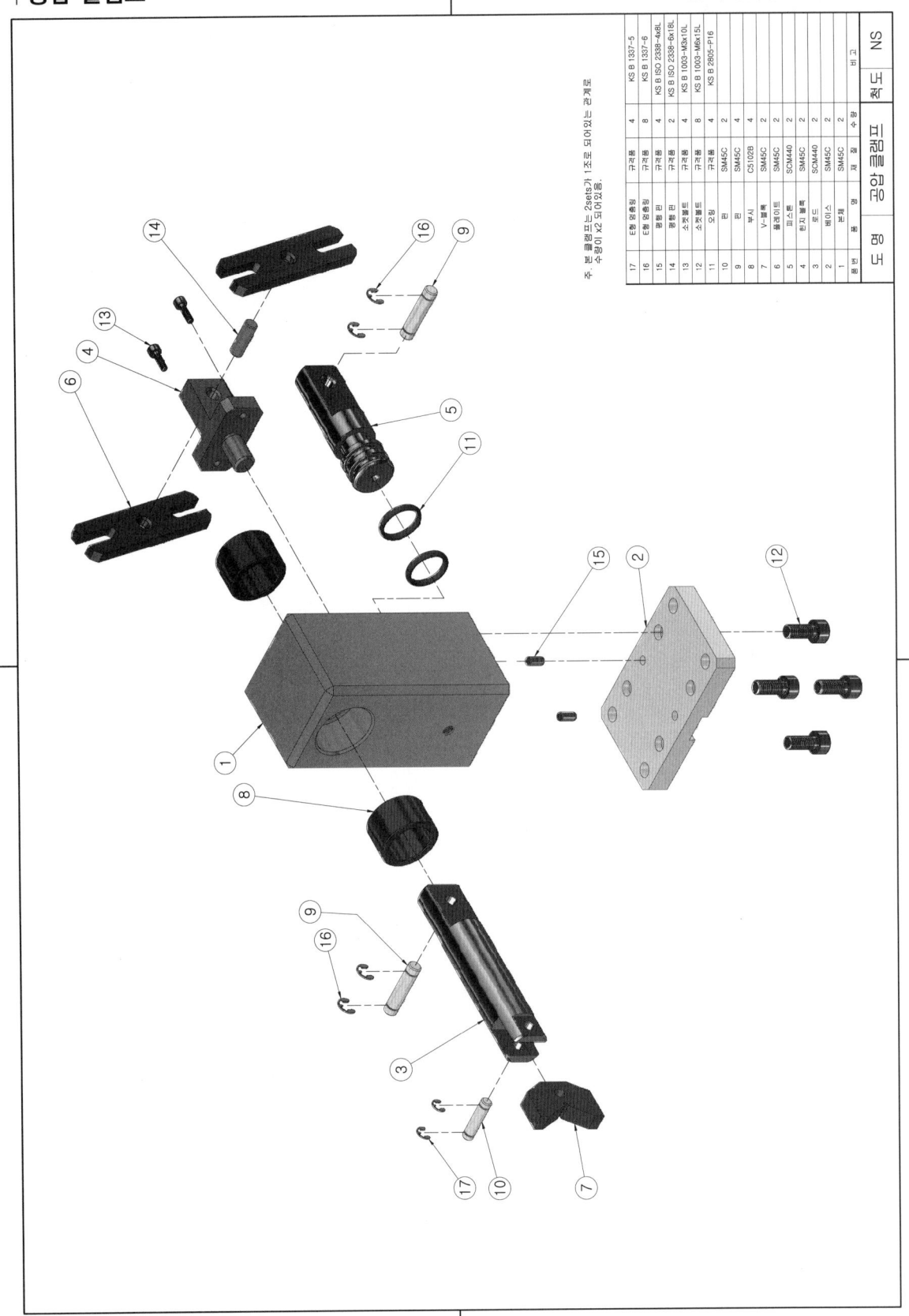

| 공압 클램프

등각 조립도 예제 도면

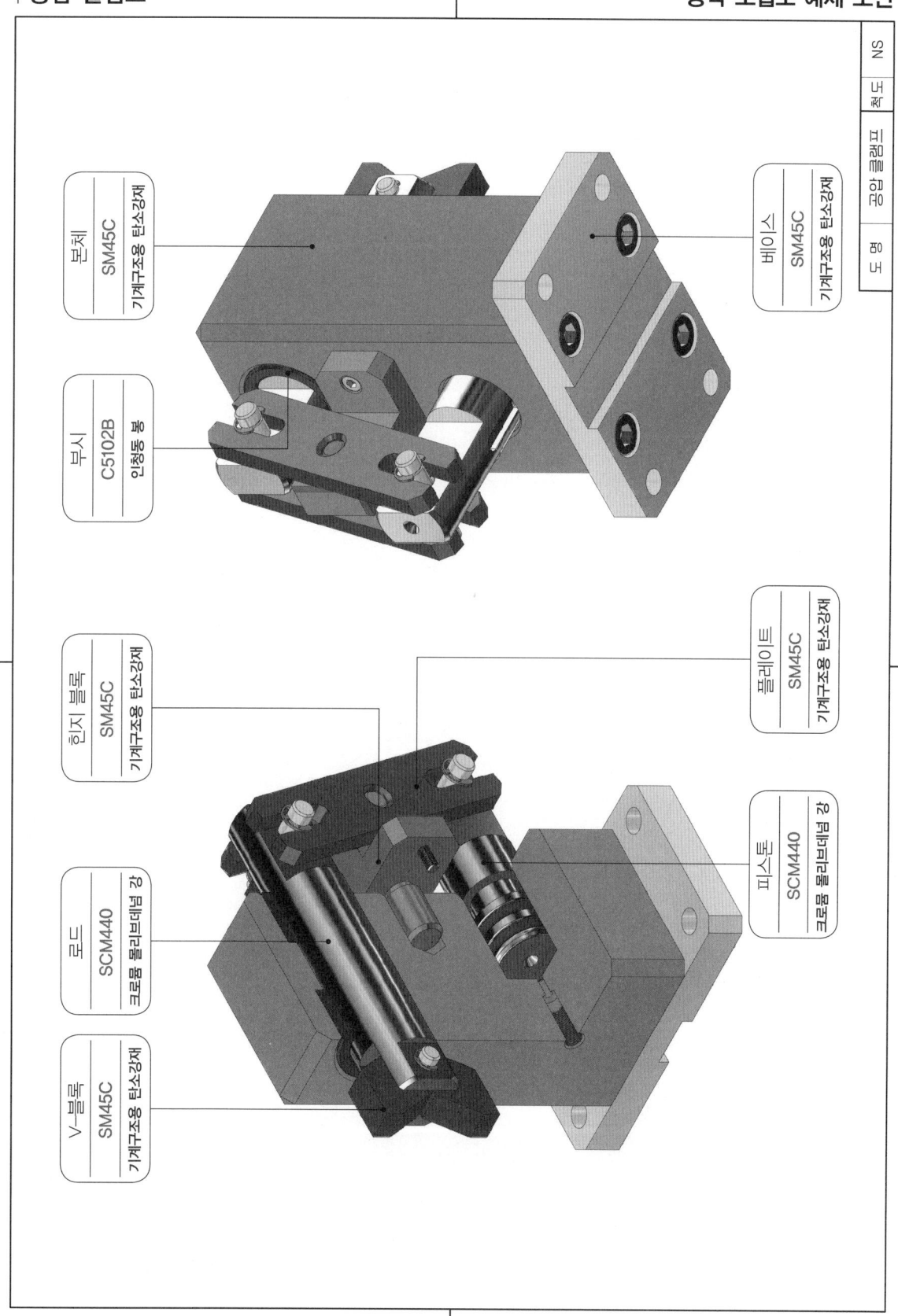

Lesson 02 싱글 조 클램프

과제도면

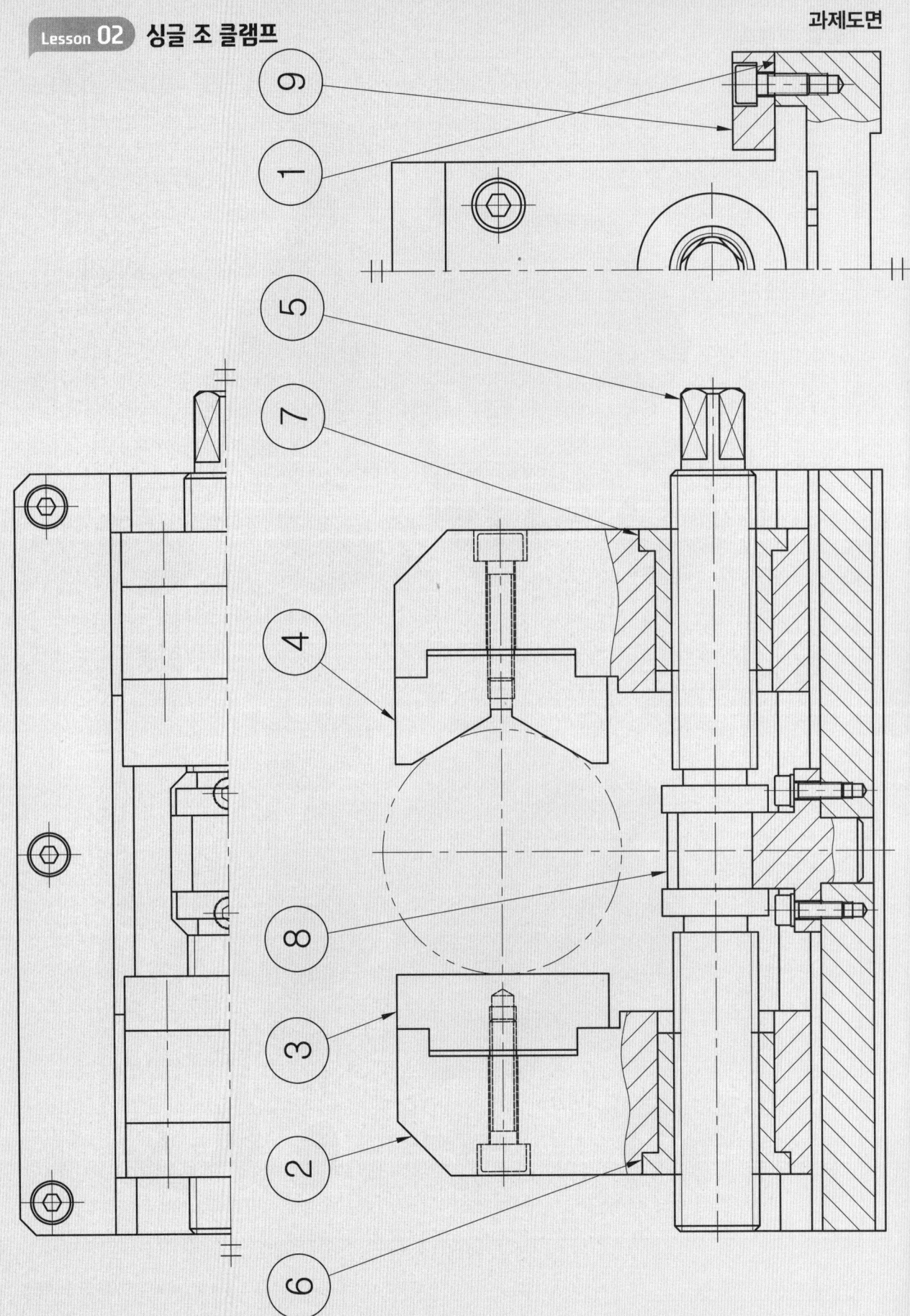

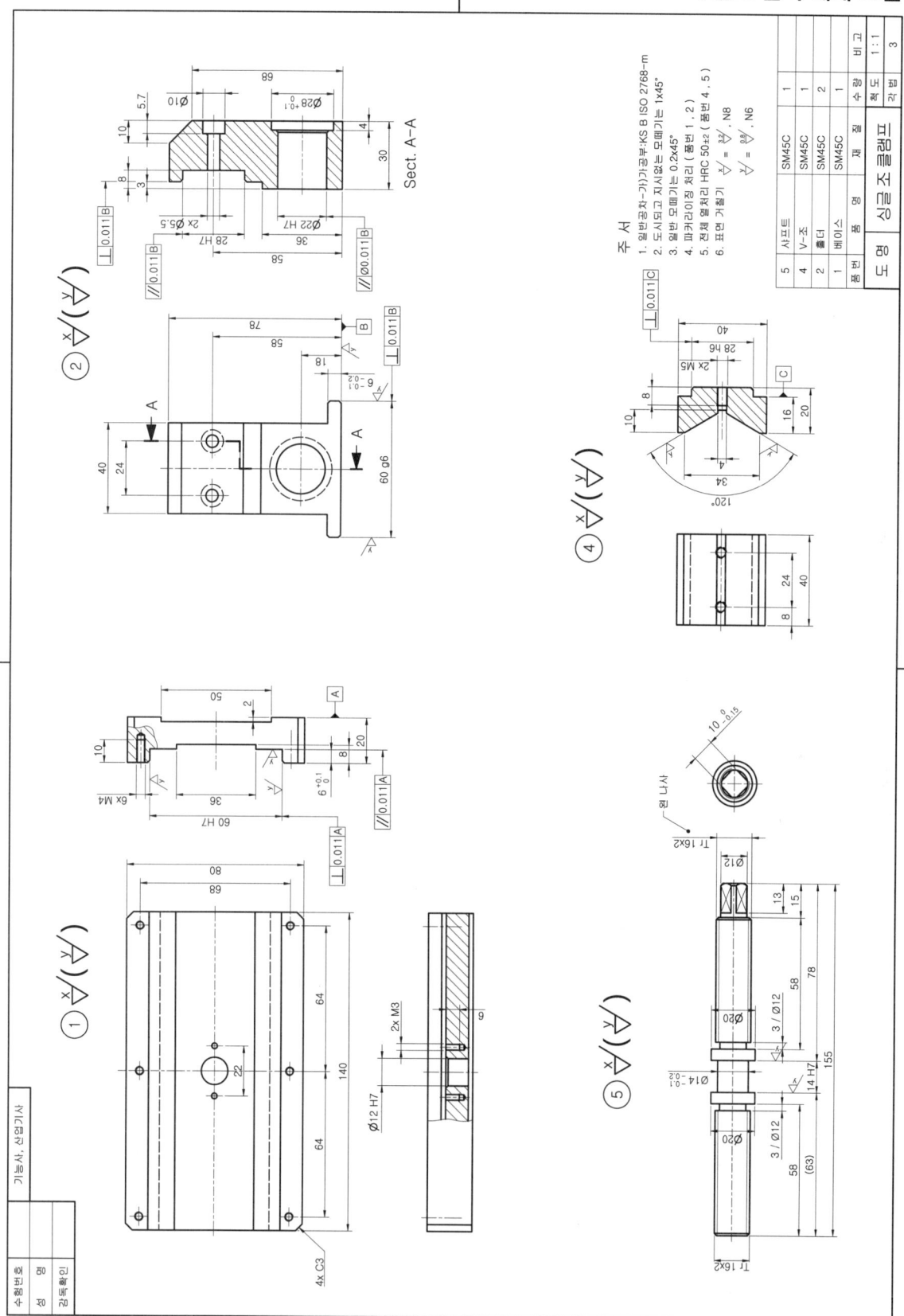

싱글 조 클램프

등각 분해도 예제 도면

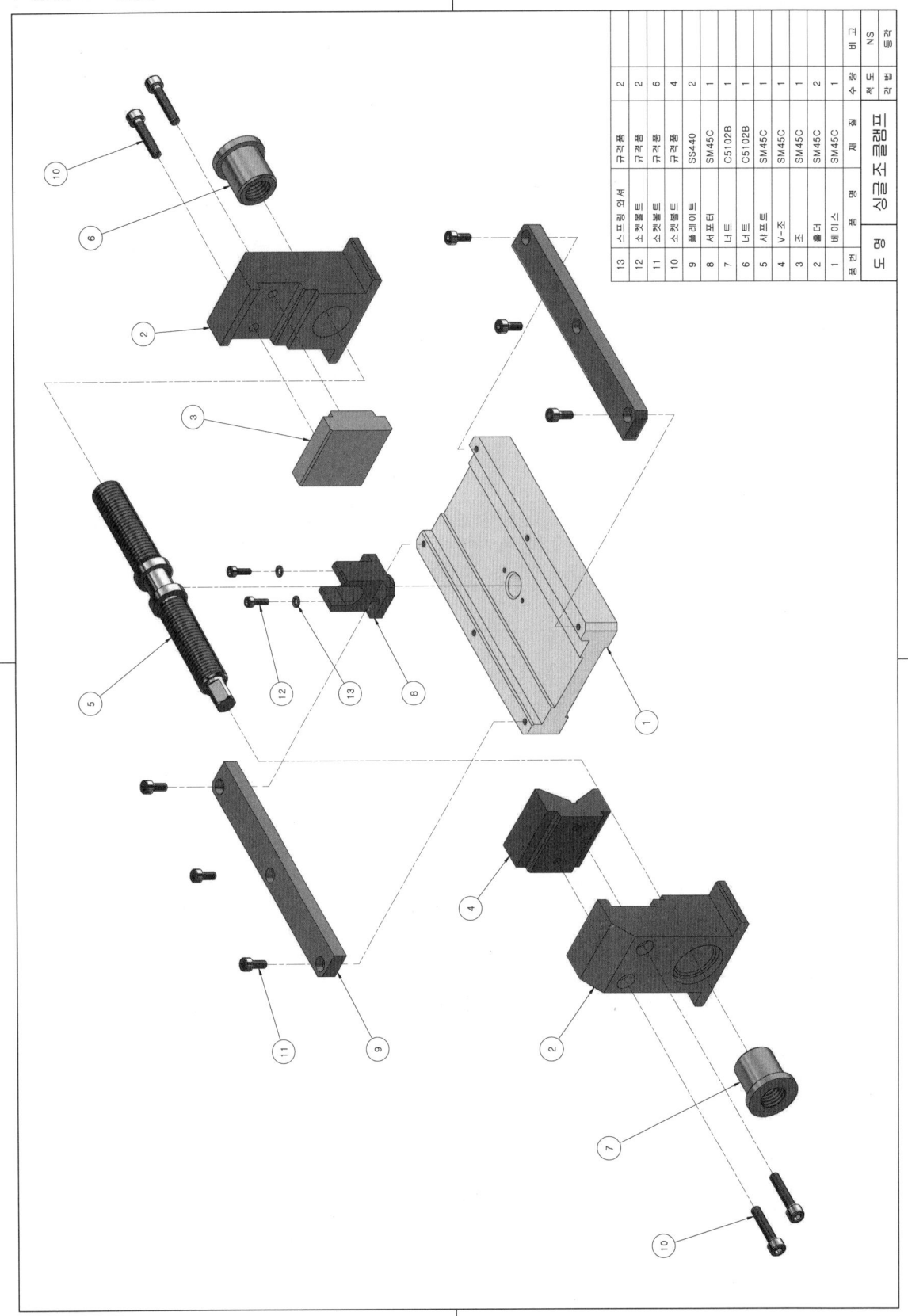

품번	품명	재질	수량	비고
1	베이스	SM45C	1	
2	홀더	SM45C	2	
3	조	SM45C	1	
4	V-조	SM45C	1	
5	샤프트	SM45C	1	
6	너트	C5102B	1	
7	너트	C5102B	1	
8	서포터	SM45C	1	
9	플레이트	SS440	2	
10	소켓볼트	규격품	4	
11	소켓볼트	규격품	6	
12	소켓볼트	규격품	2	
13	스프링 와셔	규격품	2	

| 싱글 조 클램프

등각 조립도 예제 도면

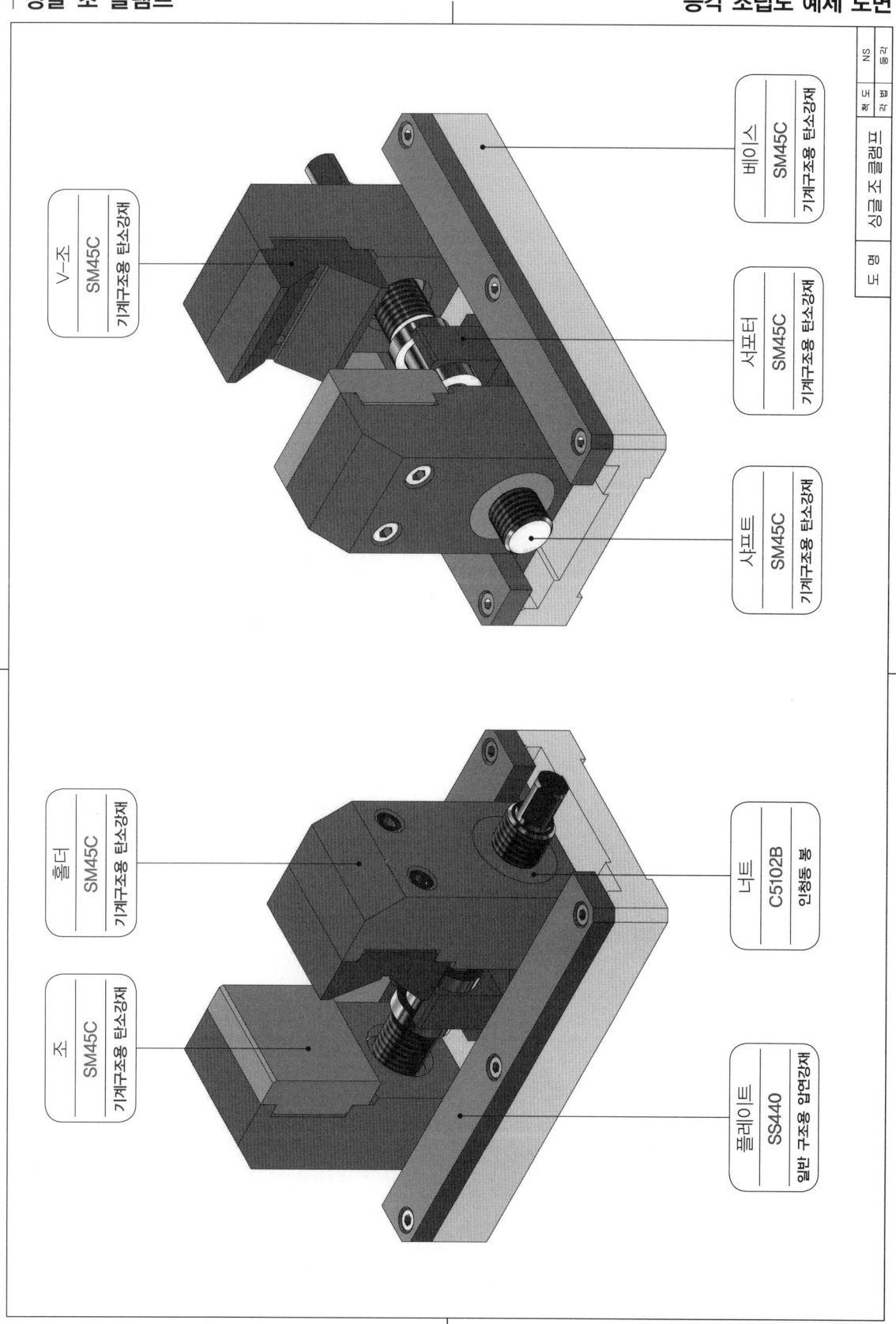

Lesson 03 밀링 클램프

과제도면

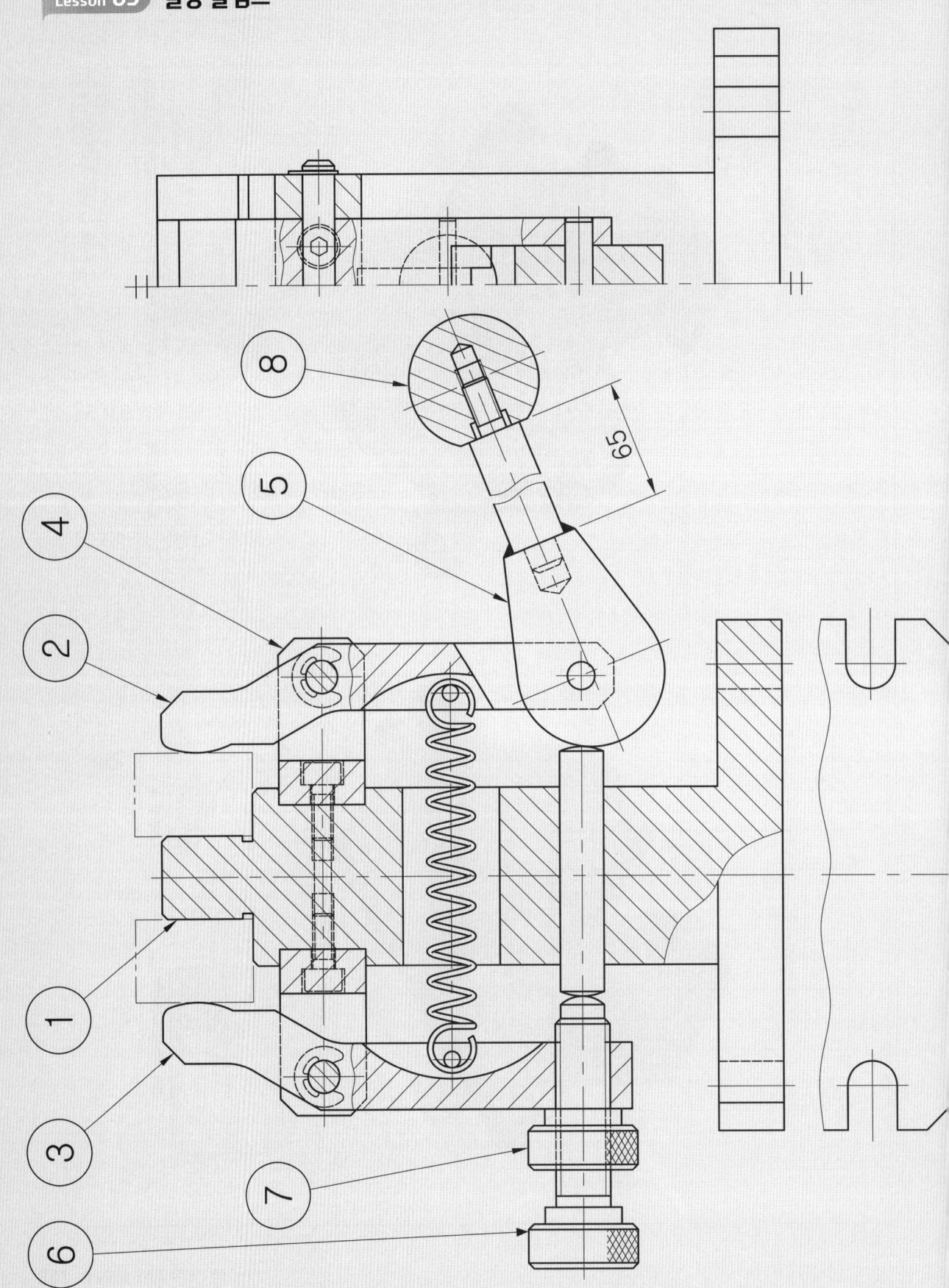

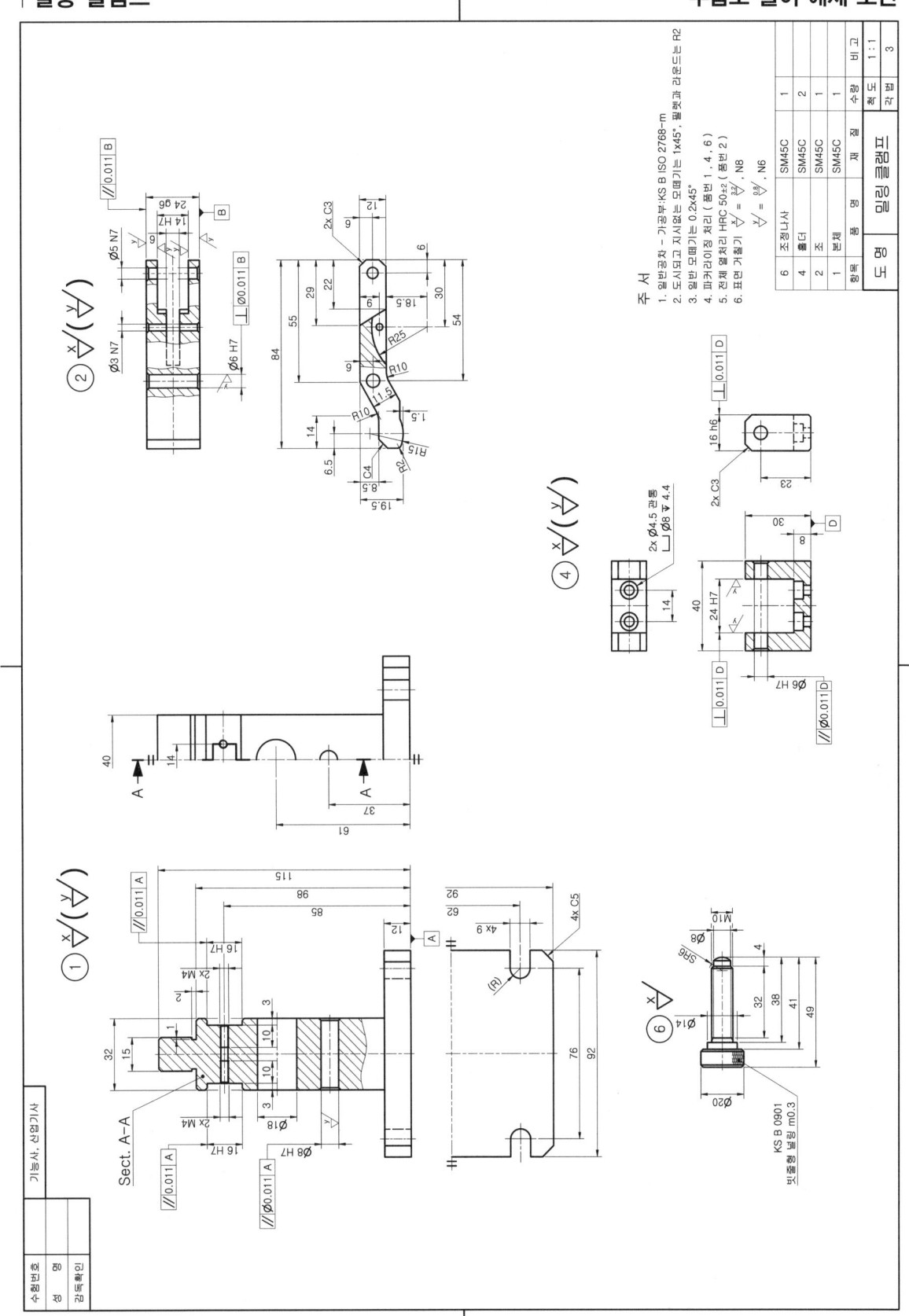

밀링 클램프

등각 분해도 예제 도면

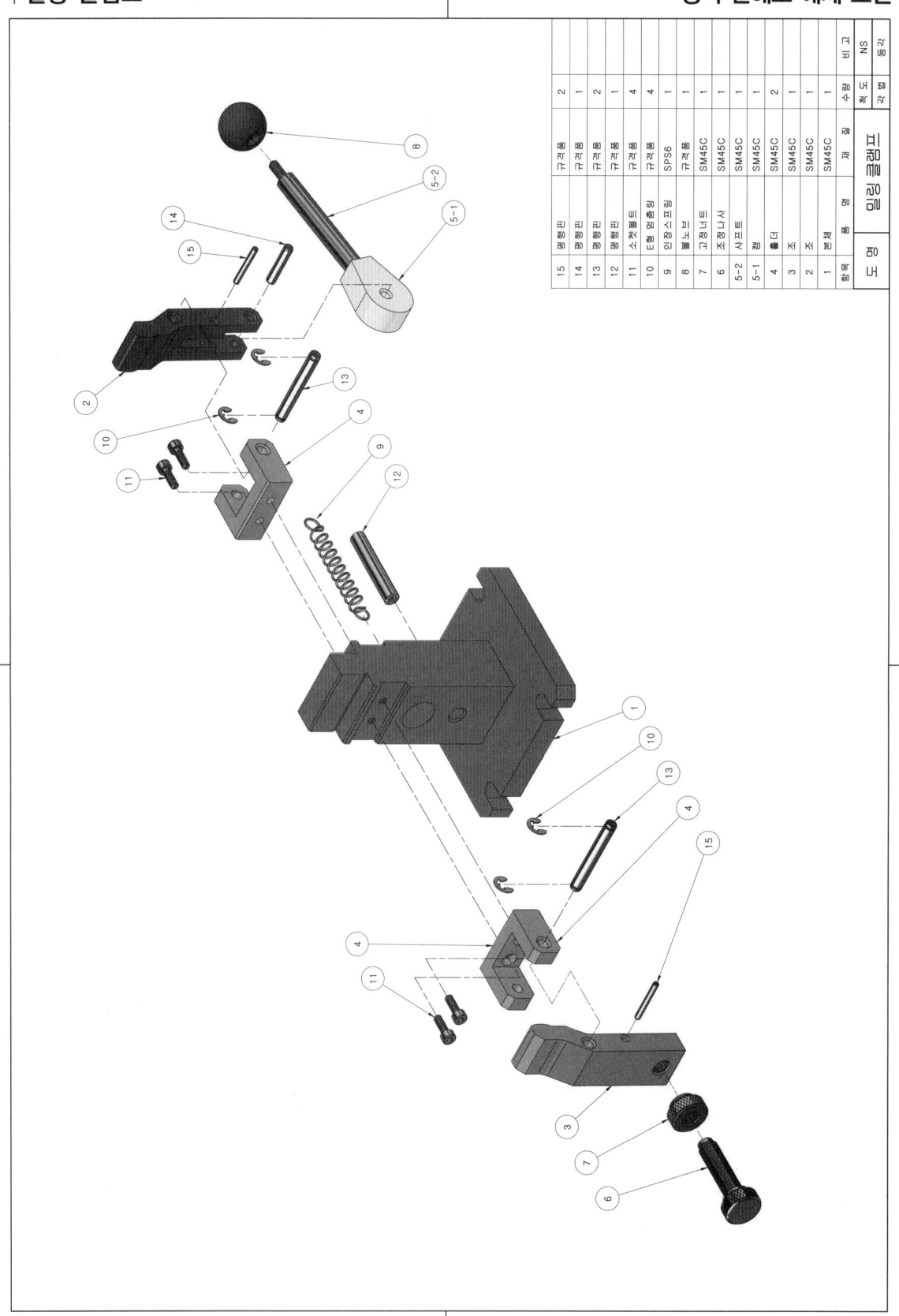

품번	품명	재질	수량	비고
1	본체	SM45C	1	
2	조	SM45C	1	
3	조	SM45C	1	
4	핀	SM45C	2	
5-1	시프트	SM45C	1	
5-2	조정나사	SM45C	1	
6	고정너트	SM45C	1	
7	볼노브	규격품	1	
8	인장스프링	SPS6	1	
9	인장스프링	규격품	1	
10	E형 멈춤링	규격품	4	
11	소켓볼트	규격품	4	
12	평행핀	규격품	1	
13	평행핀	규격품	2	
14	평행핀	규격품	1	
15	평행핀	규격품	2	

밀링 클램프

등각 조립도 예제 도면

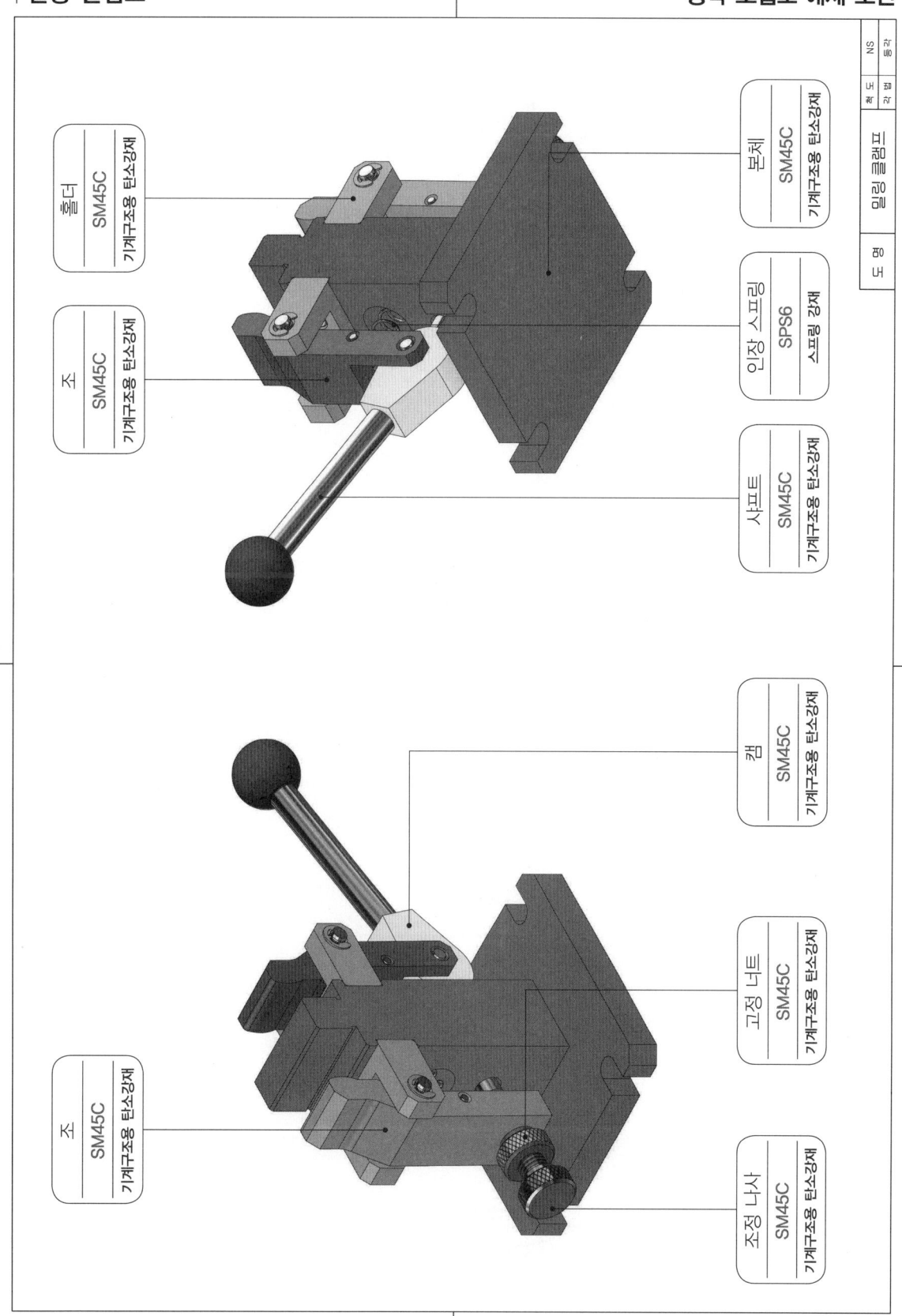

Lesson 04 밀링 고정구

과제도면

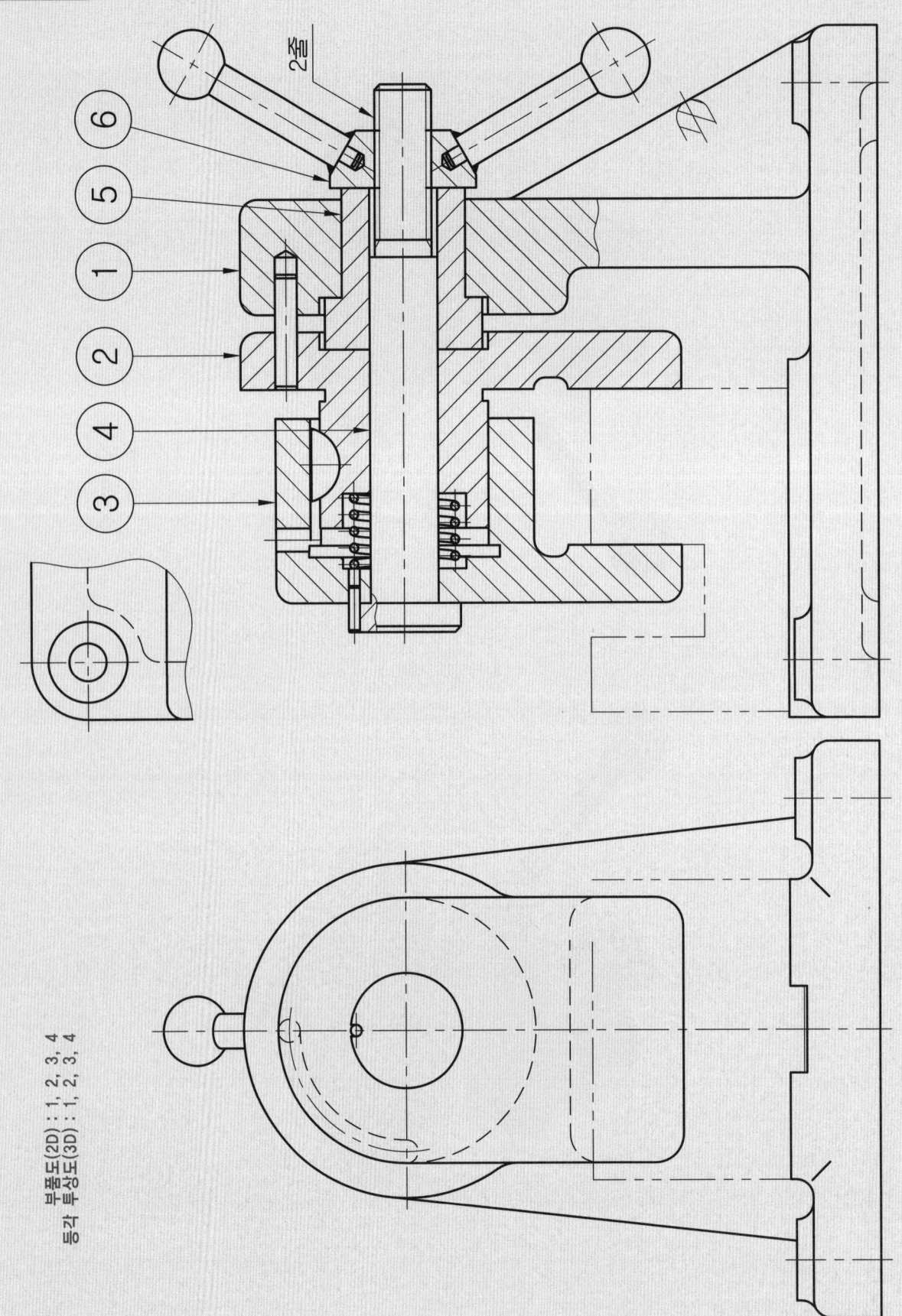

부품도(2D) : 1, 2, 3, 4
등각 투상도(3D) : 1, 2, 3, 4

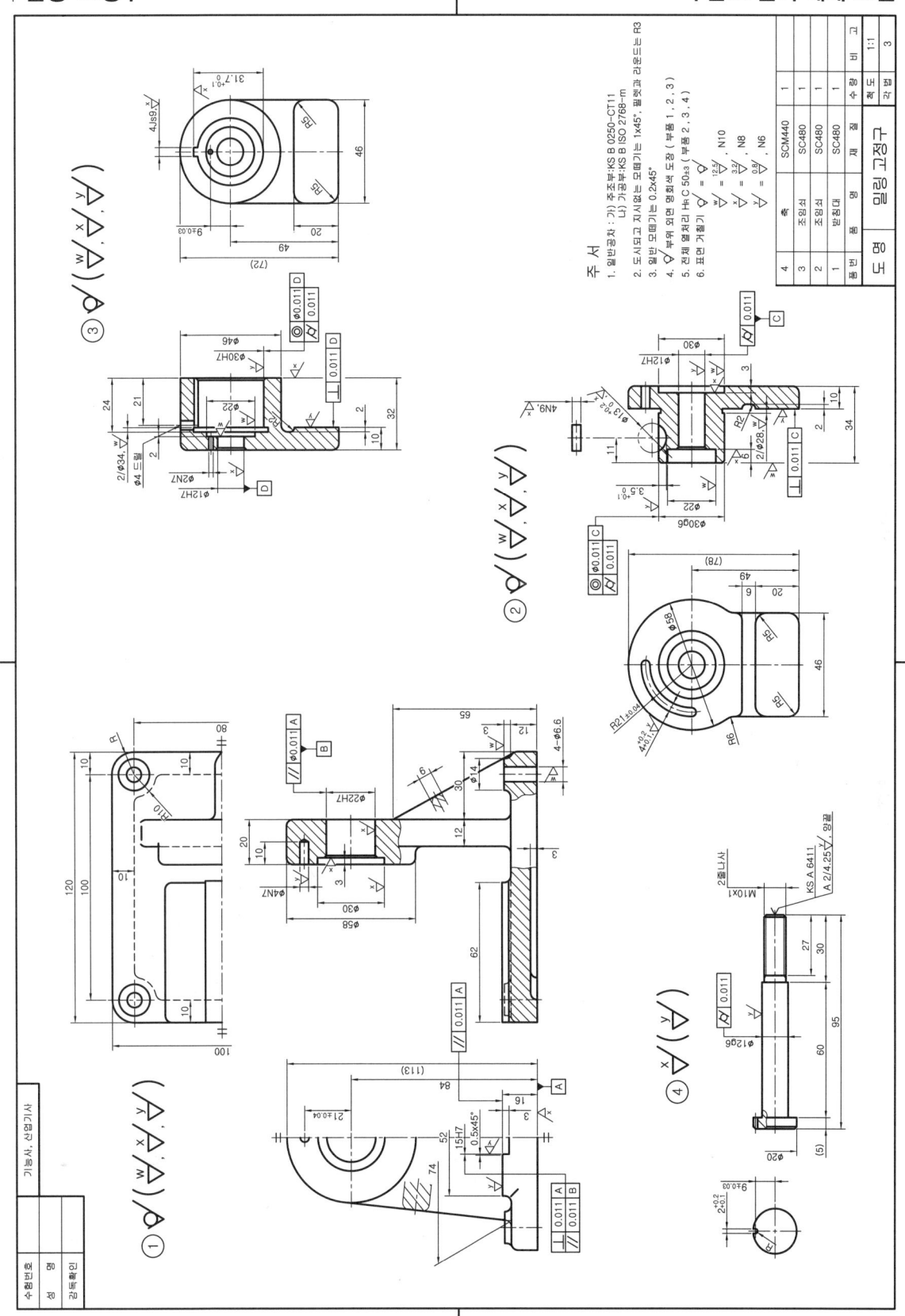

밀링 고정구

등각 분해도 예제 도면

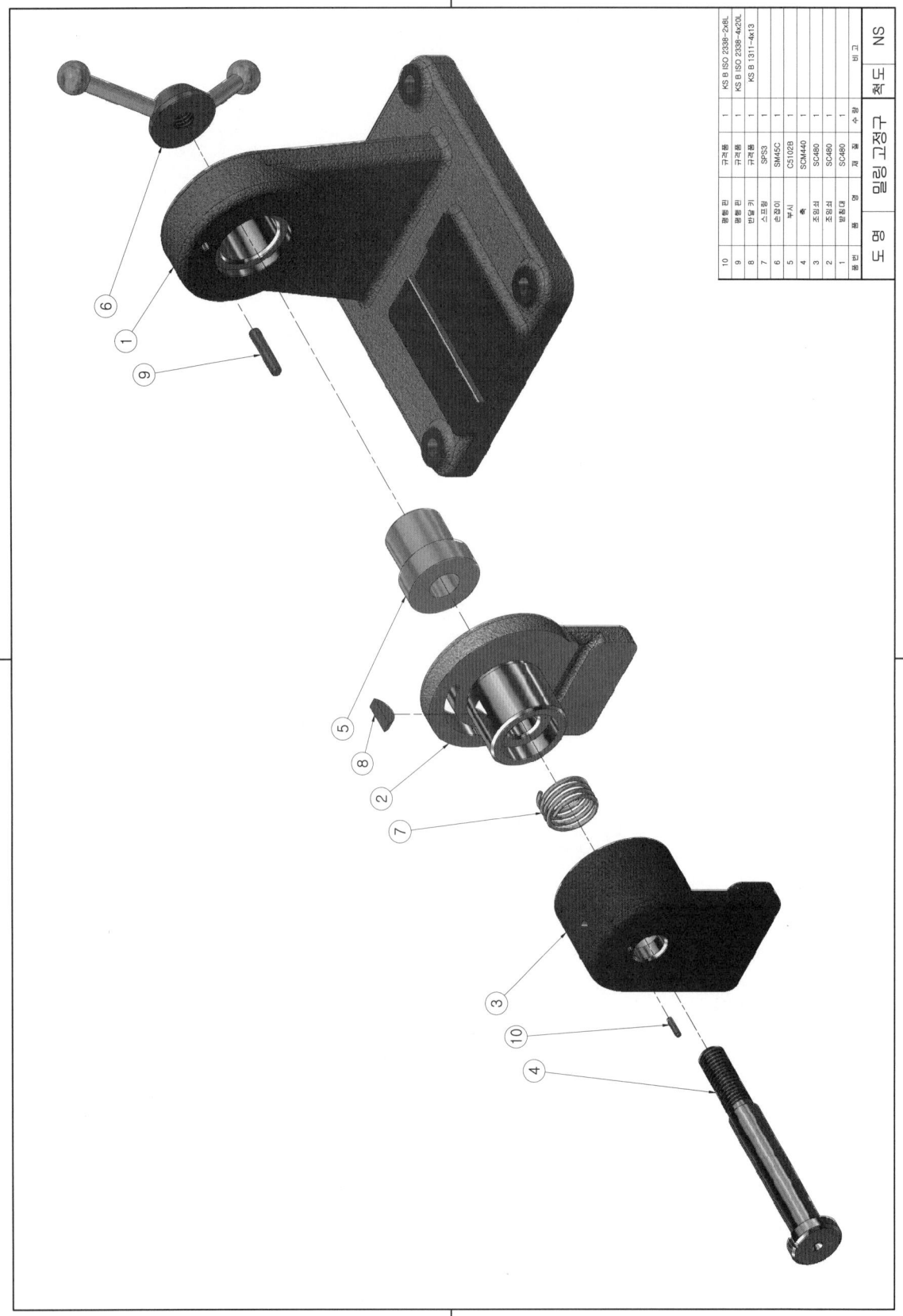

밀링 고정구

등각 조립도 예제 도면

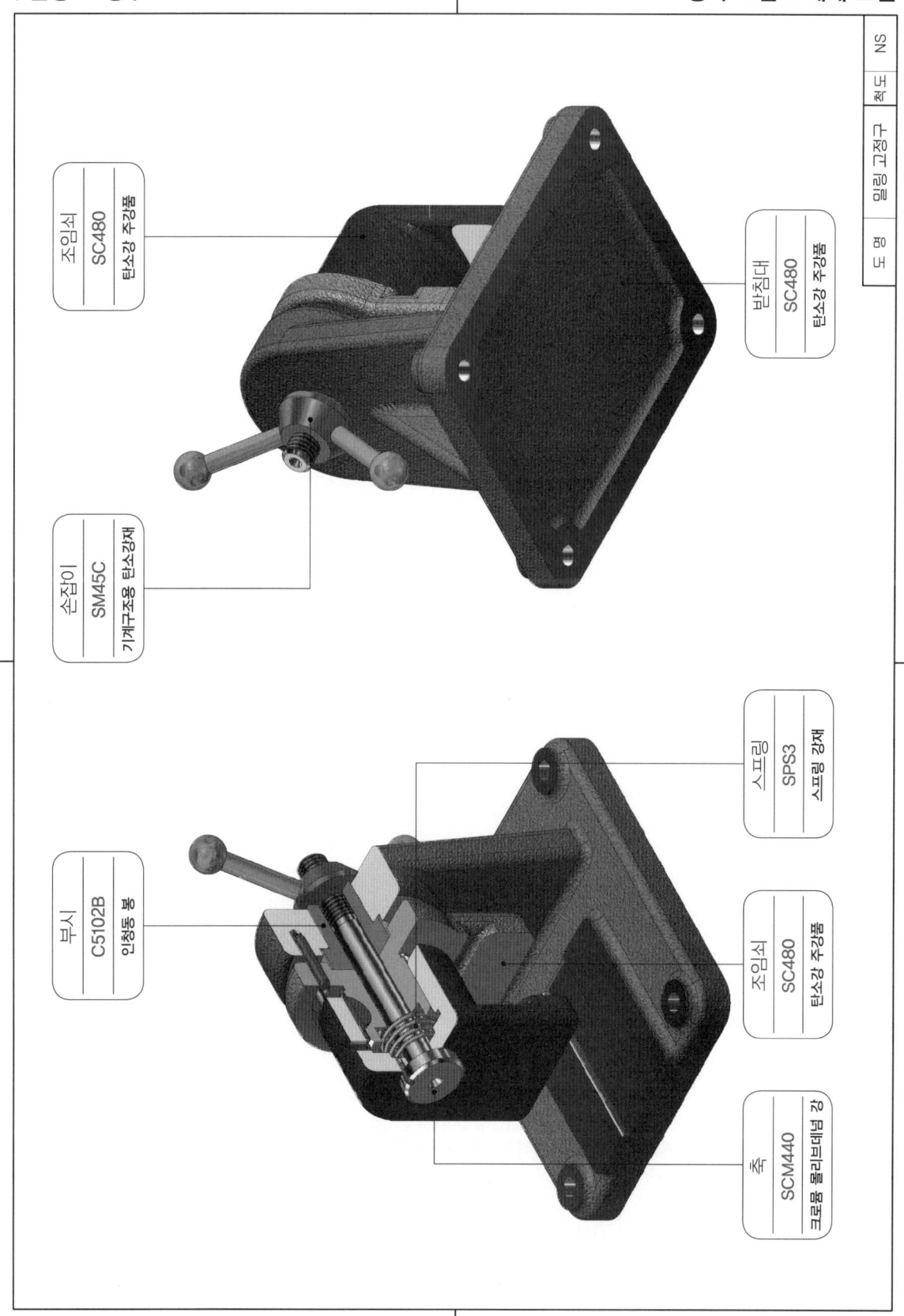

Lesson 05 바이스

과제도면

품목도(2D) : 1, 2, 3, 5
등각투상도(3D) : 1, 2, 3, 4, 5

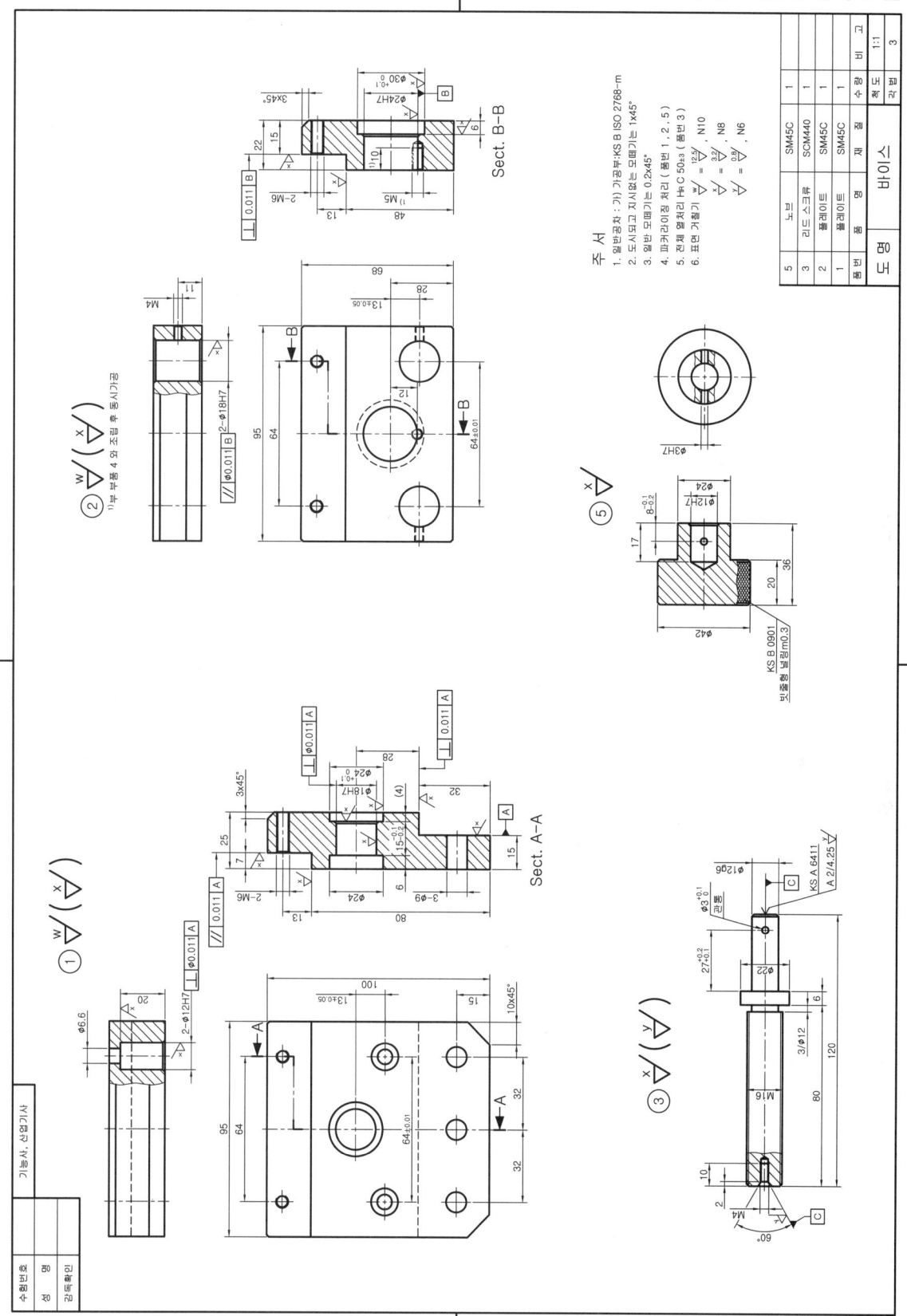

바이스

등각 분해도 예제 도면

품번	품명	재질	수량	비고
17	스프링와셔	규격품	2	KS B 1324-M6용
16	평행 핀	규격품	1	KS B ISO 2338-3x22L
15	멈춤나사 봉끝형	규격품	2	KS B 1028-M4x8L
14	멈춤나사 납작형	규격품	1	KS B 1028-M5x8L
13	소켓볼트	규격품	4	KS B 1003-M4x10L
12	소켓볼트	규격품	1	KS B 1003-M6x12L
11	소켓볼트	규격품	2	KS B 1003-M6x15L
10	스토퍼	SM45C	1	
9	플레이트	SM45C	2	
8	부시	C5102B	2	
7	가이드 포스트	SM45C	1	
6	부시	C5102B	1	
5	록크	SCM440	1	
4	스크류	SM45C	1	
3	스크류	SM45C	1	
2	플레이트	SM45C	1	
1	베이스	SM45C	1	
품번	품명	재질	수량	비고

도명: 바이스 / 척도: NS

| 바이스

등각 조립도 예제 도면

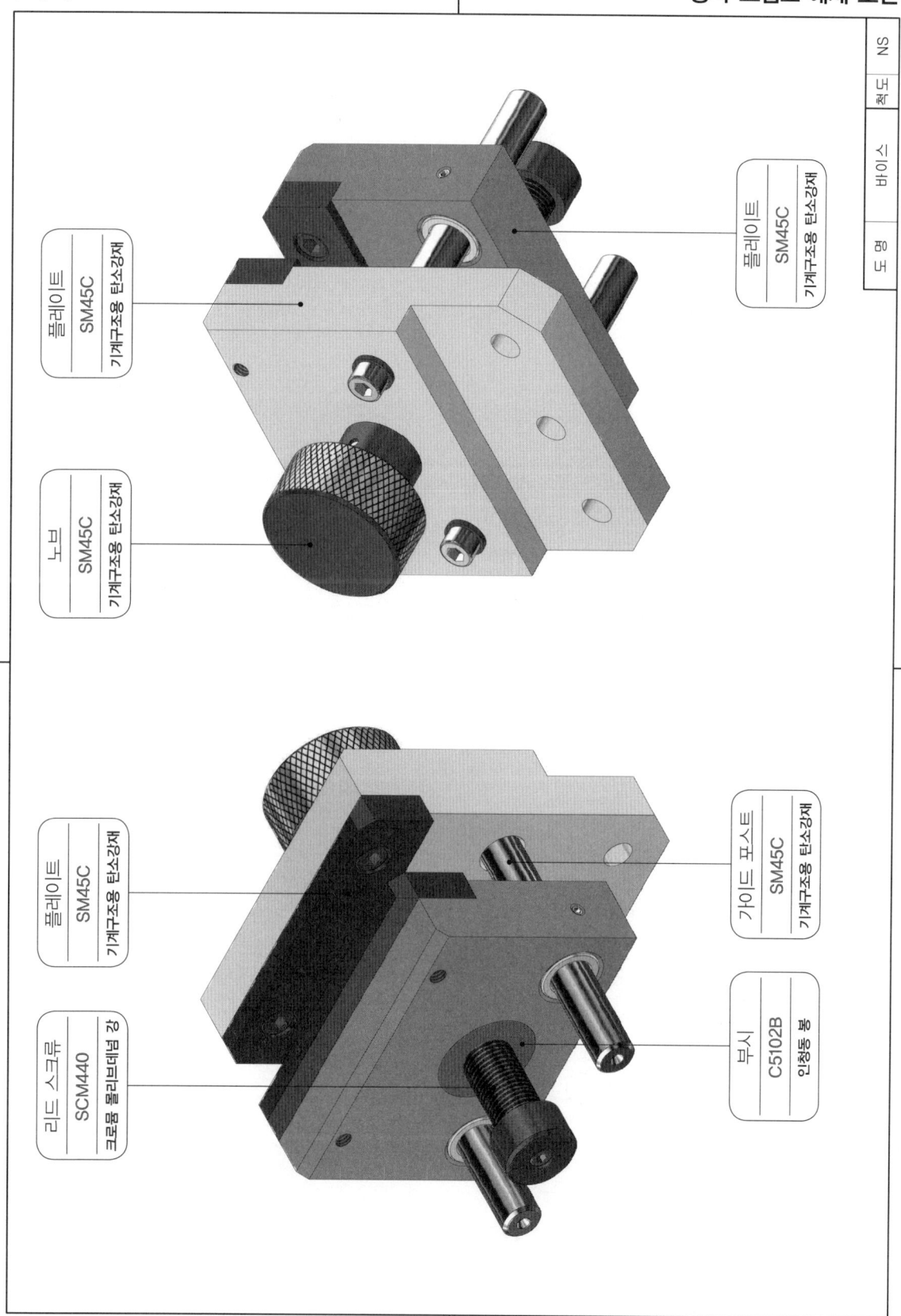

Lesson 06 드릴지그-1

과제도면

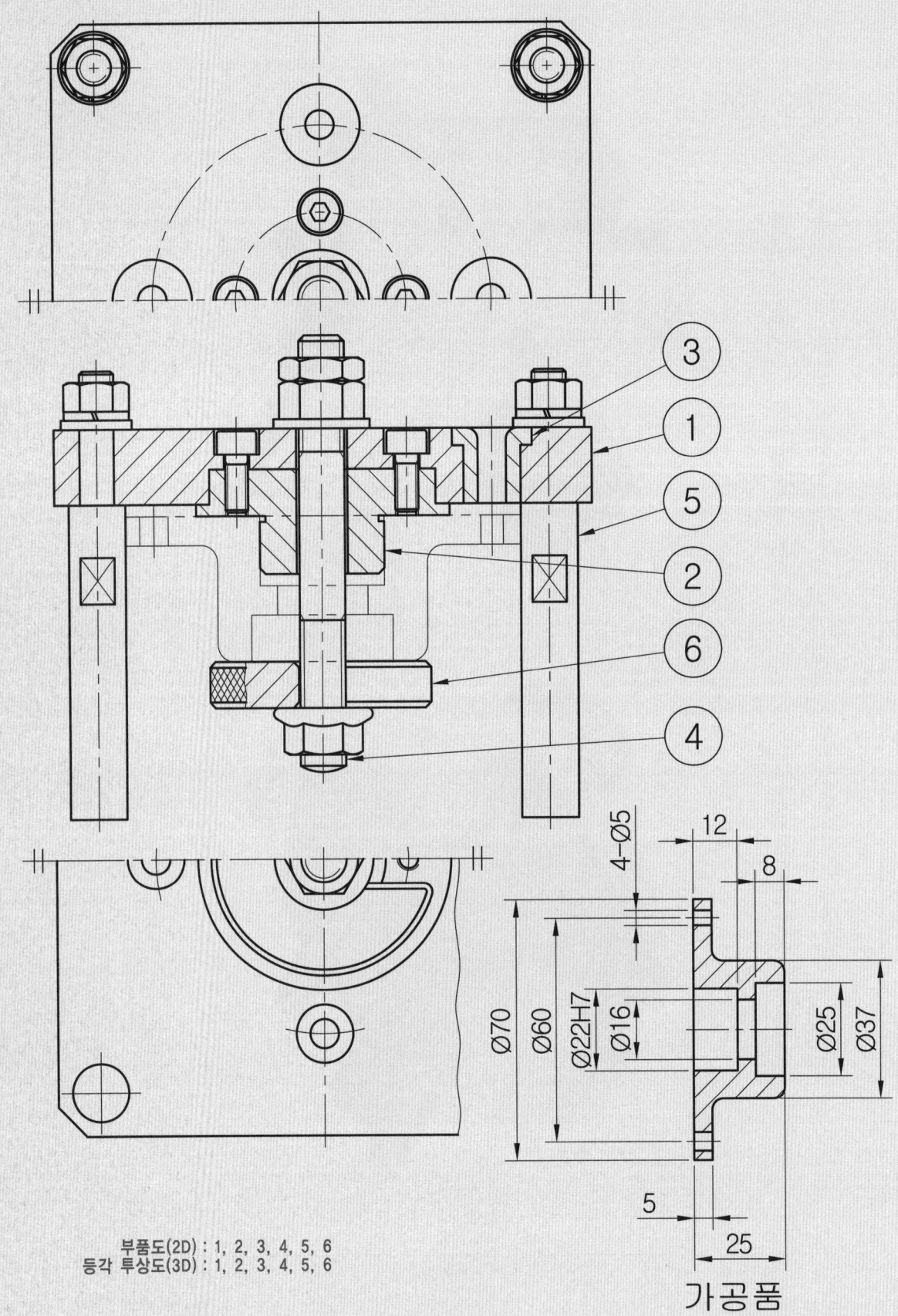

부품도(2D) : 1, 2, 3, 4, 5, 6
등각 투상도(3D) : 1, 2, 3, 4, 5, 6

가공품

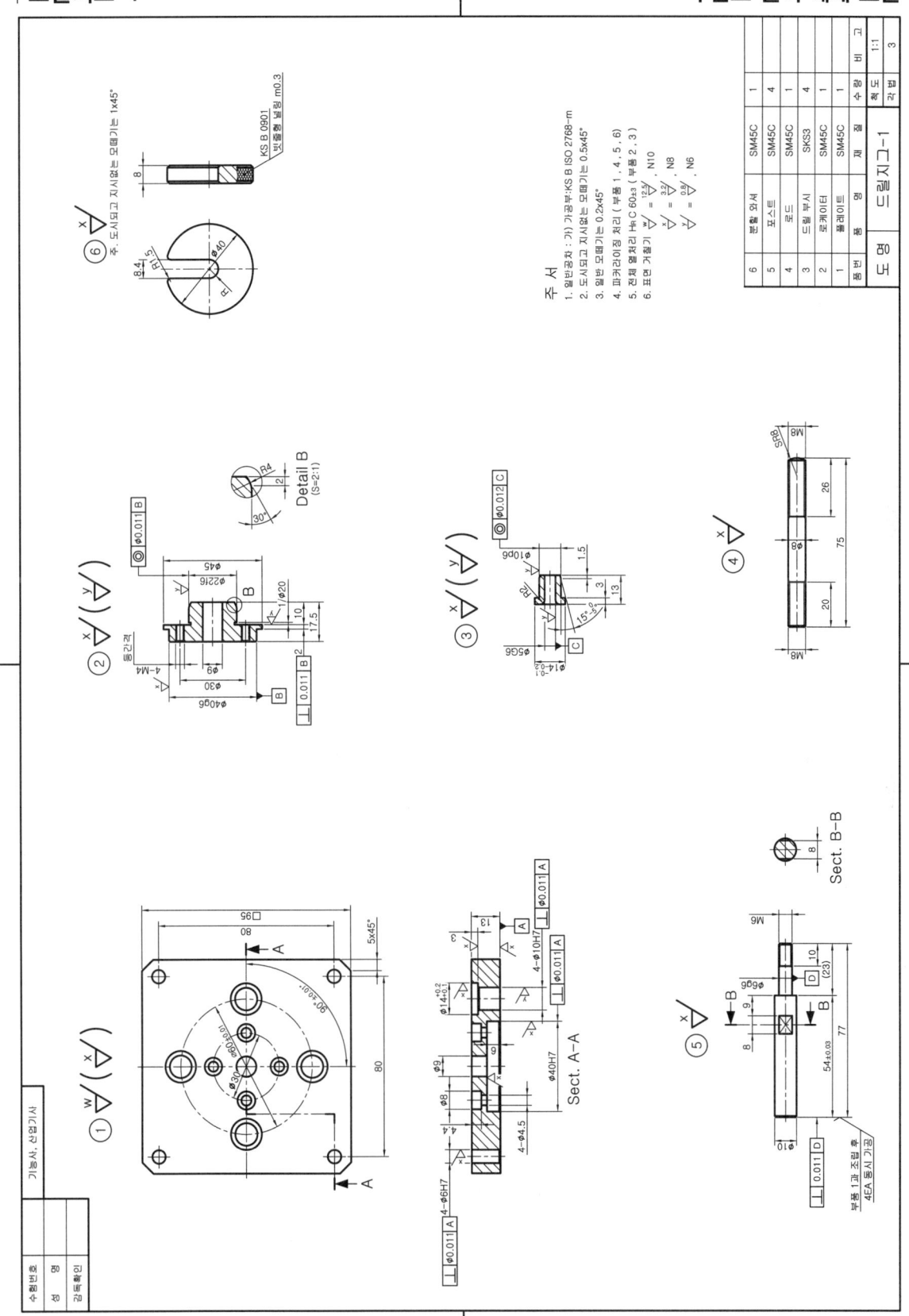

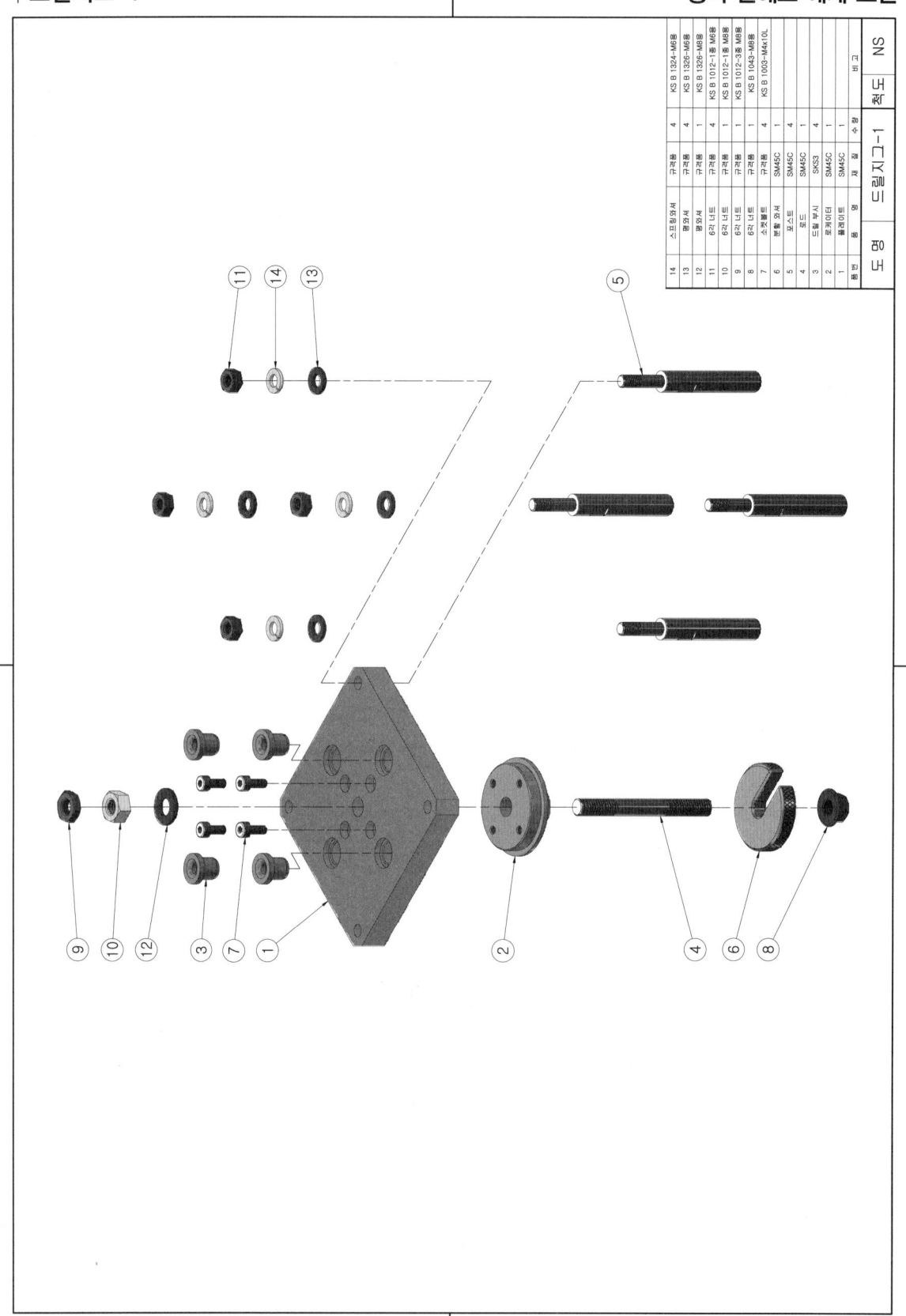

| 드릴지그-1

등각 조립도 예제 도면

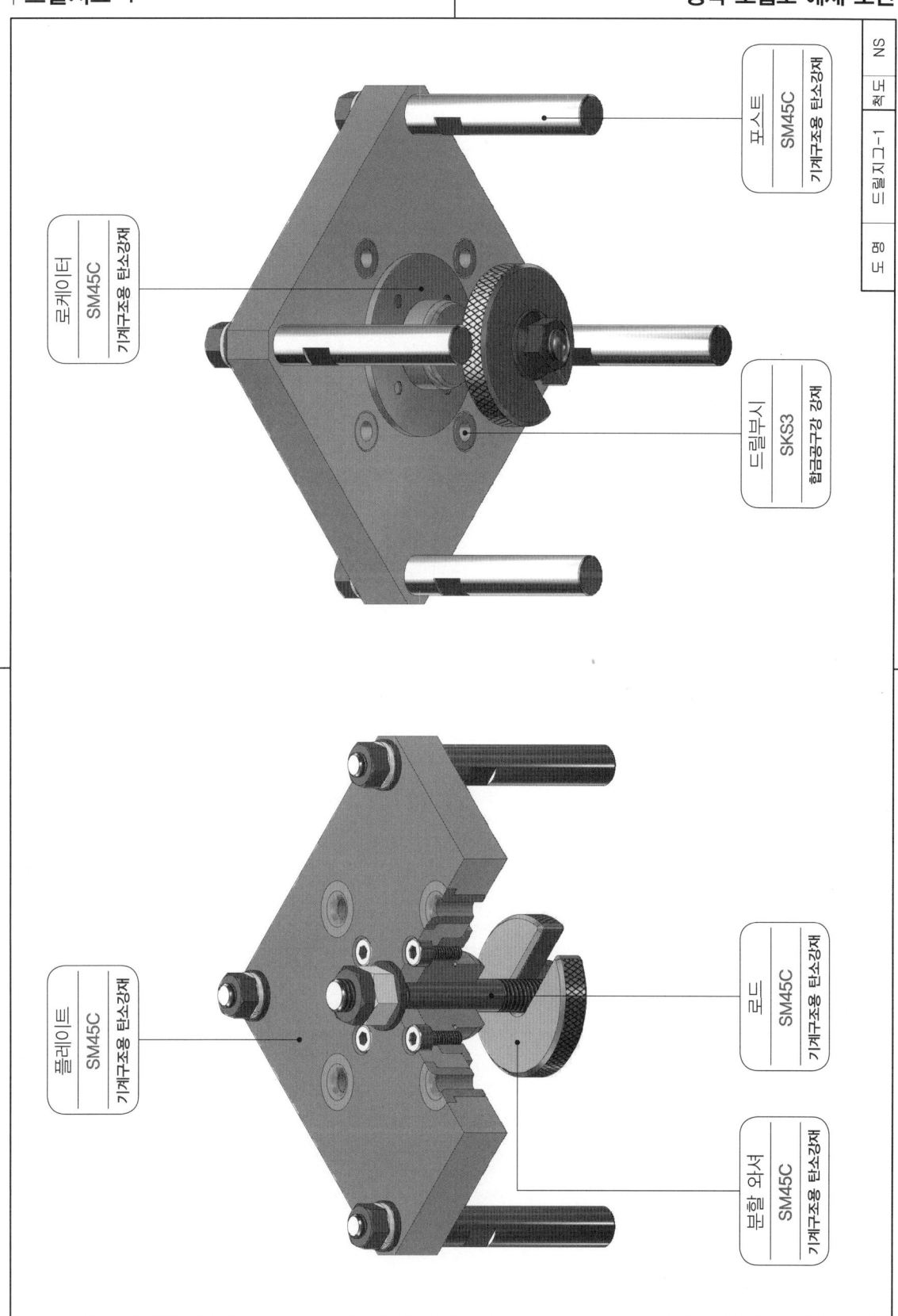

Lesson 07 드릴지그-2

과제도면

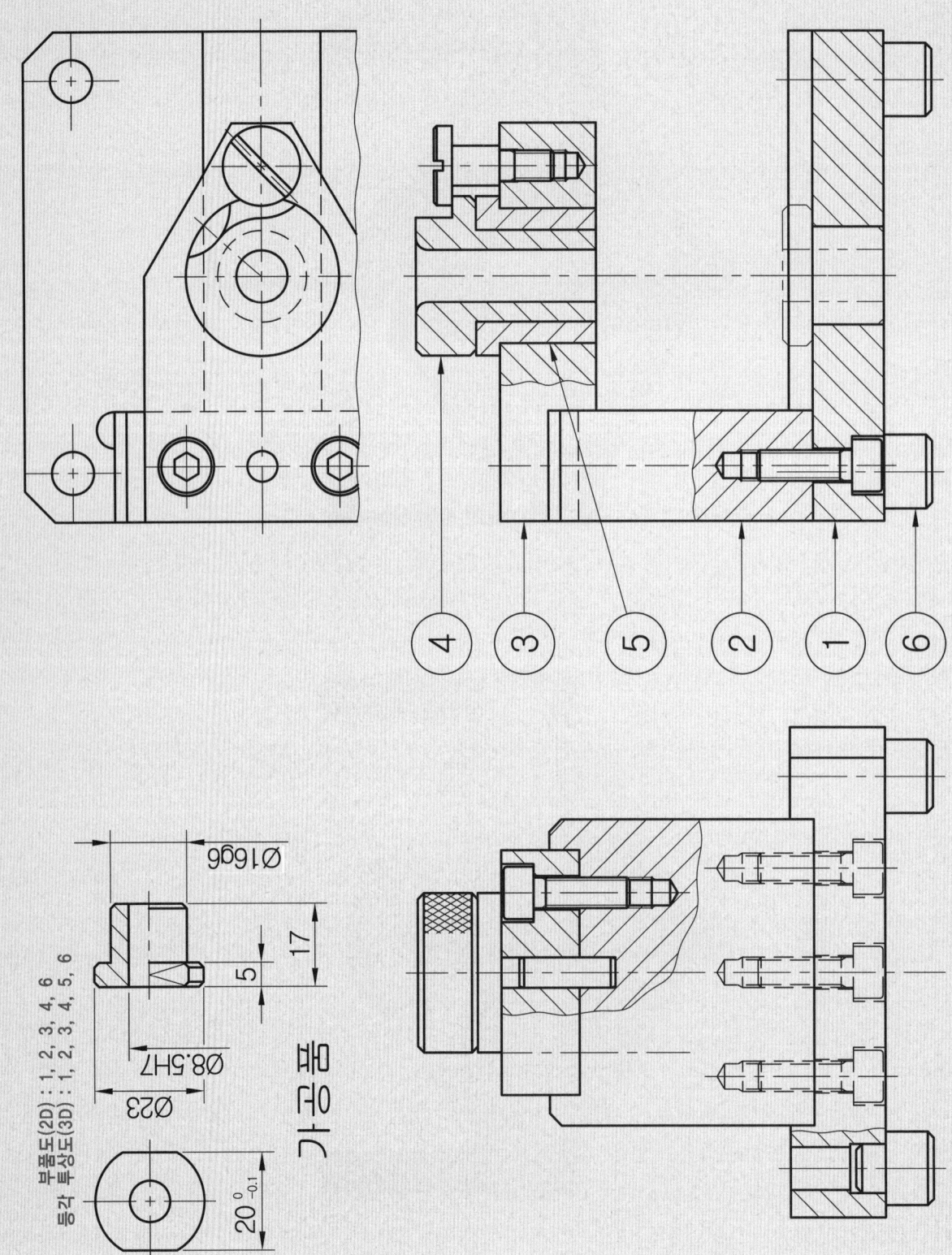

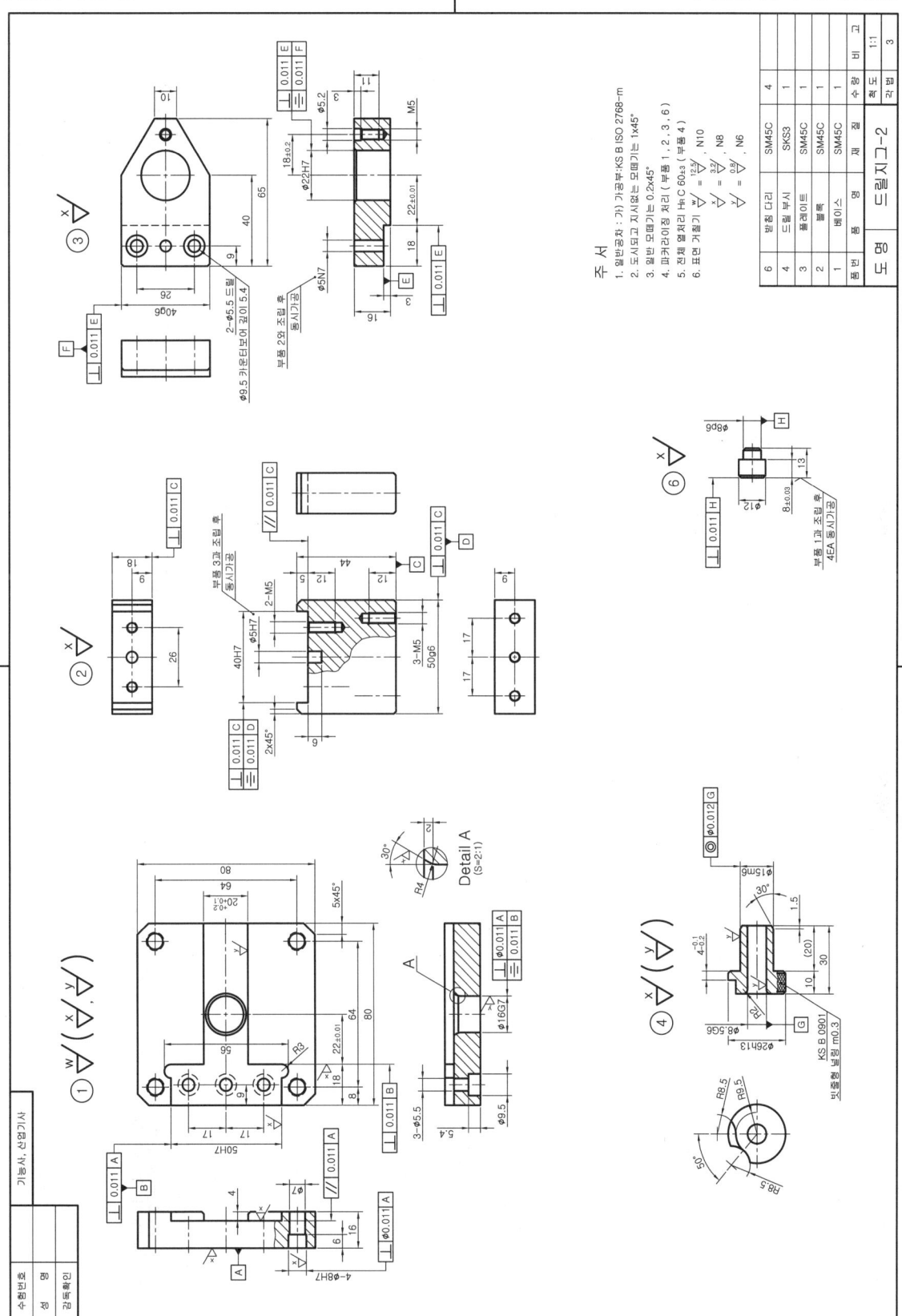

| 드릴지그-2 | 등각 분해도 예제 도면

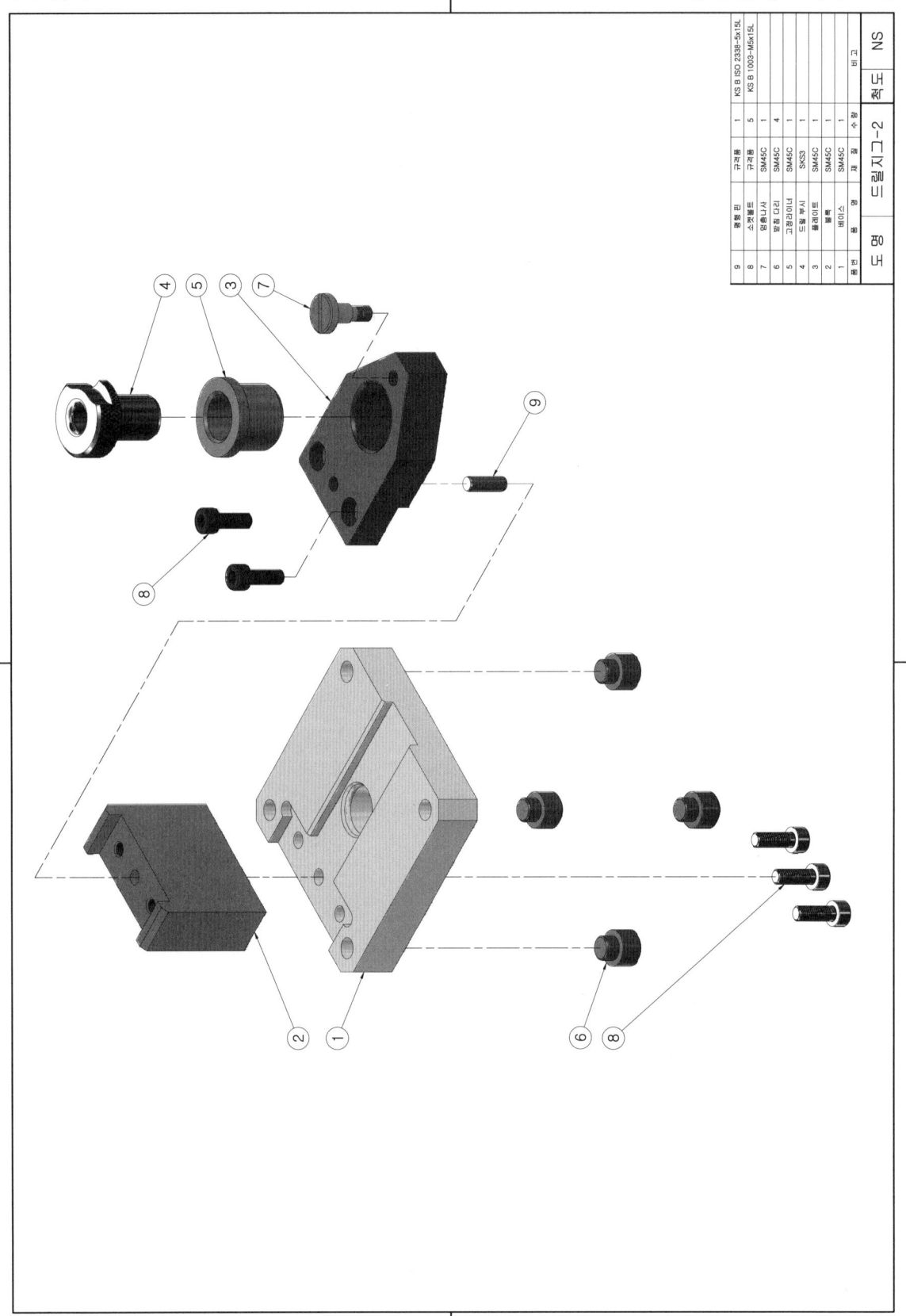

| 드릴지그-2

등각 조립도 예제 도면

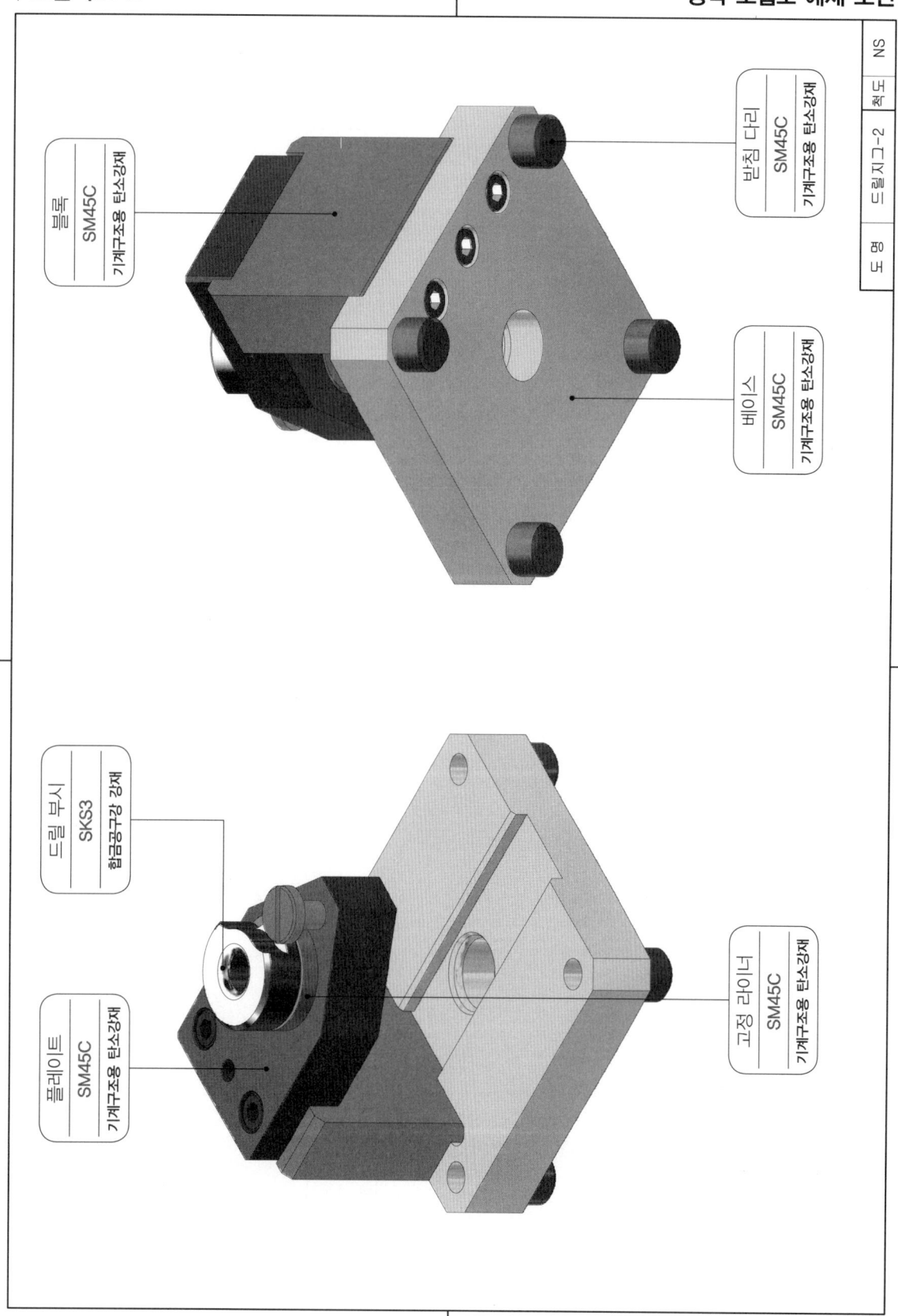

Lesson 08 드릴지그-3

부품도(2D) : 1, 2, 3, 4, 5
등각투상도(3D) : 1, 2, 3, 4, 5, 8

가공품

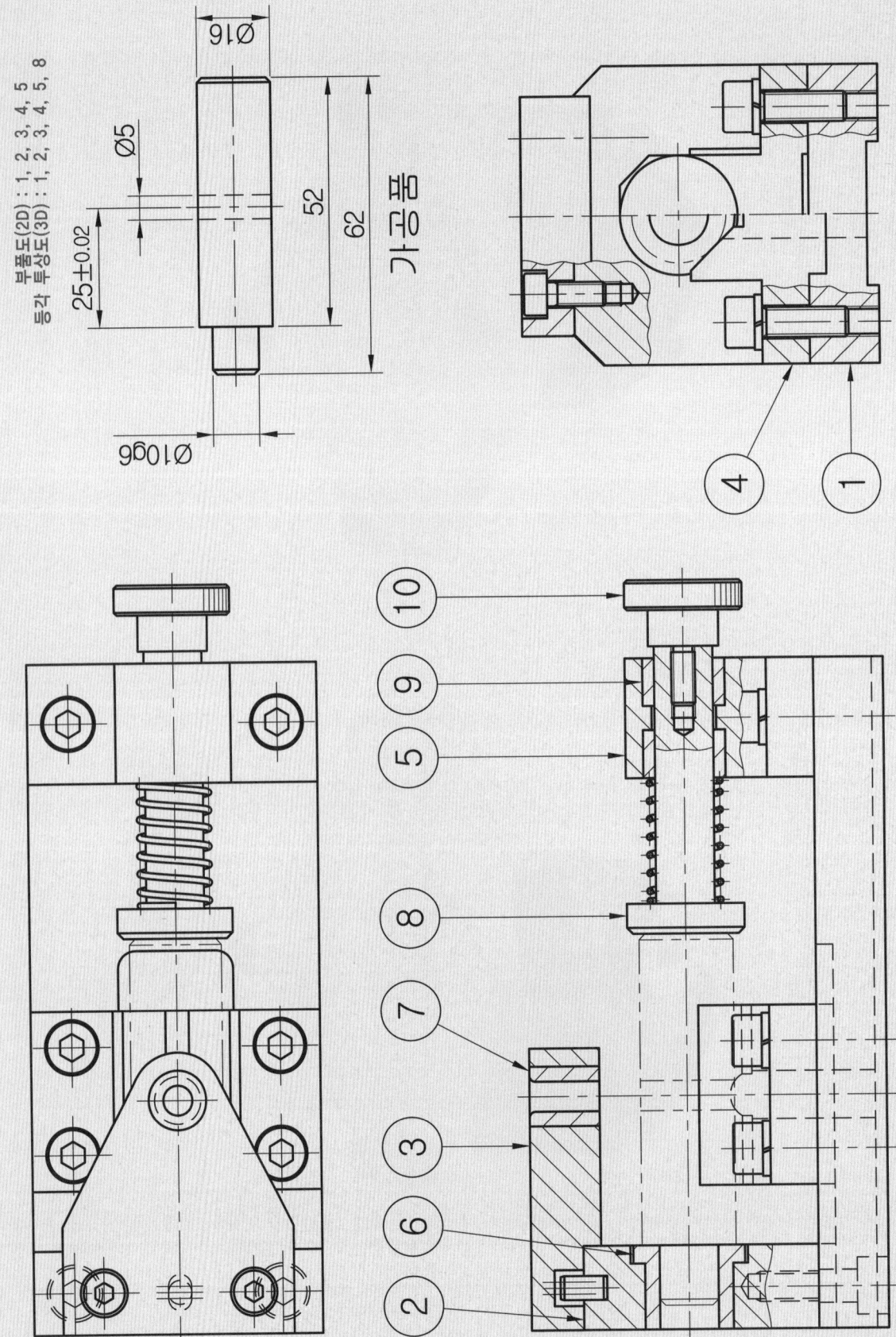

드릴지그-3

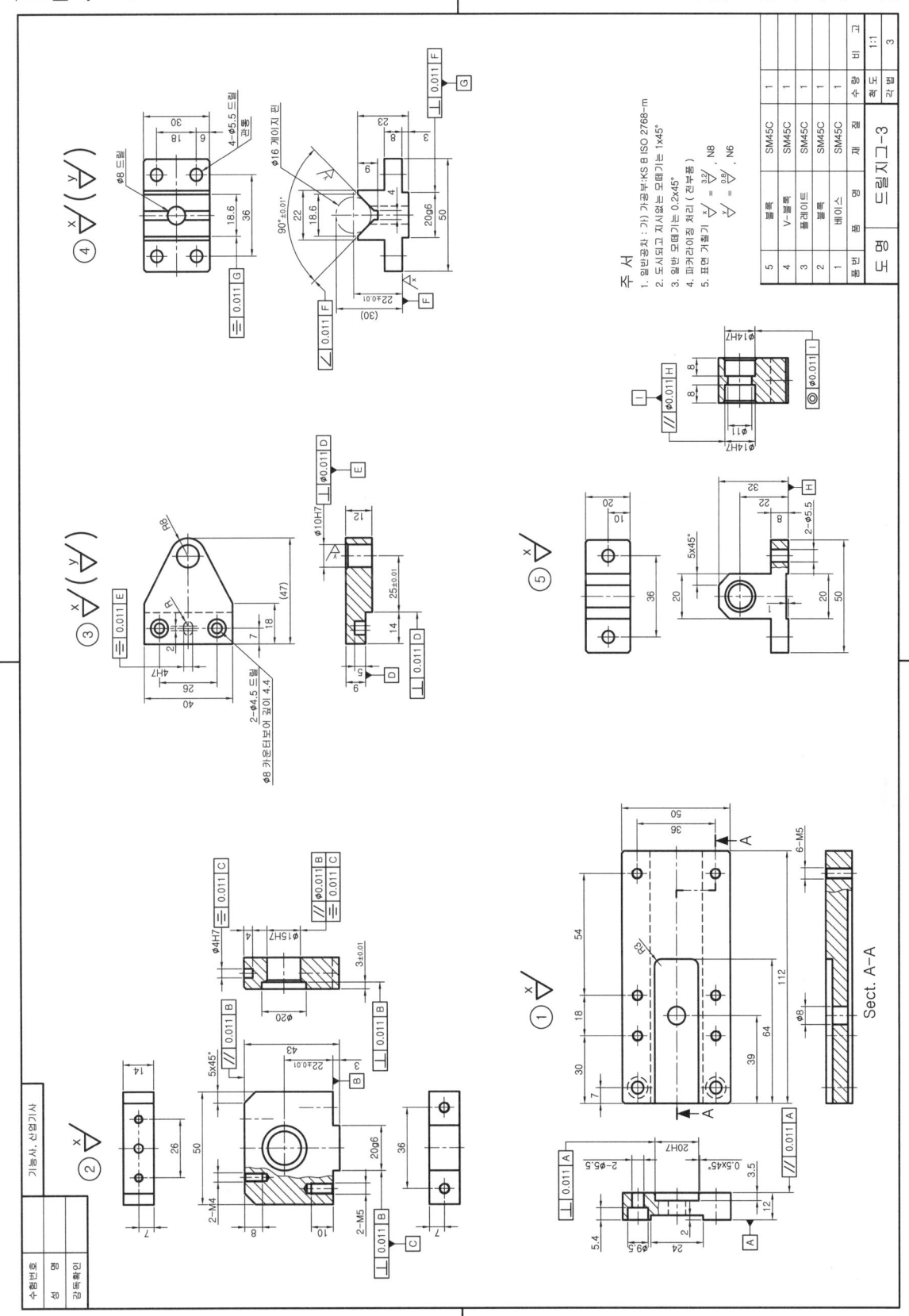

드릴지그-3

등각 분해도 예제 도면

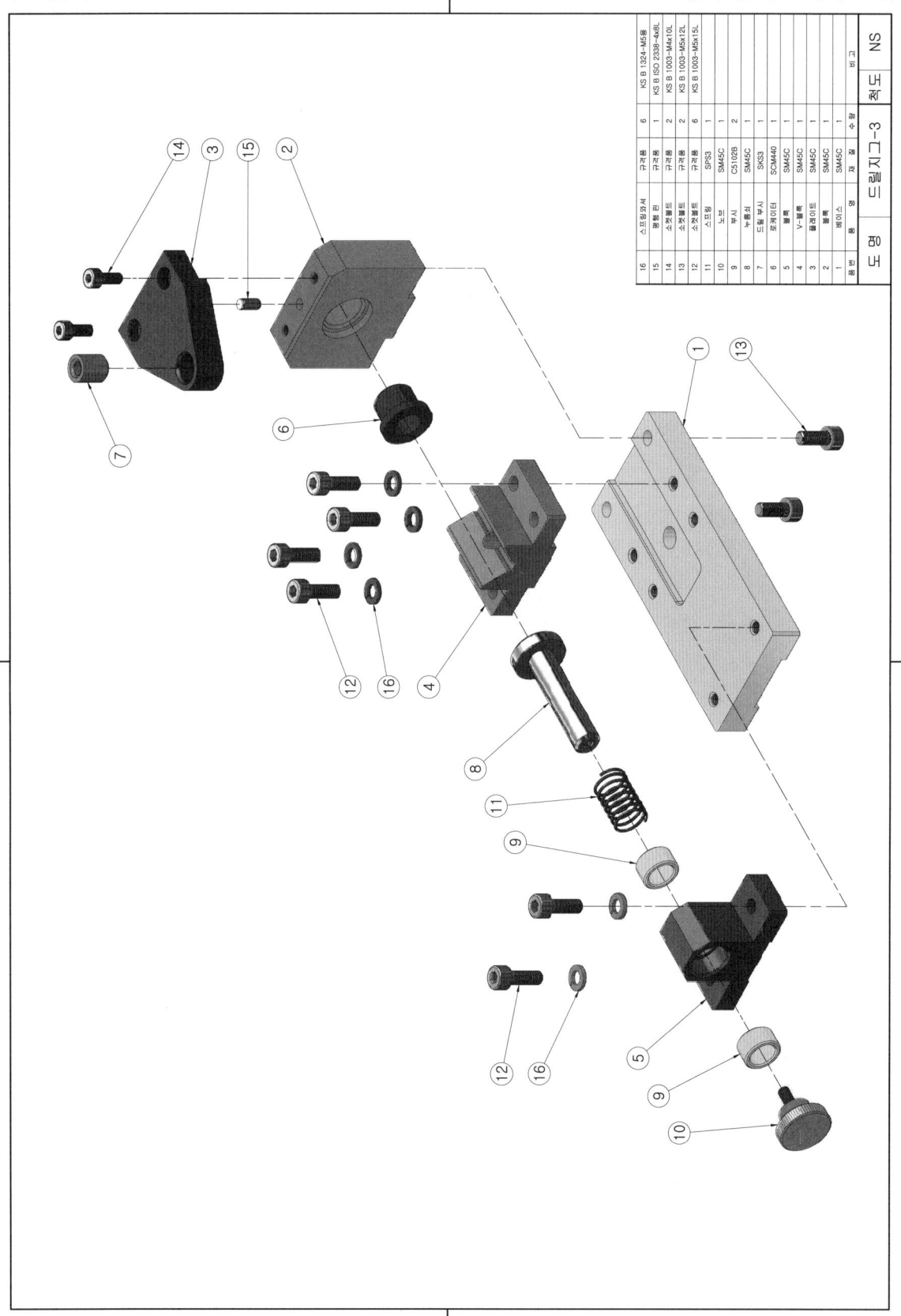

품번	품명	재질	수량	규격
1	베이스	SM45C	1	
2	몸체	SM45C	1	
3	플레이트	SM45C	1	
4	V-블록	SM45C	1	
5	가이드	SCM440	1	
6	부시	SKS3	1	
7	칼라	SM45C	1	
8	샤프트	C5102B	1	
9	부시	SM45C	2	
10	노브	SM45C	1	
11	스프링	SPS3	1	
12	소켓볼트	규격품	6	KS B 1003-M5x15L
13	소켓볼트	규격품	2	KS B 1003-M5x12L
14	소켓볼트	규격품	2	KS B 1003-M4x10L
15	평행핀	규격품	1	KS B ISO 2338-4x8L
16	스프링와셔	규격품	6	KS B 1324-M5용

도명: 드릴지그-3 척도: NS 도번:

드릴지그-3

등각 조립도 예제 도면

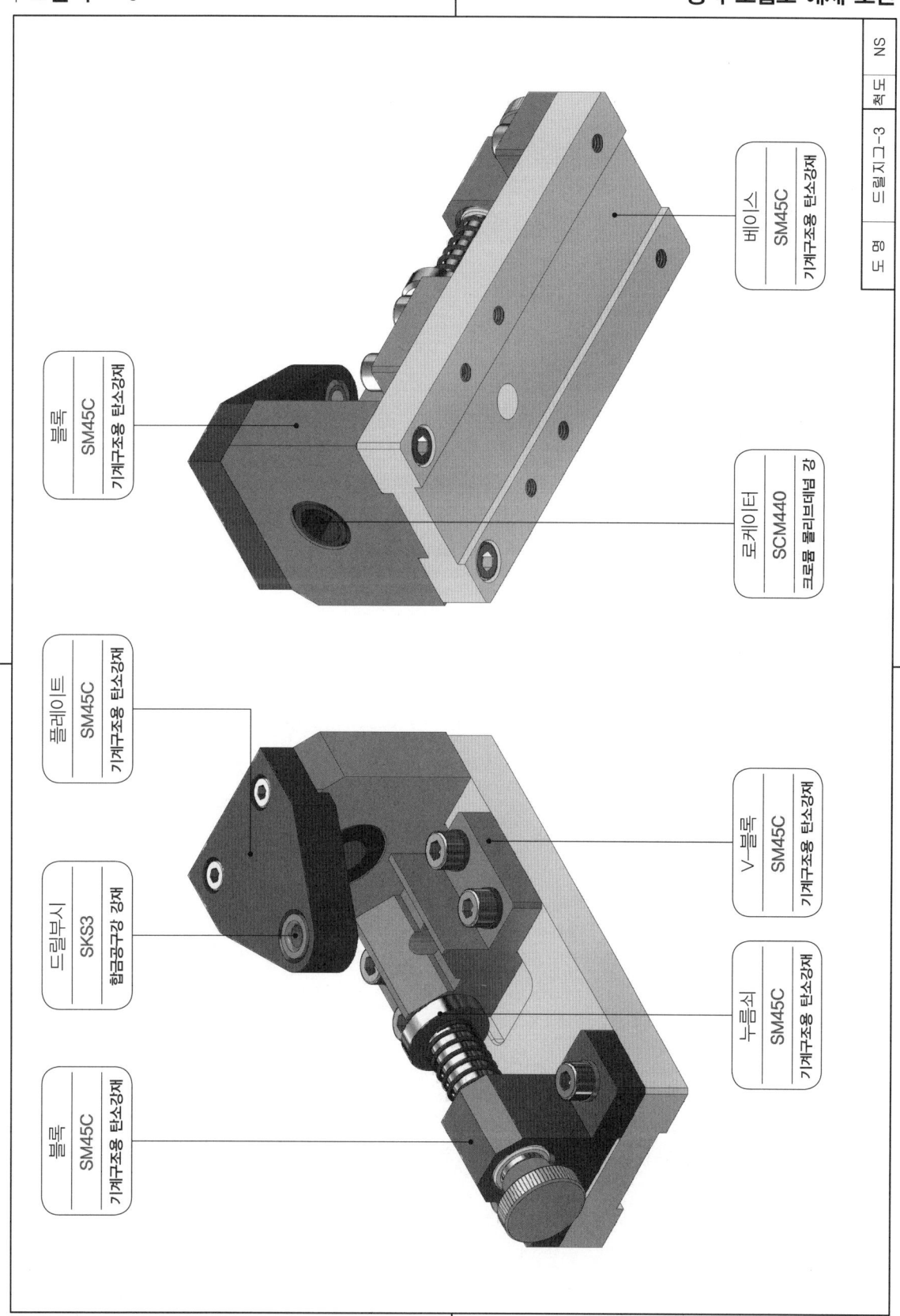

Lesson 09 드릴지그-4

과제도면

부품도(2D) : 1, 3, 5, 6, 8
등각투상도(3D) : 1, 2, 3, 4, 6

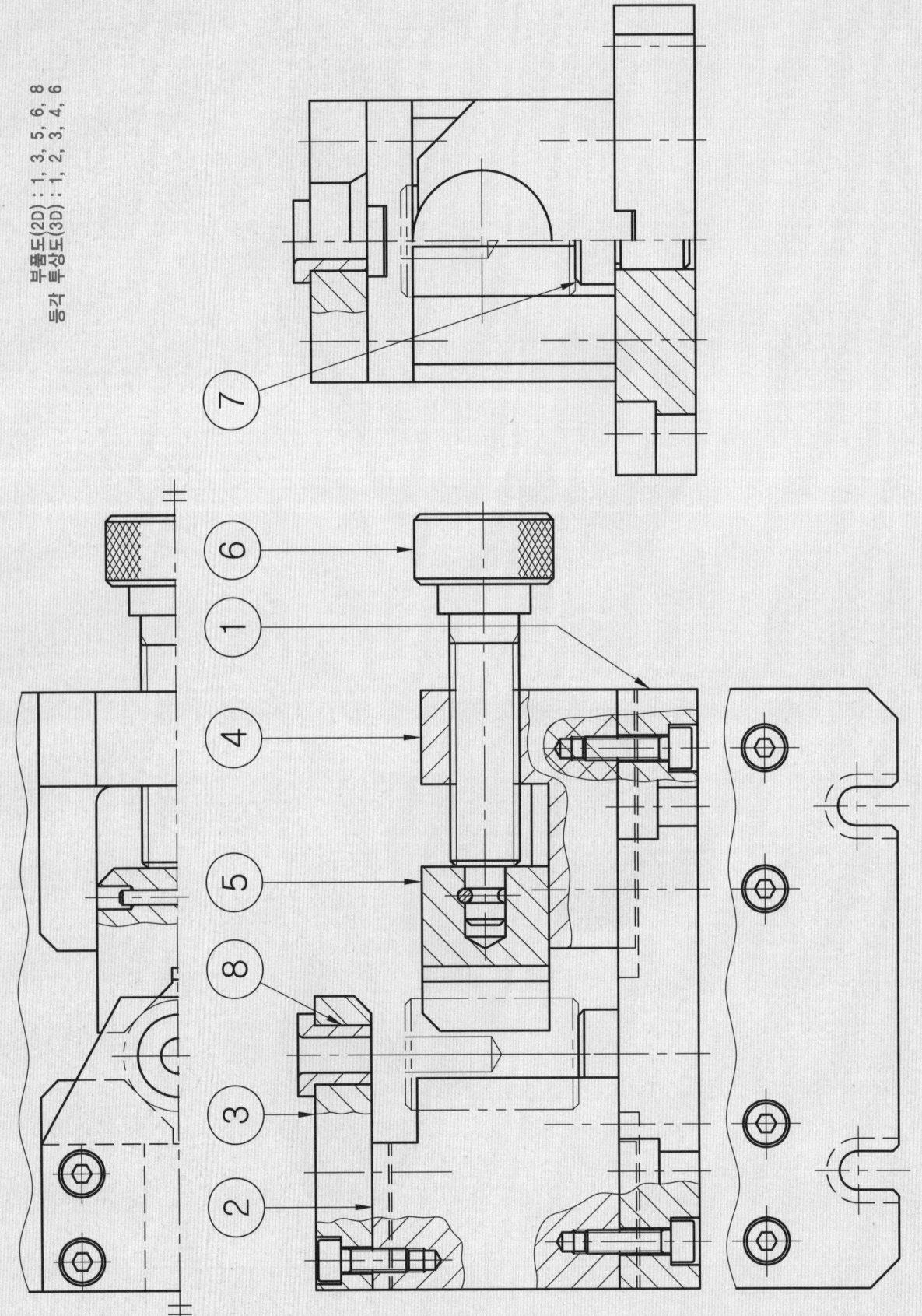

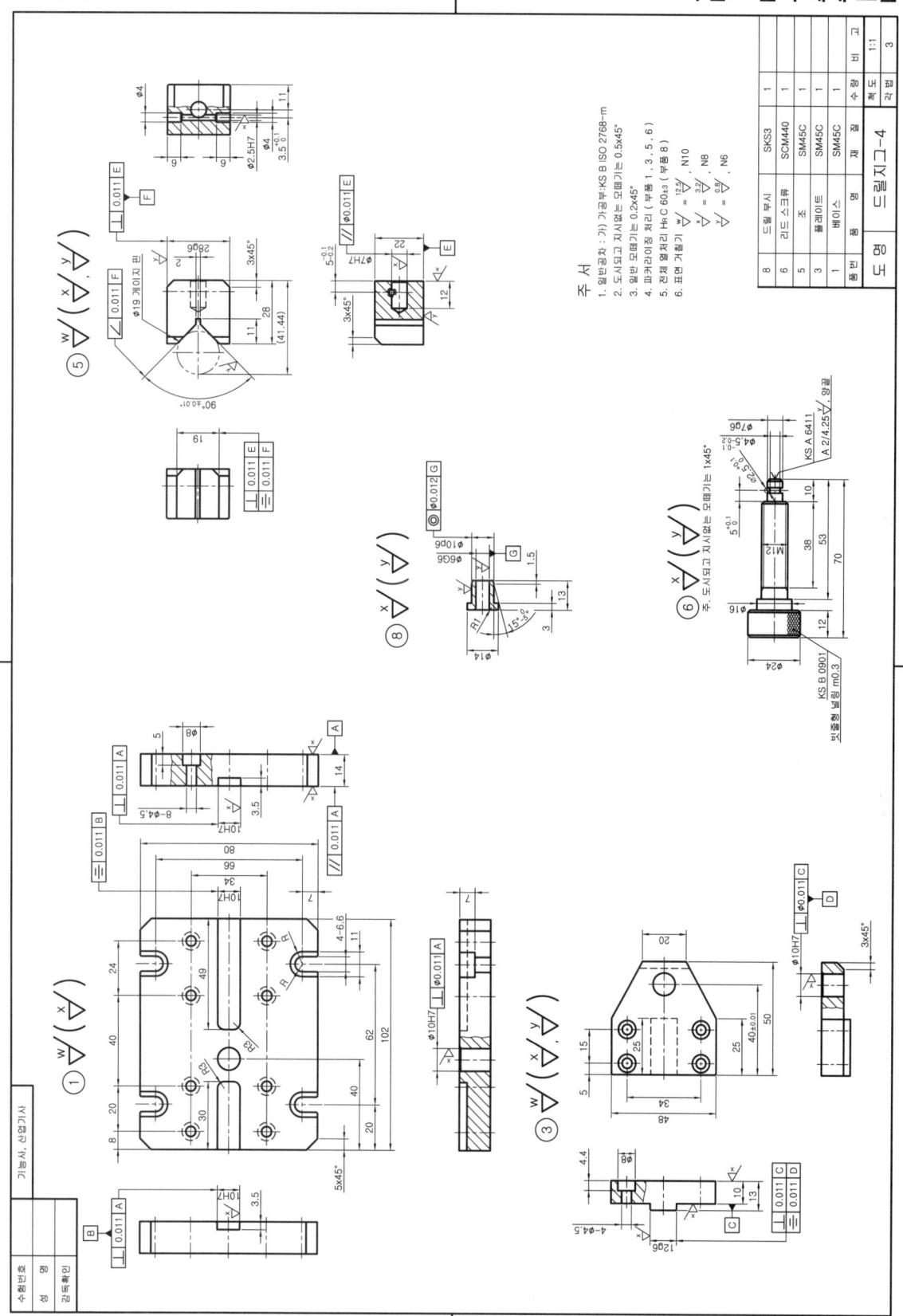

| 드릴지그-4 | 등각 분해도 예제 도면

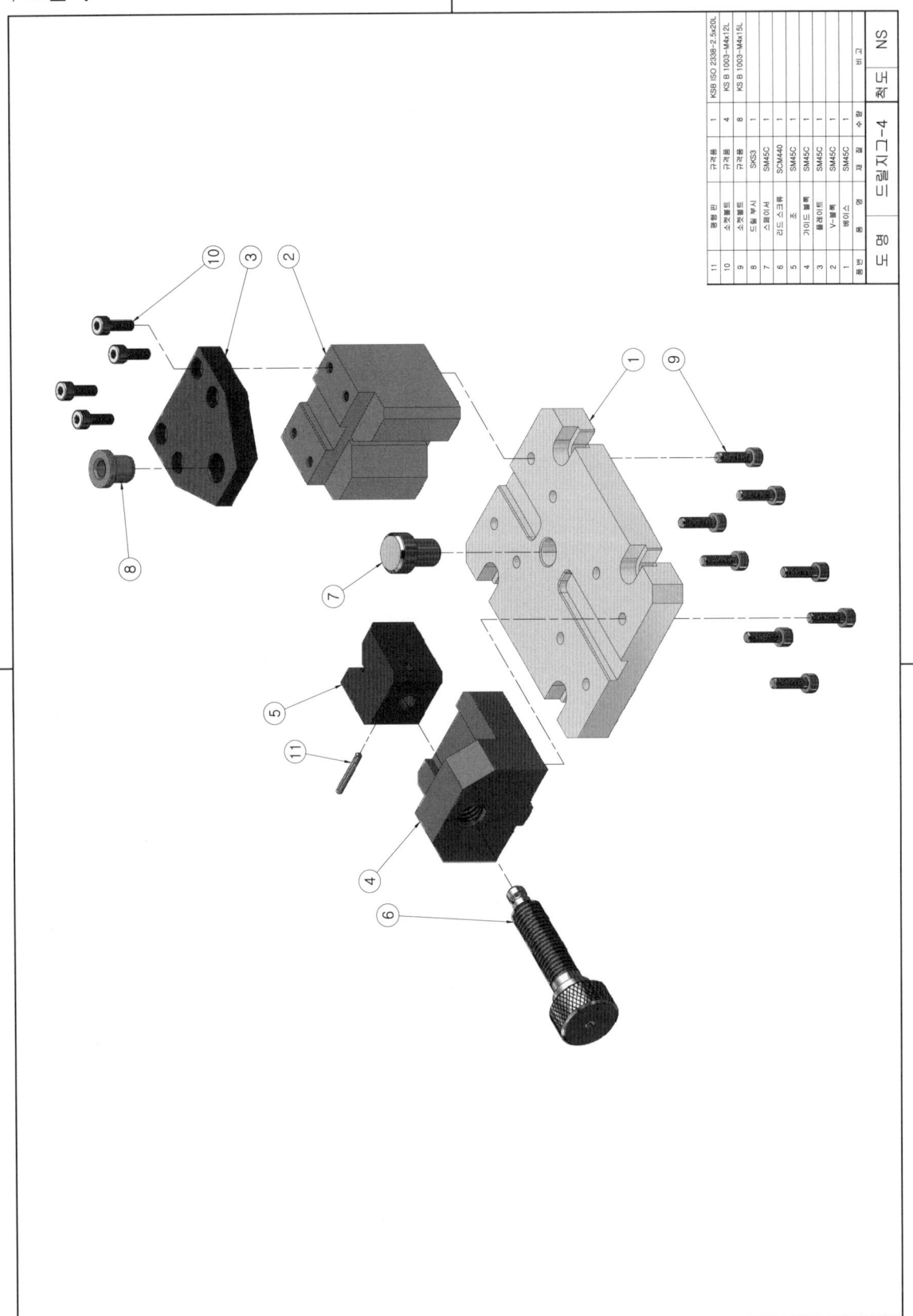

| 드릴지그-4

등각 조립도 예제 도면

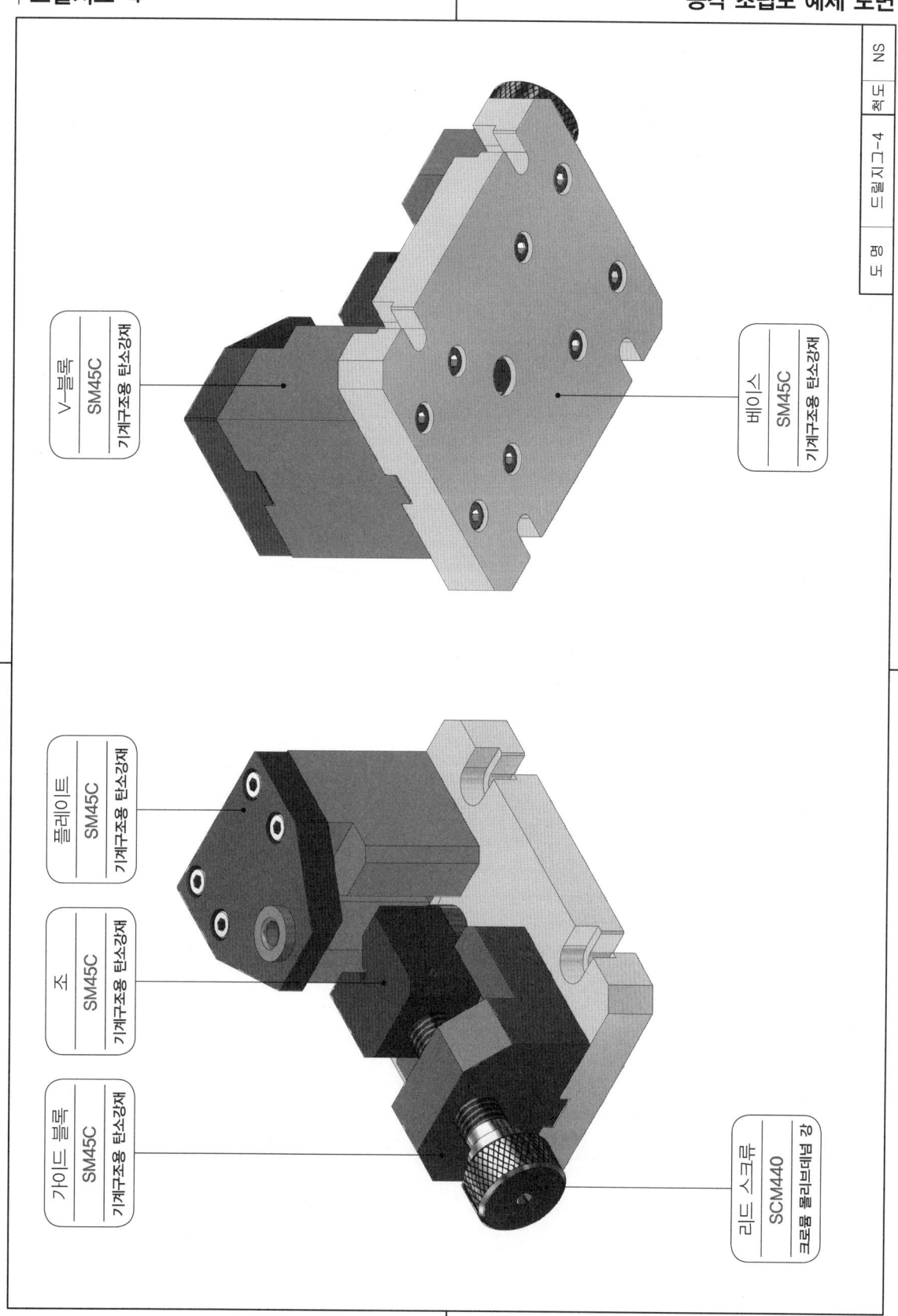

Lesson 10 드릴지그-5

과제도면

부품도(2D) : 1, 2, 3, 4, 5
등각 투상도(3D) : 1, 2, 3, 4, 5

가공품

Ø15
Ø8
45
28
Ø30
Ø18H7
26
16
54

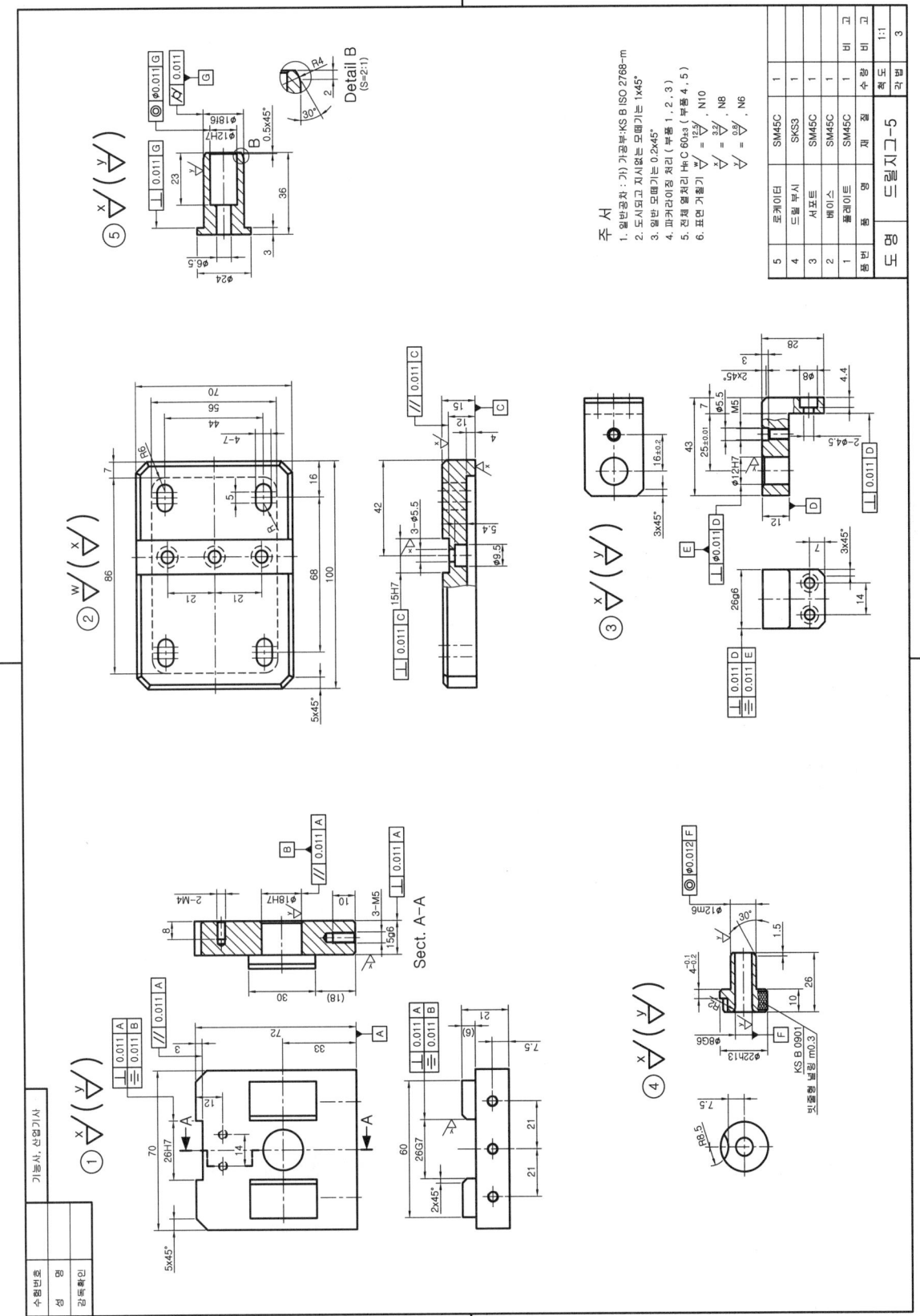

| 드릴지그-5

등각 분해도 예제 도면

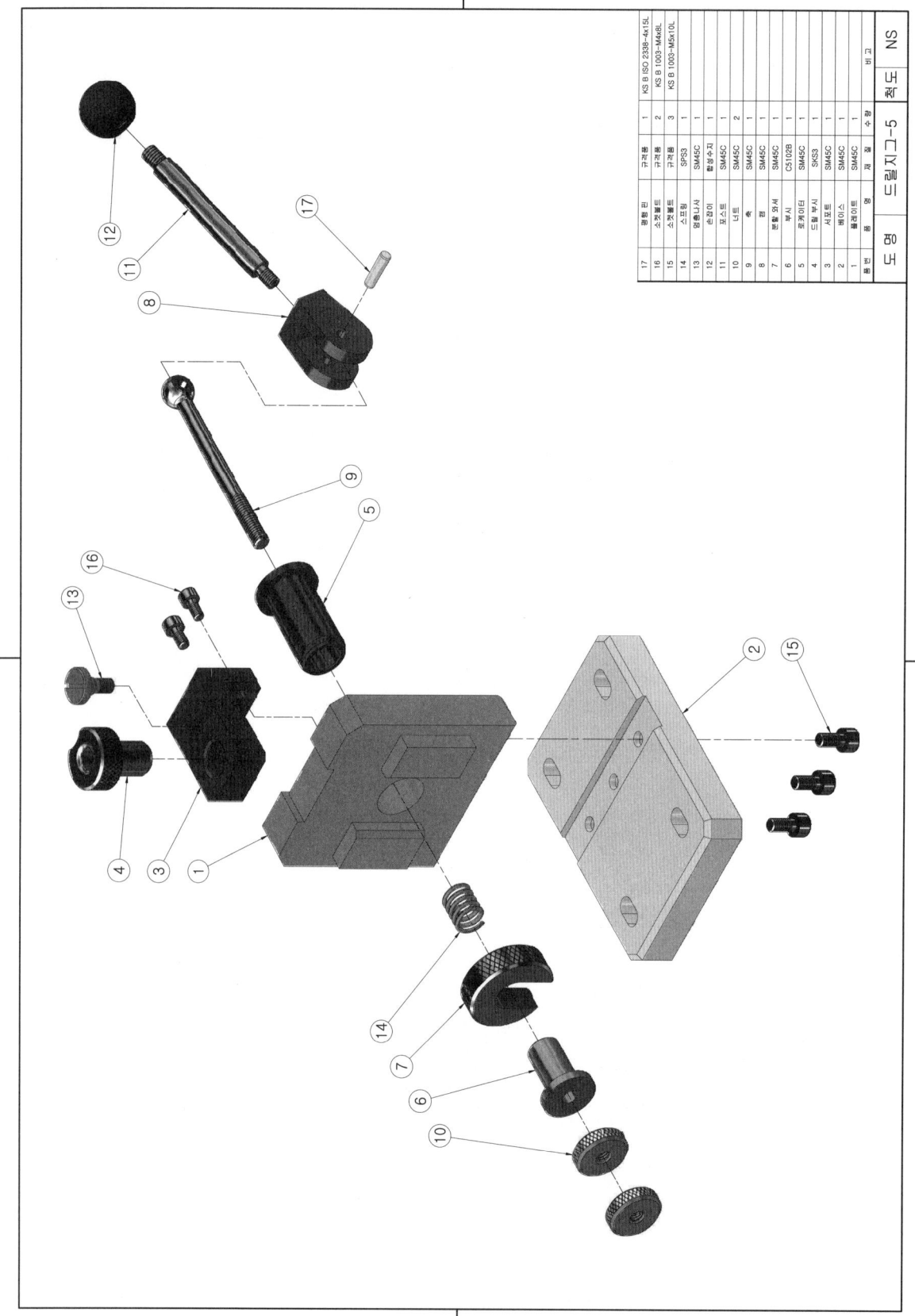

드릴지그-5

등각 조립도 예제 도면

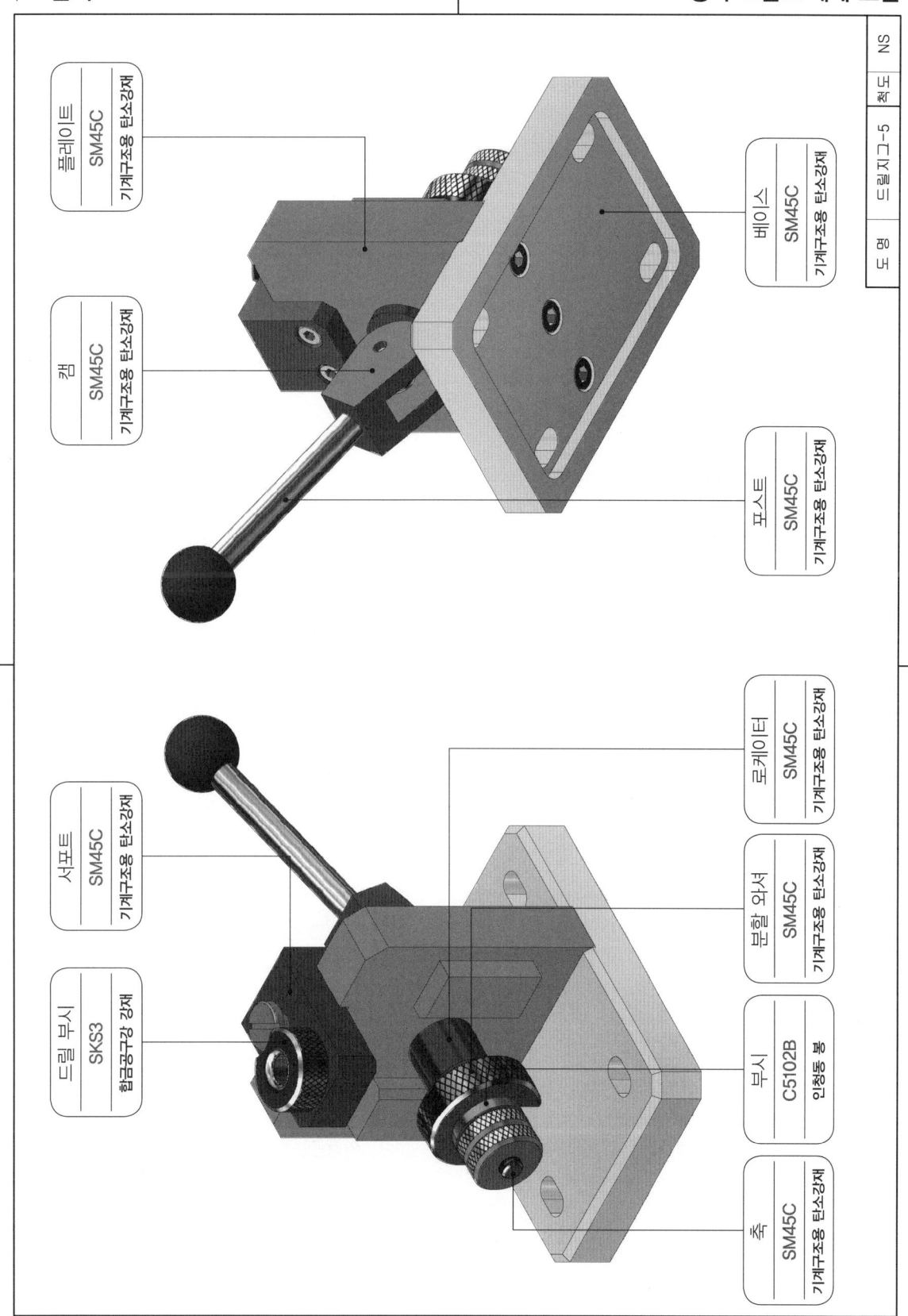

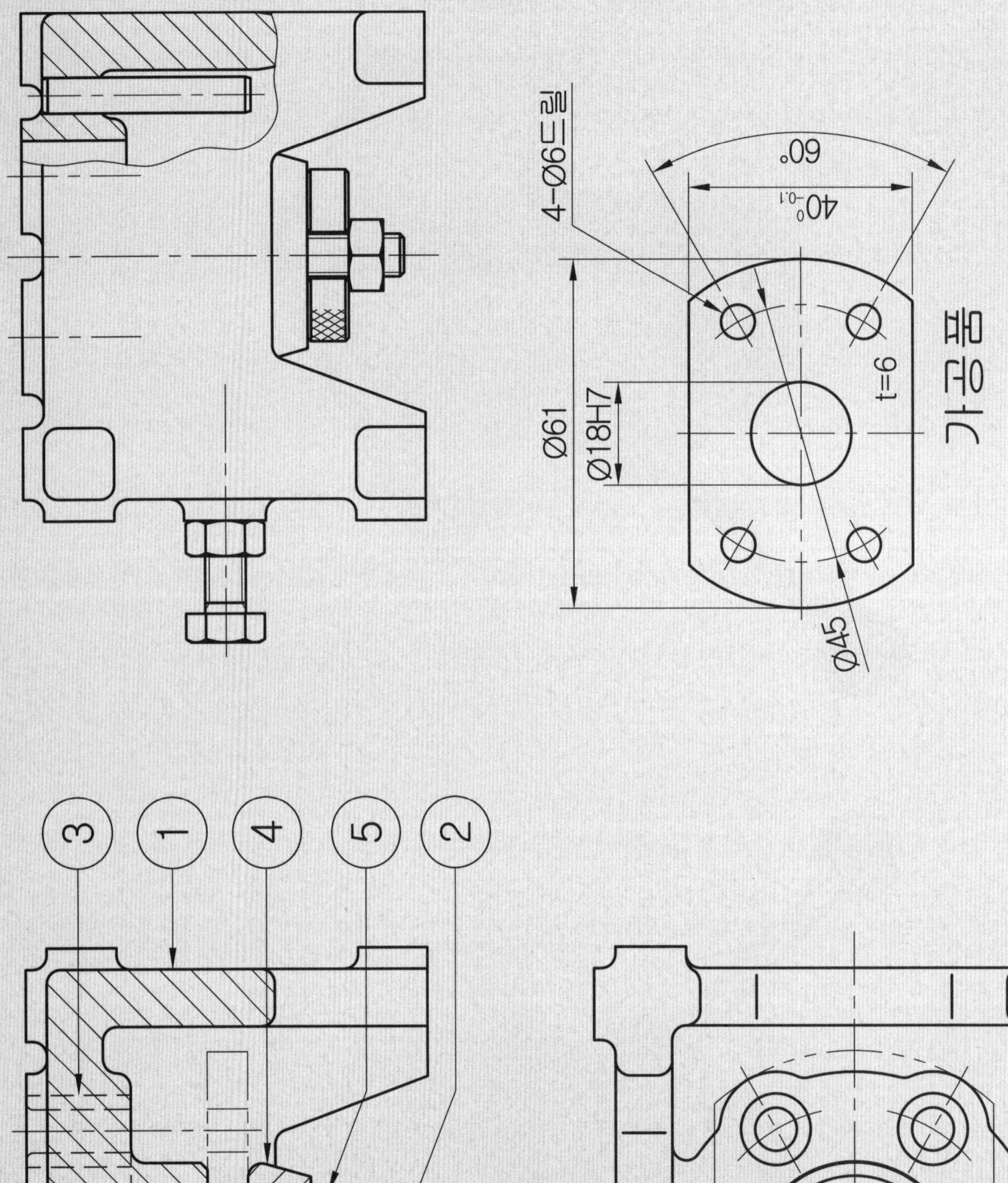

Lesson 11 드릴지그-6

과제도면

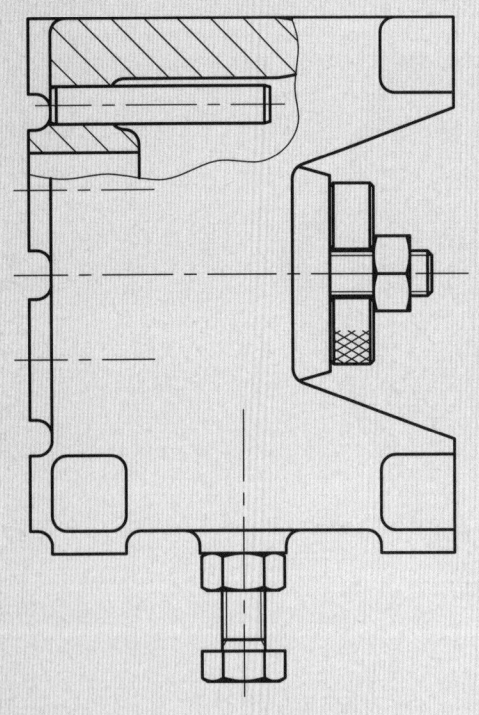
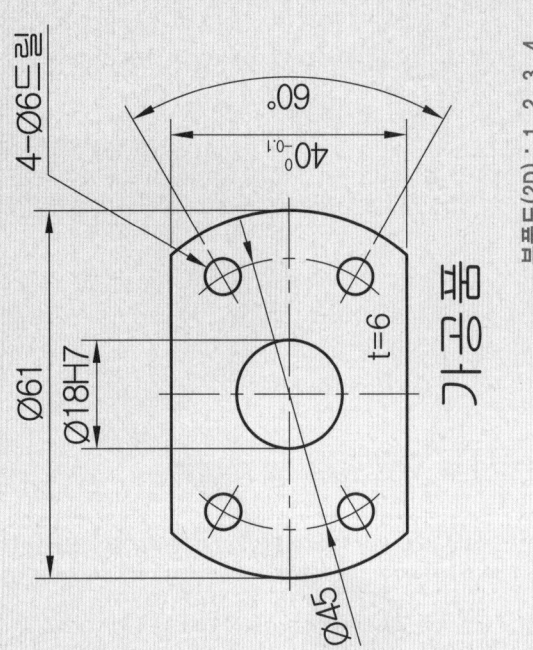

부품도(2D) : 1, 2, 3, 4
등각 투상도(3D) : 1, 2, 3, 4, 5

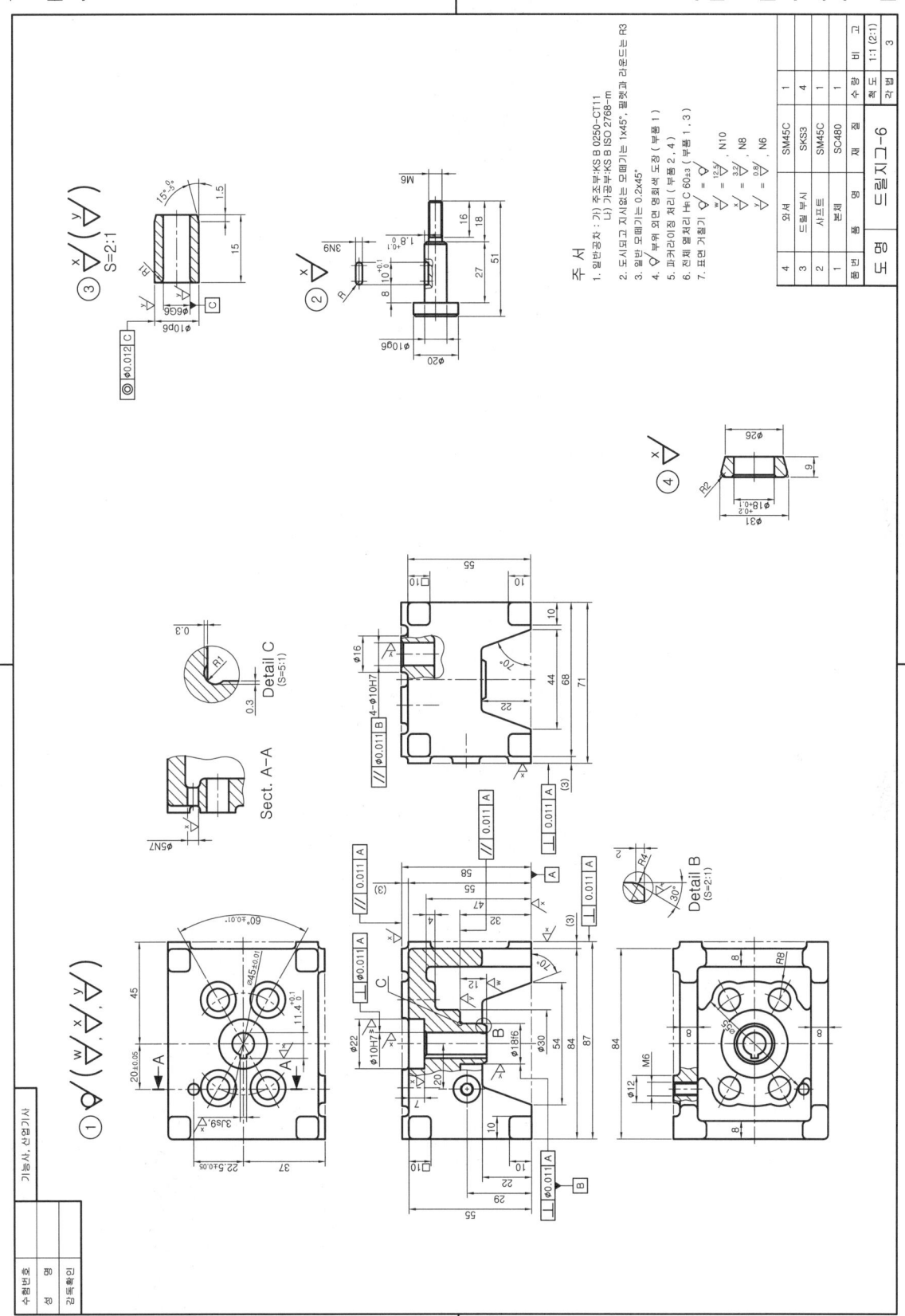

| 드릴지그-6 | 등각 분해도 예제 도면

품번	품명	재질	수량	비고
9	6각 너트	규격품	2	KS B 1012-2종 M6붙
8	6각 볼트	규격품	1	KS B 1002-M6x30L
7	평행 키	규격품	1	KS B 1311-3x3x10L
6	평행 핀	규격품	1	KS B ISO 2338-5x30L
5	훨 핸들	SM45C	1	
4	와셔	SM45C	4	
3	드릴 부시	SKS3	3	
2	세트	SM45C	1	
1	본체	SC480	1	
품번	품명	재질	수량	비고

도명: 드릴지그-6 척도: NS

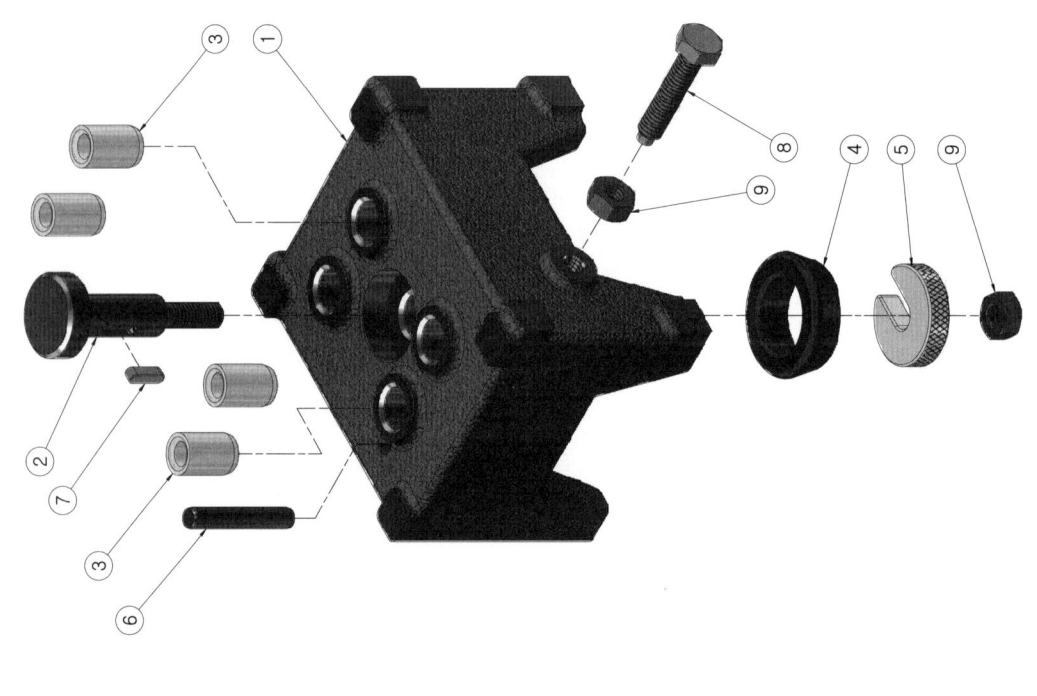

드릴지그-6

등각 조립도 예제 도면

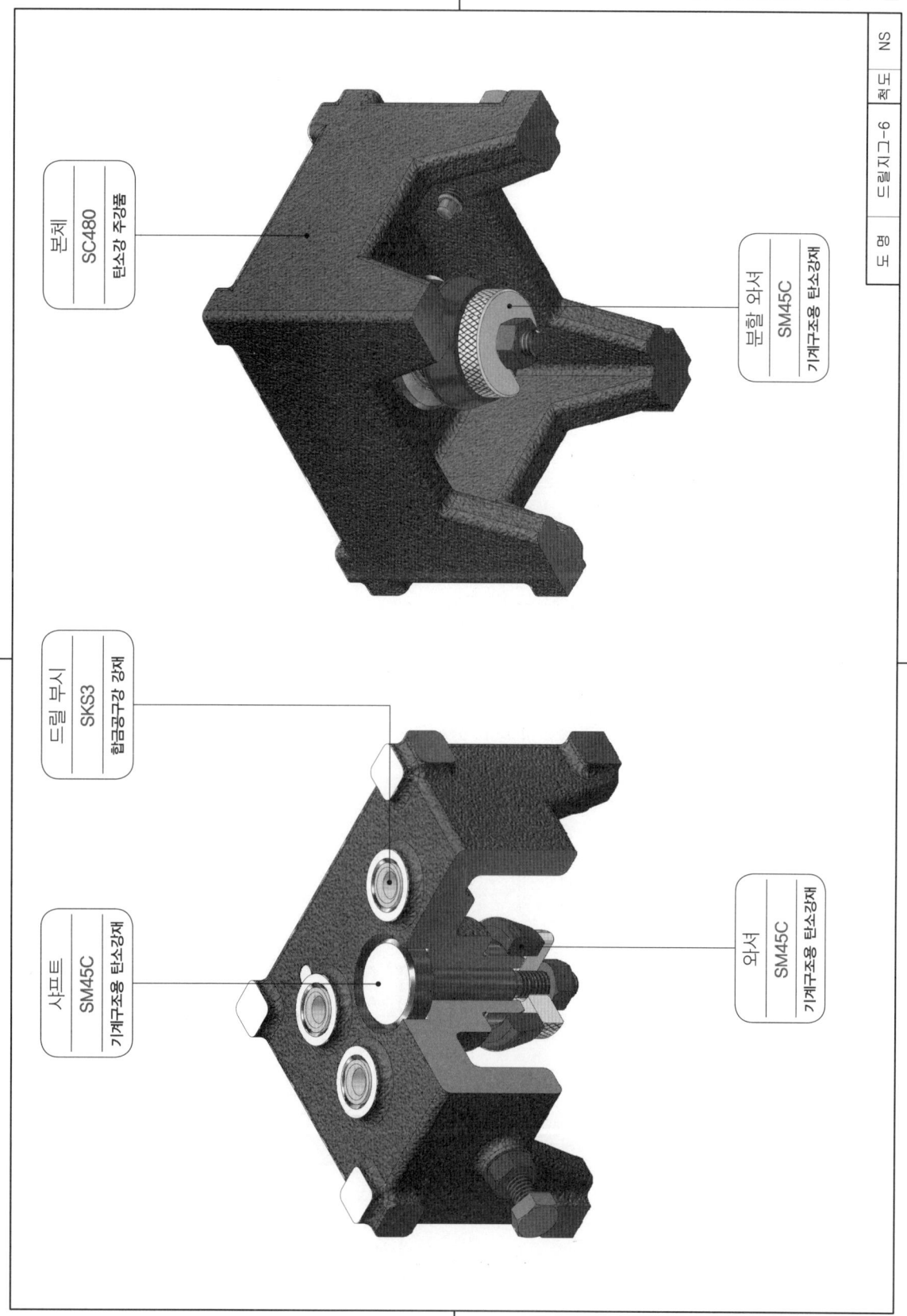

Lesson 12 리밍지그-1

과제도면

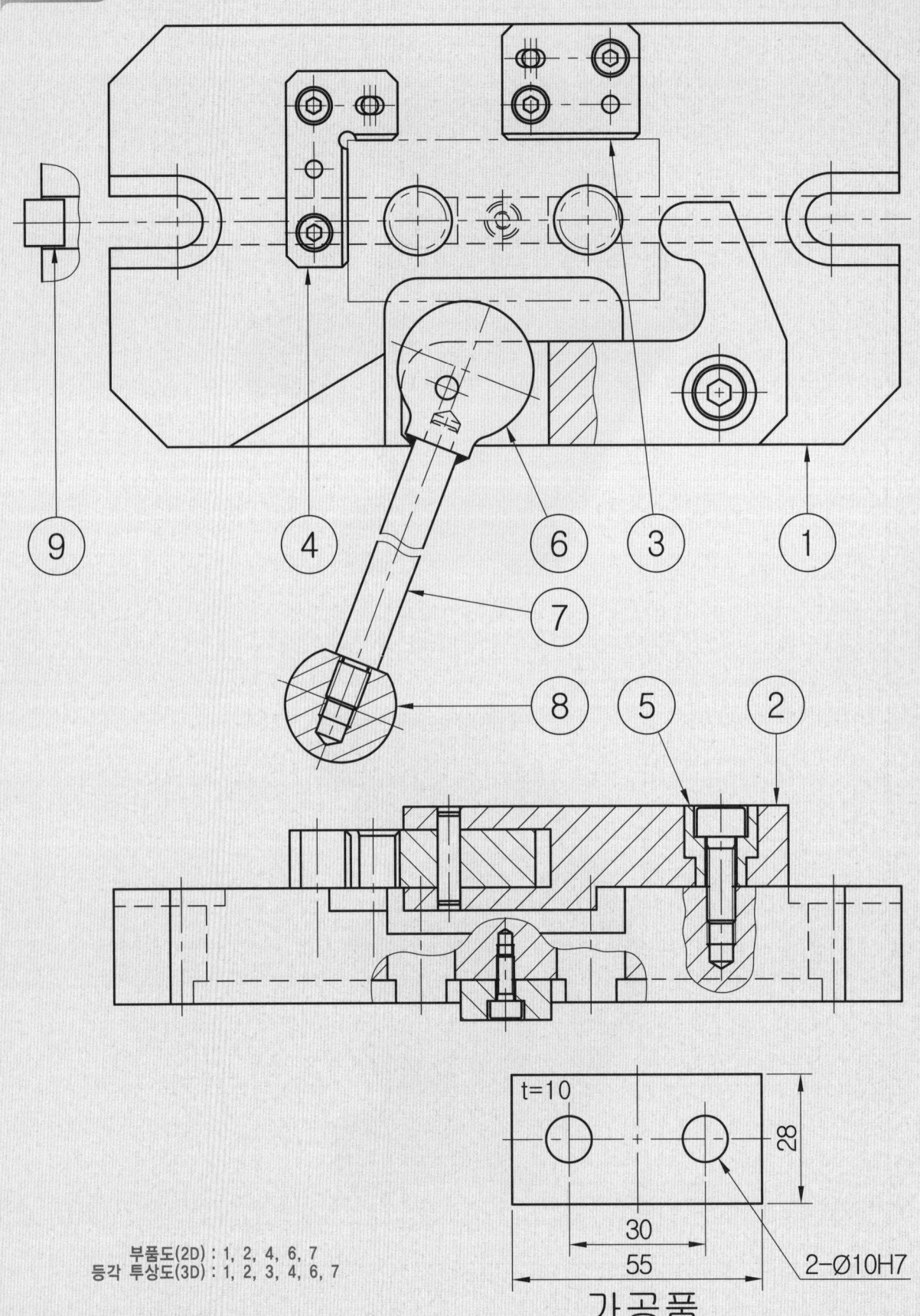

부품도(2D) : 1, 2, 4, 6, 7
등각 투상도(3D) : 1, 2, 3, 4, 6, 7

가공품

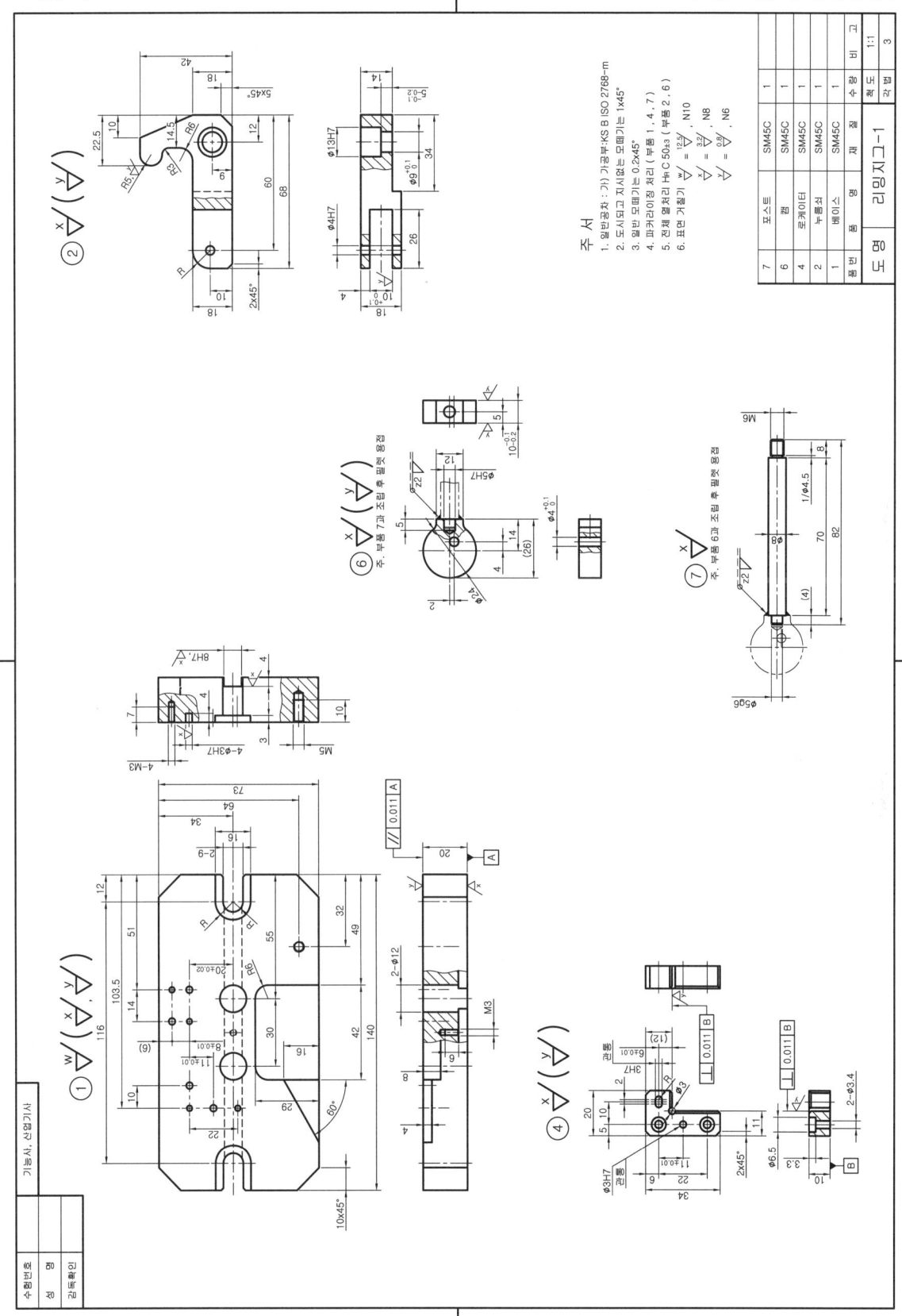

| 리밍지그-1 | | | 등각 분해도 예제 도면 |

품번	품명	재질	수량	비고
1	베이스	SM45C	1	
2	저블록	SM45C	1	
3	로케이터	SM45C	1	
4	로케이터	SM45C	1	
5	와셔	SM45C	1	
6	포스트	SM45C	1	
7	힙성수지	합성수지	1	
8	손잡이	합성수지	1	
9	키	SM45C	1	
10	소켓볼트	규격품	1	KS B 1003-M5x15L
11	소켓볼트	규격품	4	KS B 1003-M3x12L
12	소켓볼트	규격품	1	KS B 1003-M3x8L
13	평행핀	규격품	4	KS B ISO 2338-3x8L
14	평행핀	규격품	1	KS B ISO 2338-4x15L

| 도명 | 리밍지그-1 | 척도 | NS |

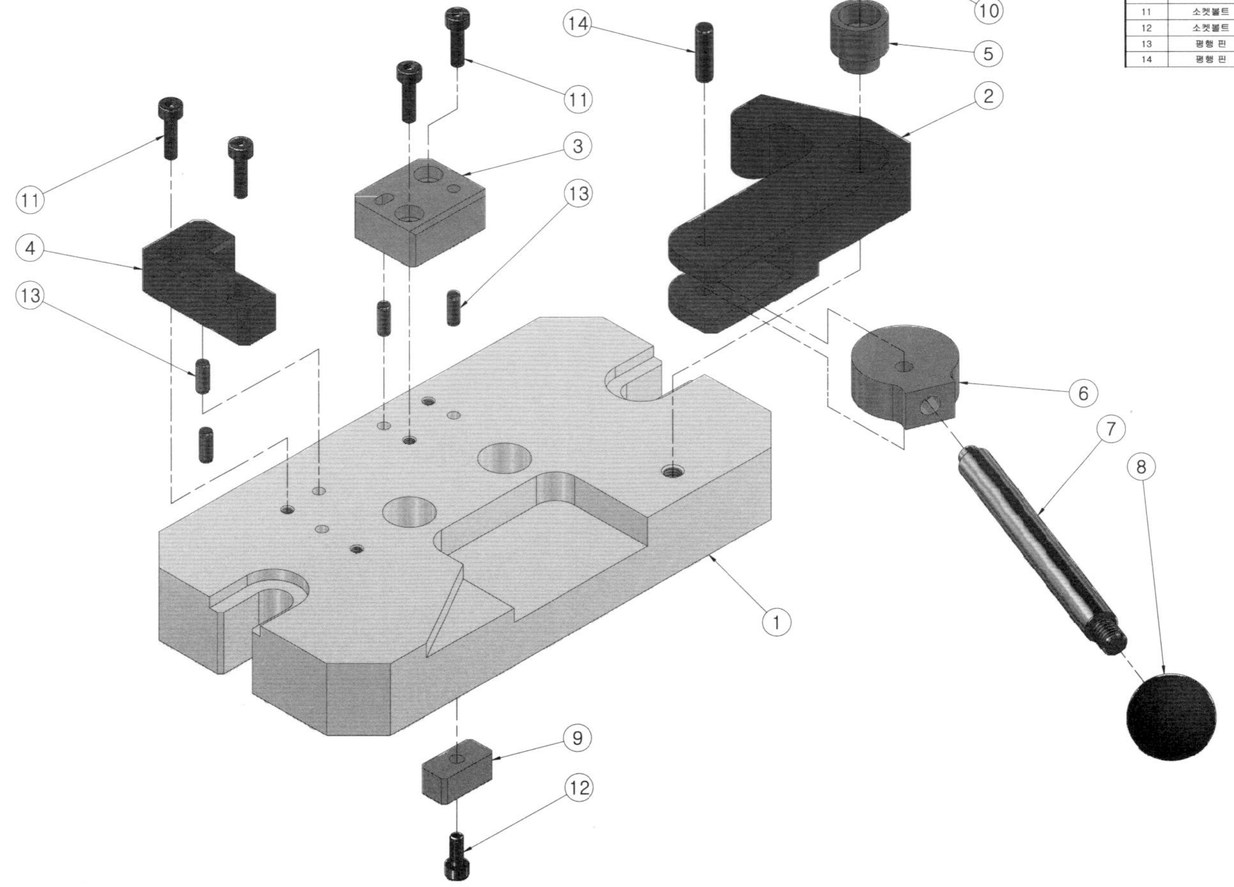

리밍지그-1

등각 조립도 예제 도면

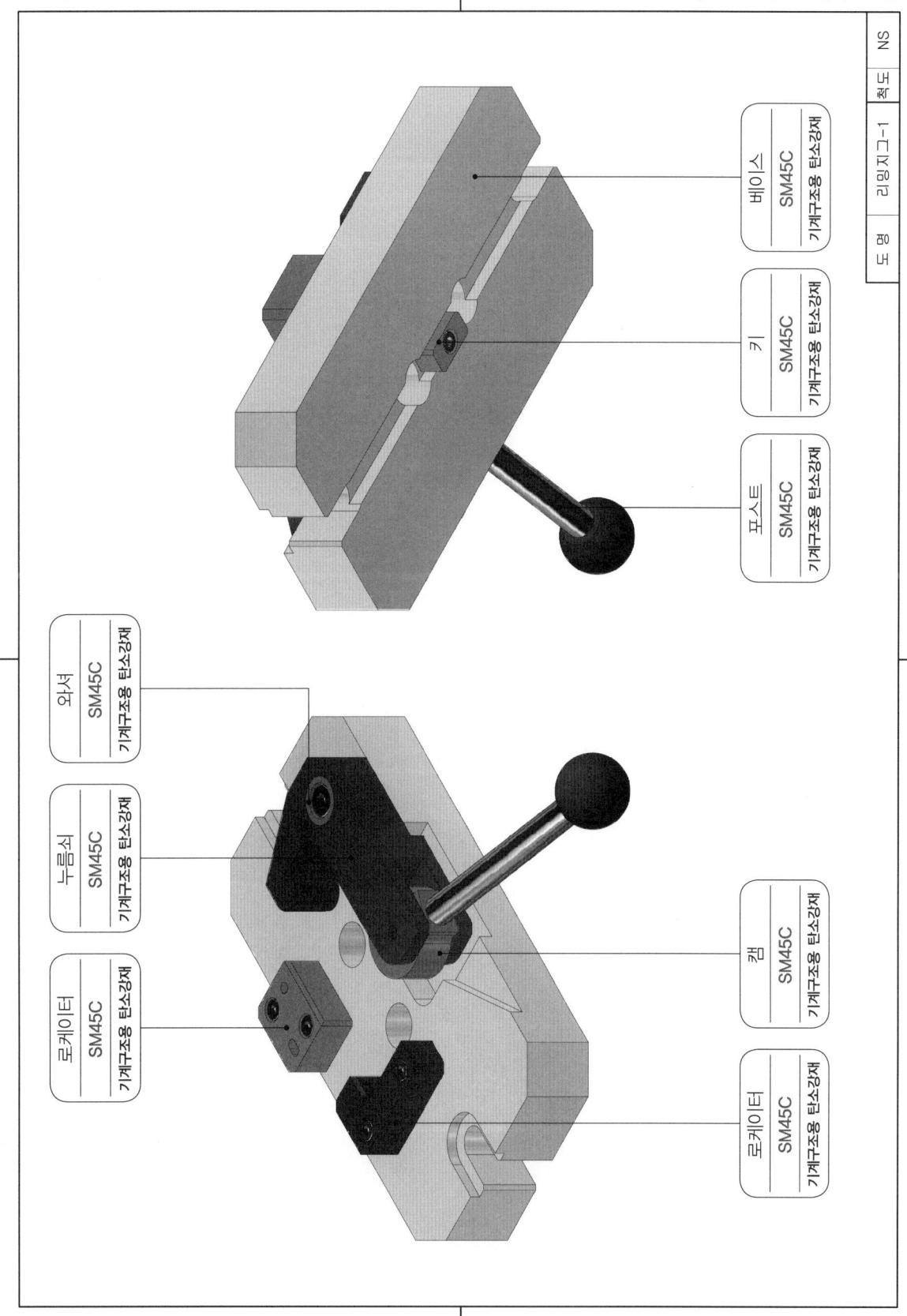

Lesson 13 리밍지그-2

과제도면

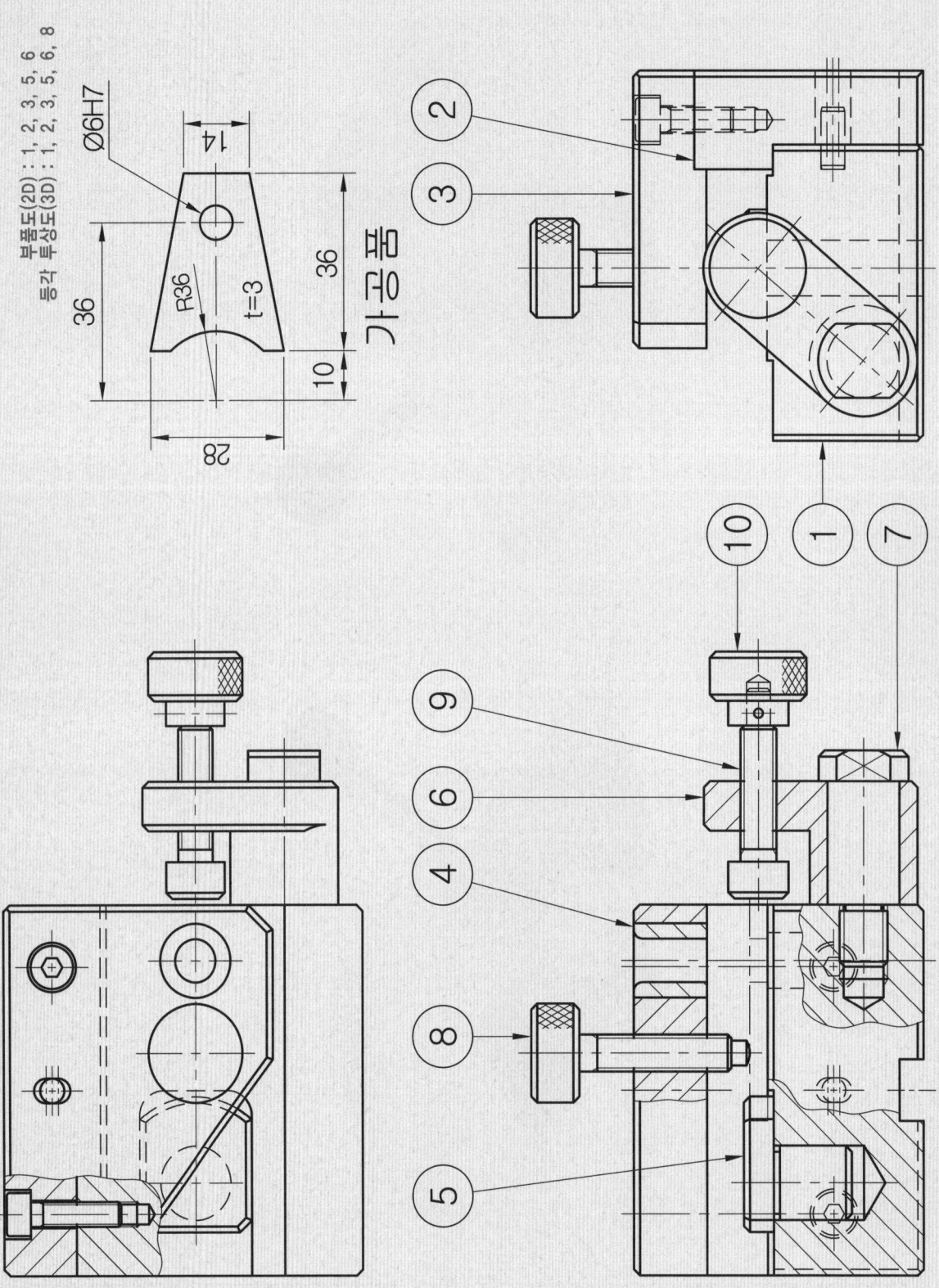

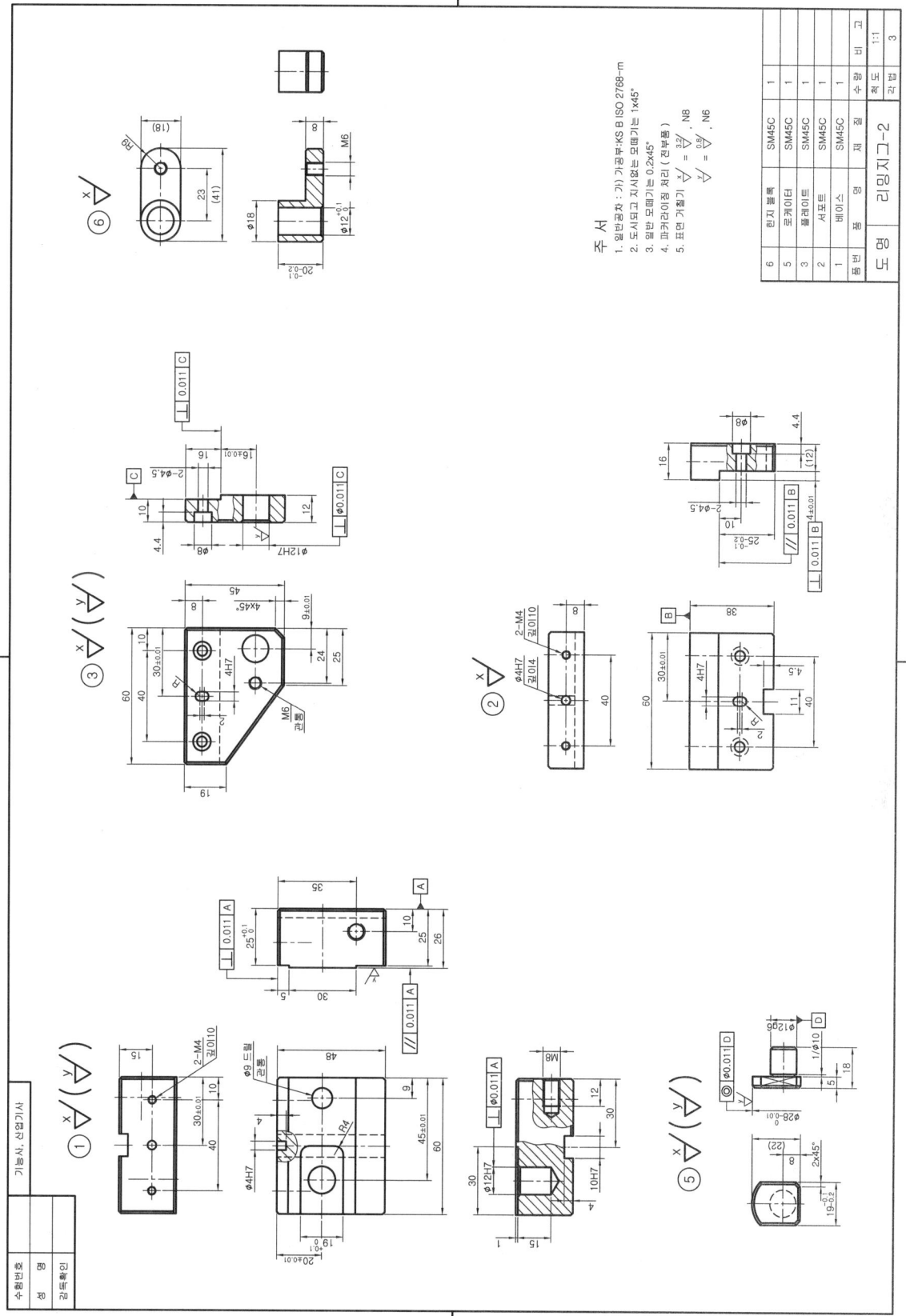

리밍지그-2

등각 분해도 예제 도면

품번	품 명	재 질	수 량	규 격	비 고
14	평행핀		1	KS B ISO 2338-1.5x10L	
13	평행핀		2	KS B ISO 2338-4x10L	
12	소켓볼트		2	KS B 1003-M4x12L	
11	소켓볼트		2	KS B 1003-M4x15L	
10	널링	SM45C	1		
9	접시볼트	SM45C	1		
8	접촉구	SM45C	1		
7	힌지볼트	SM45C	1		
6	링크	SM45C	1		
5	받침대	SKS3	1		
4	서포트	SM45C	1		
3	플레이트	SM45C	1		
2	베이스	SM45C	1		
1	본체	SM45C	1		
품번	품 명	재 질	수 량	규 격	비 고

도명: 리밍지그-2 / 척도: NS

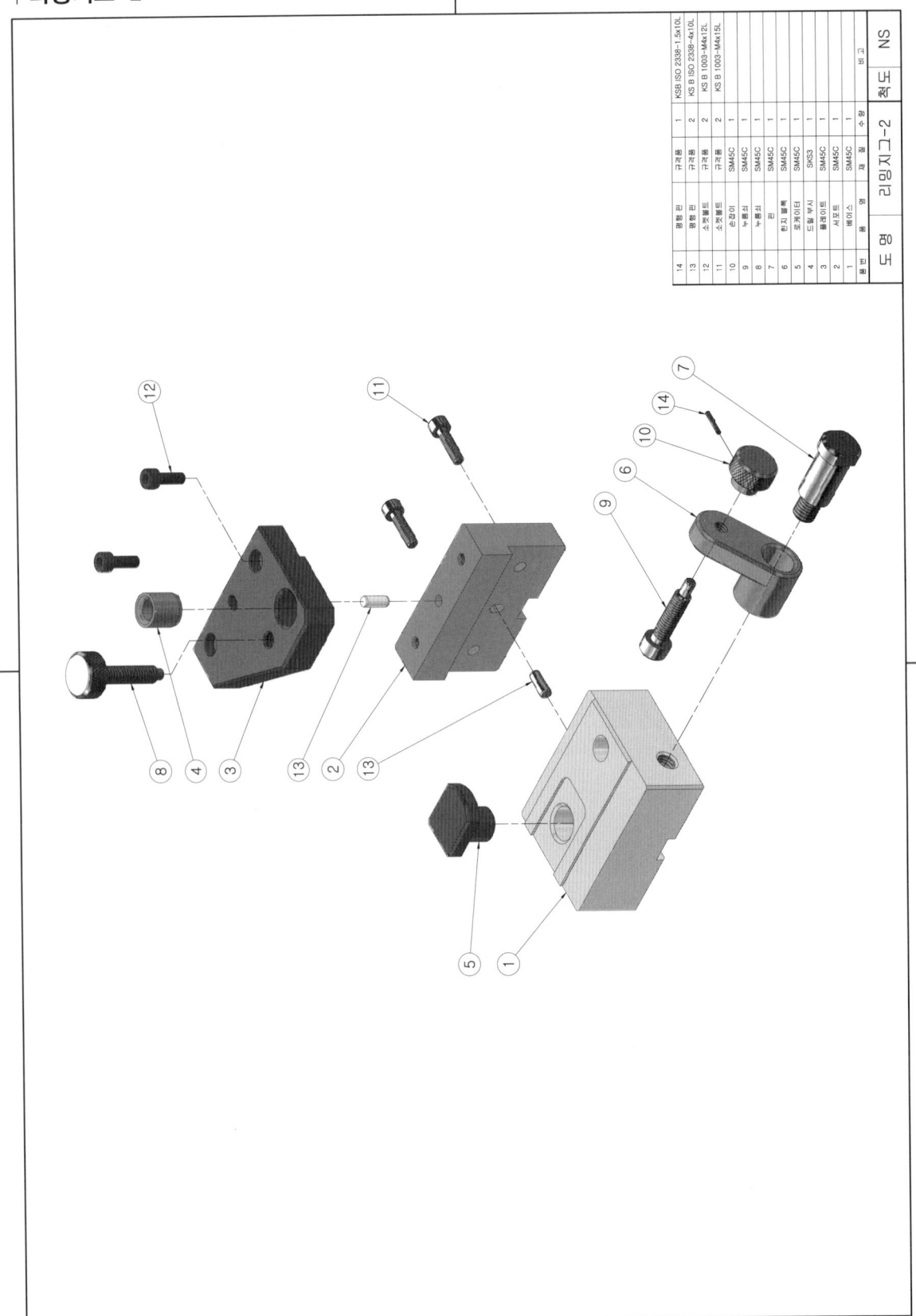

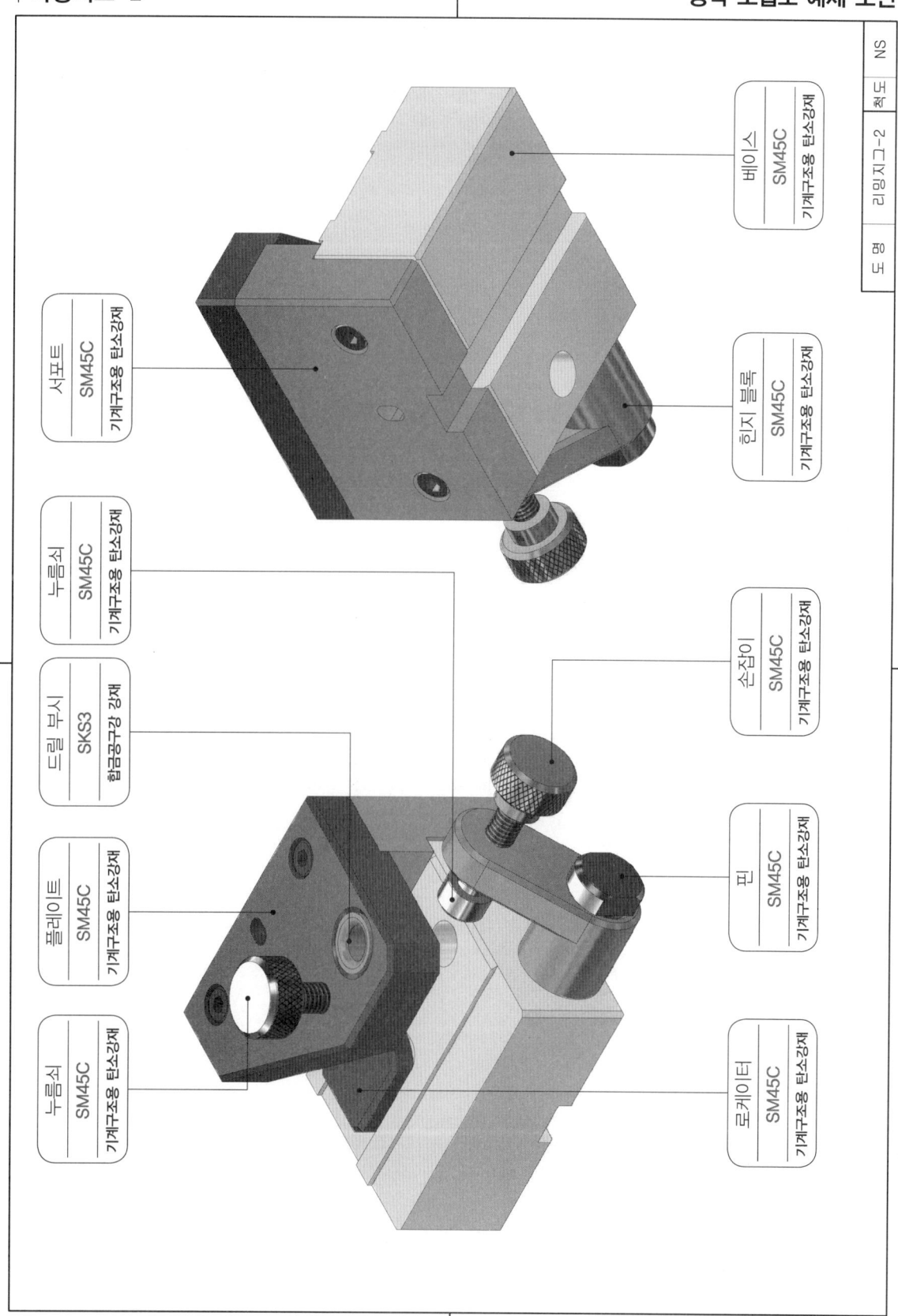

Lesson 14 탁상 드릴지그-1

과제도면

- ① 지그베이스
- ② 부시 플레이트
- ③ 위치결정 판
- ④ C형 와셔
- ⑤ 고정부시
- ⑥ 레그

55 ±0.02

공작물

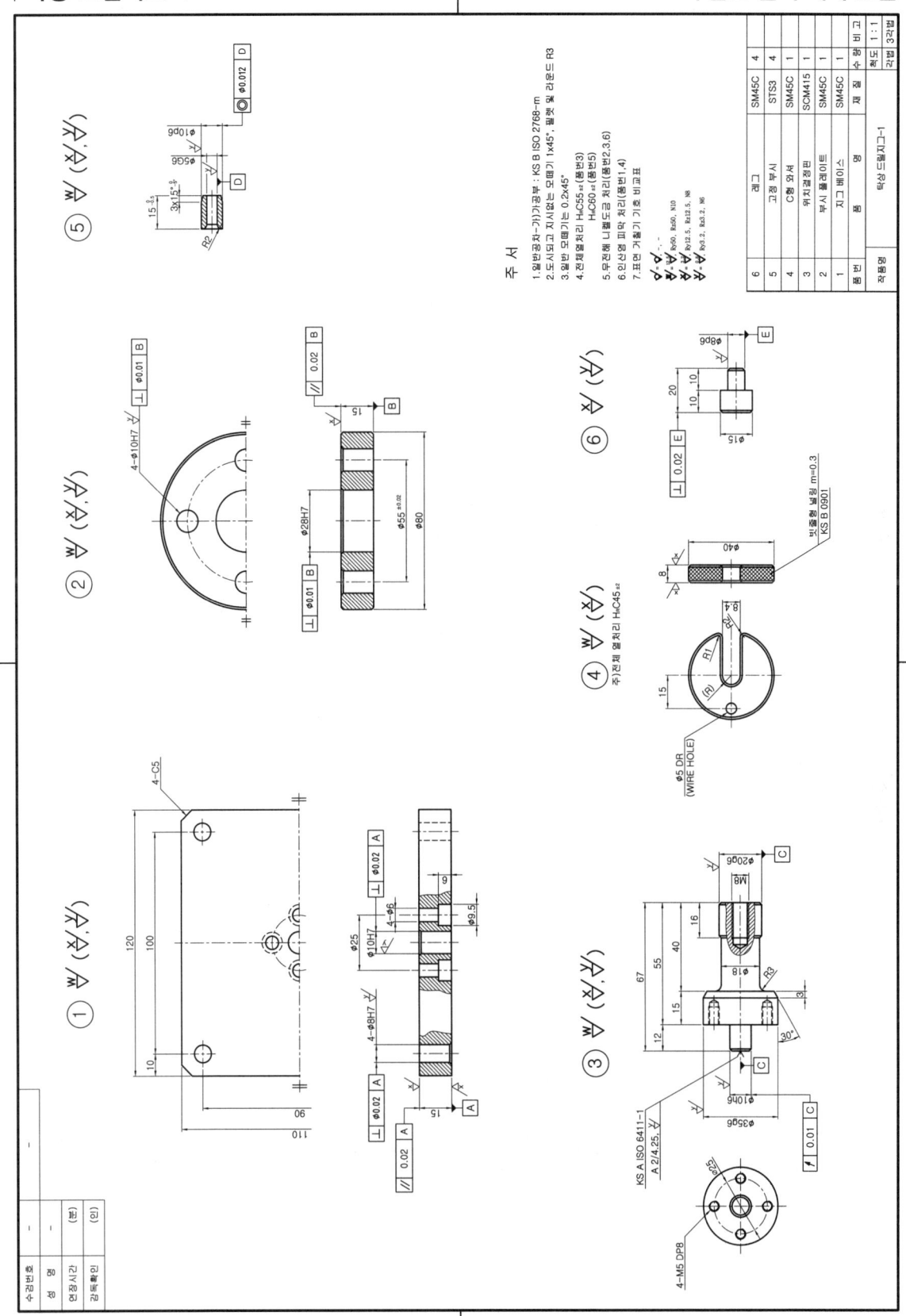

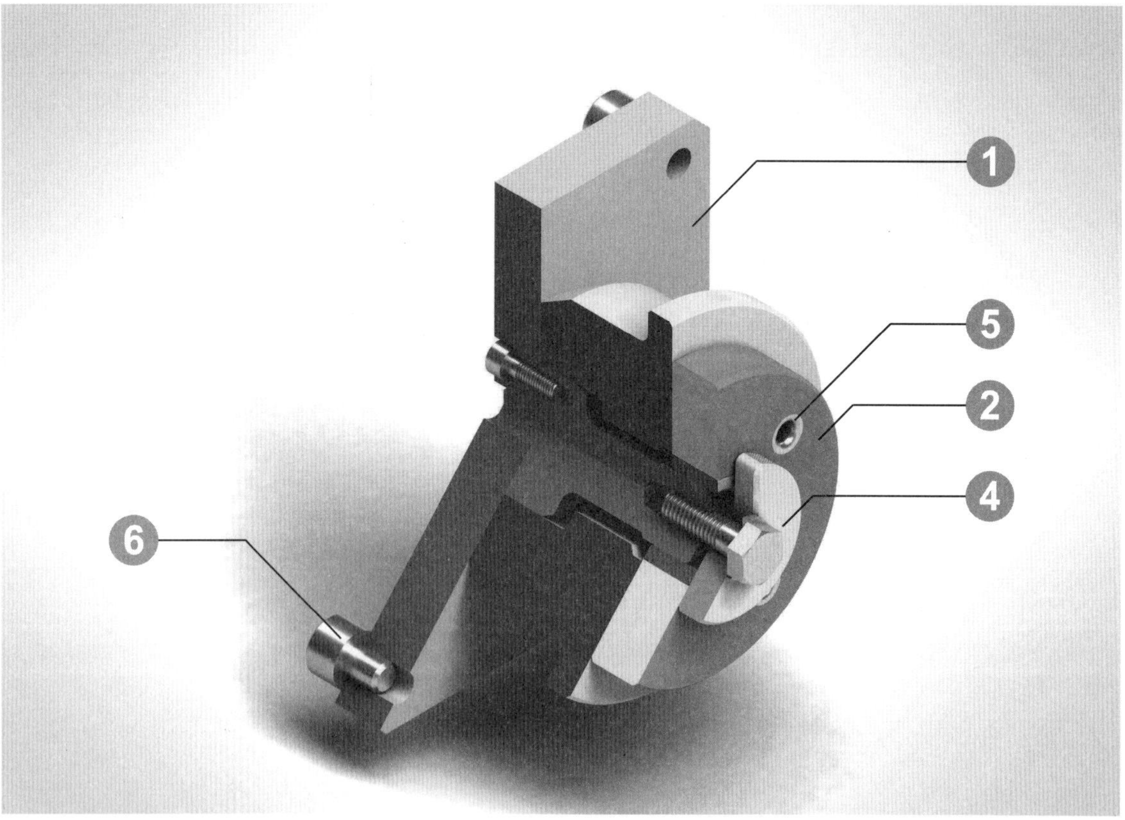

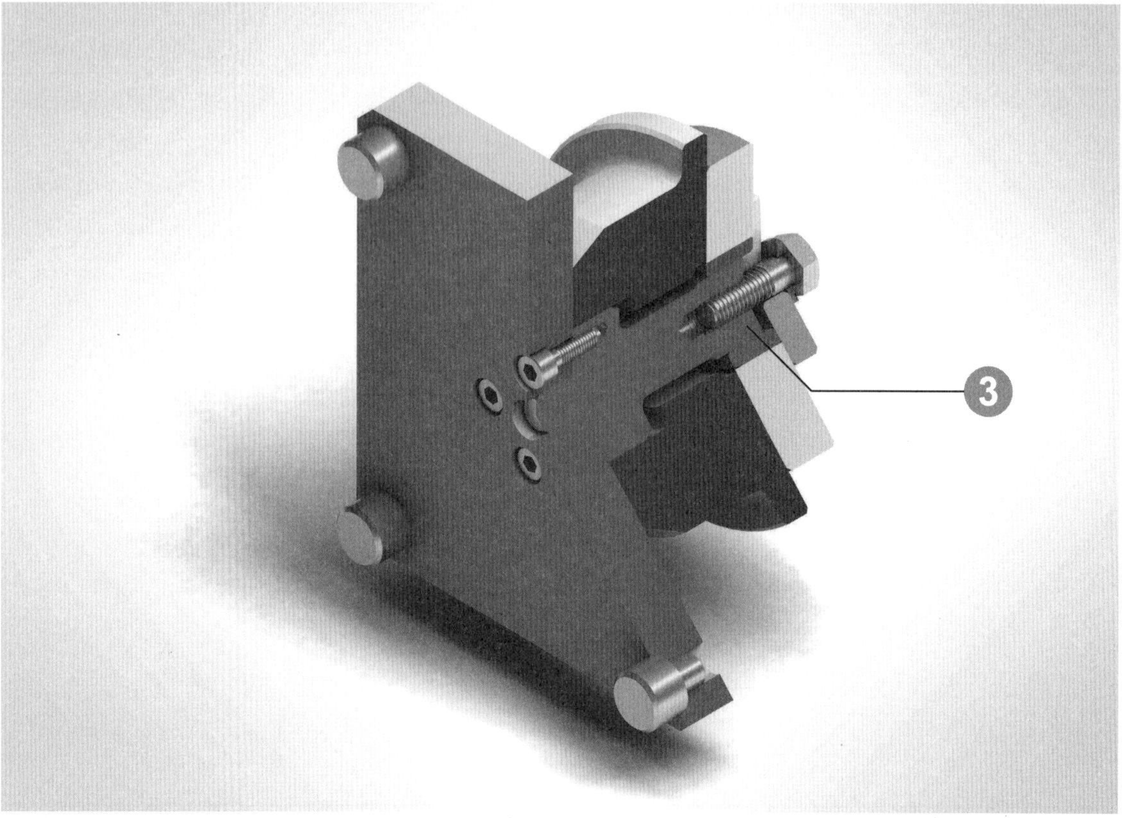

| 탁상 드릴지그-1

3D 모델링

| **탁상 드릴지그-1** 분해 등각 구조도

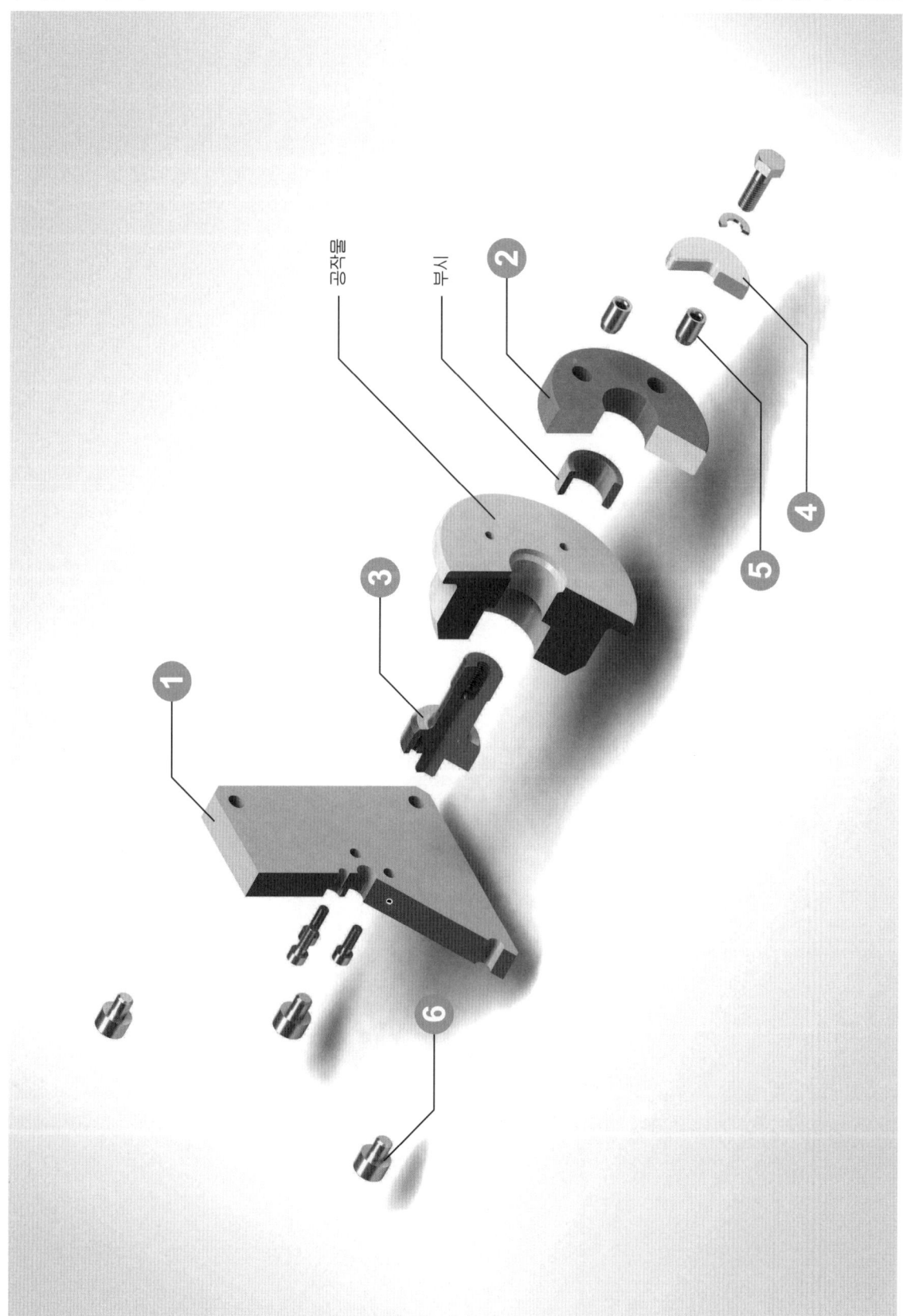

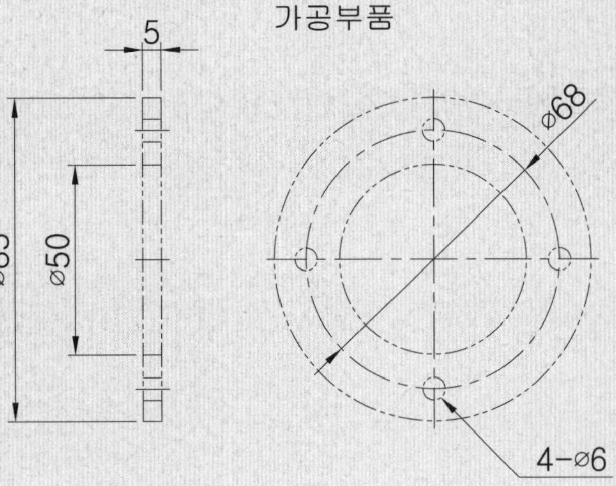

Lesson 15 탁상 드릴지그-2

과제도면

가공부품

4-⌀6

스터드볼트 4
C형 와셔 3
부시 플레이트 2
로케이터 1
고정부시 5

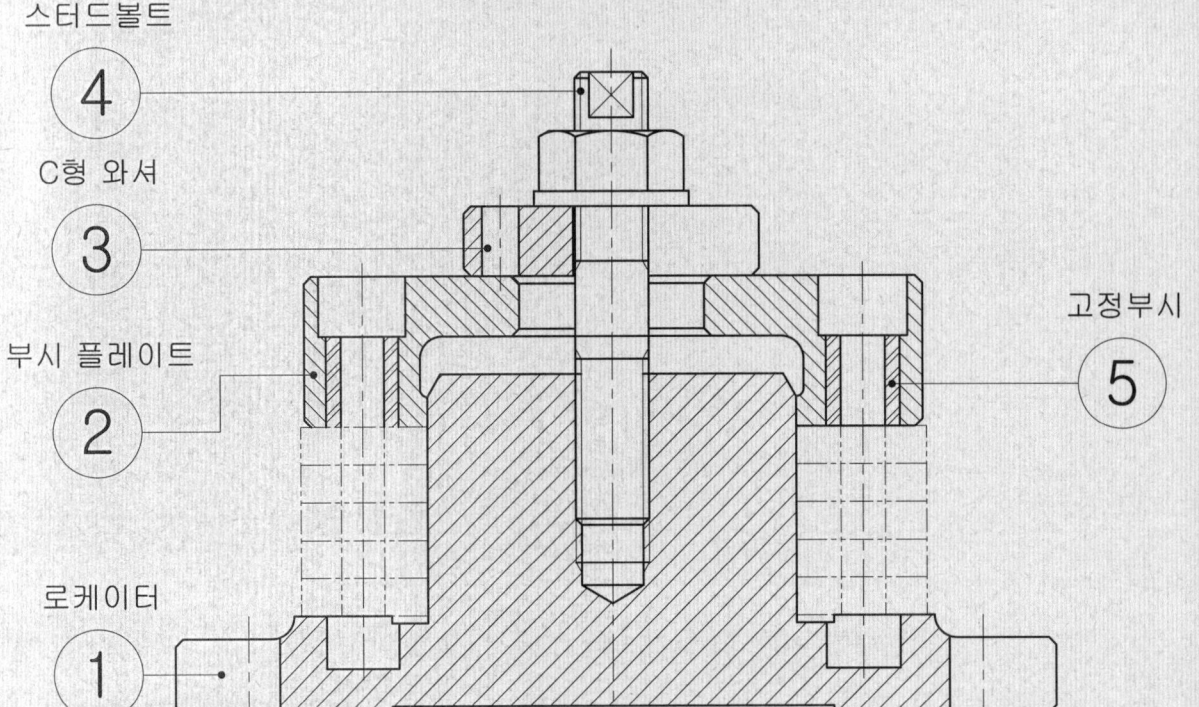

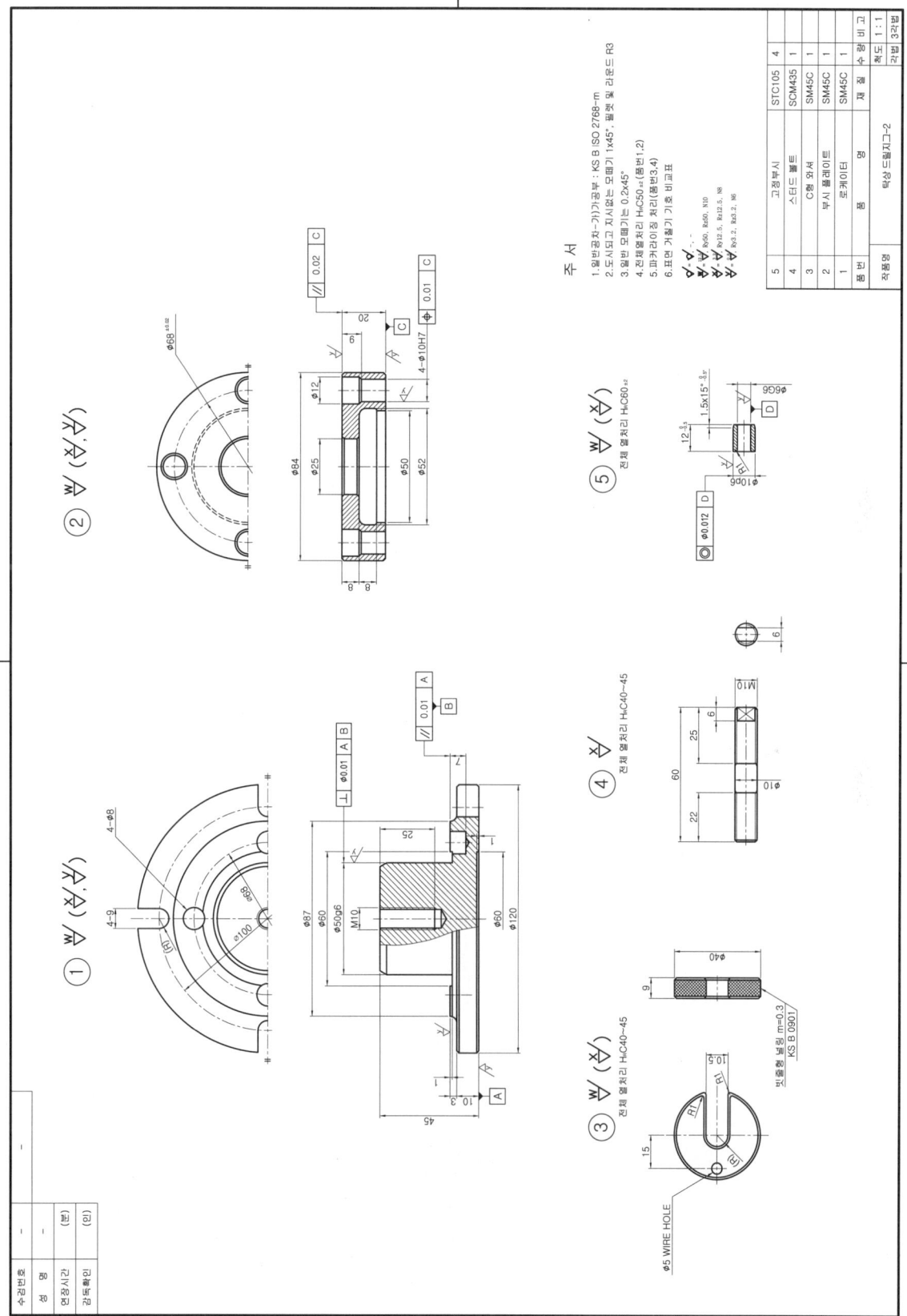

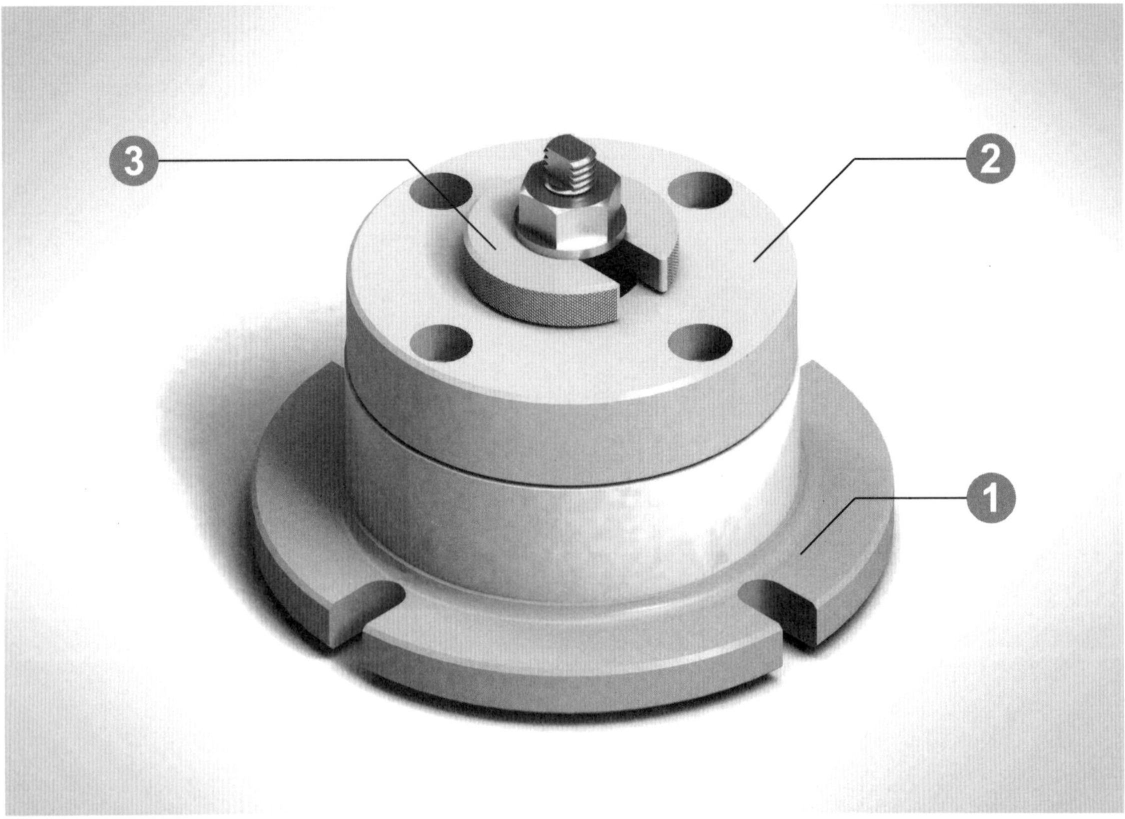

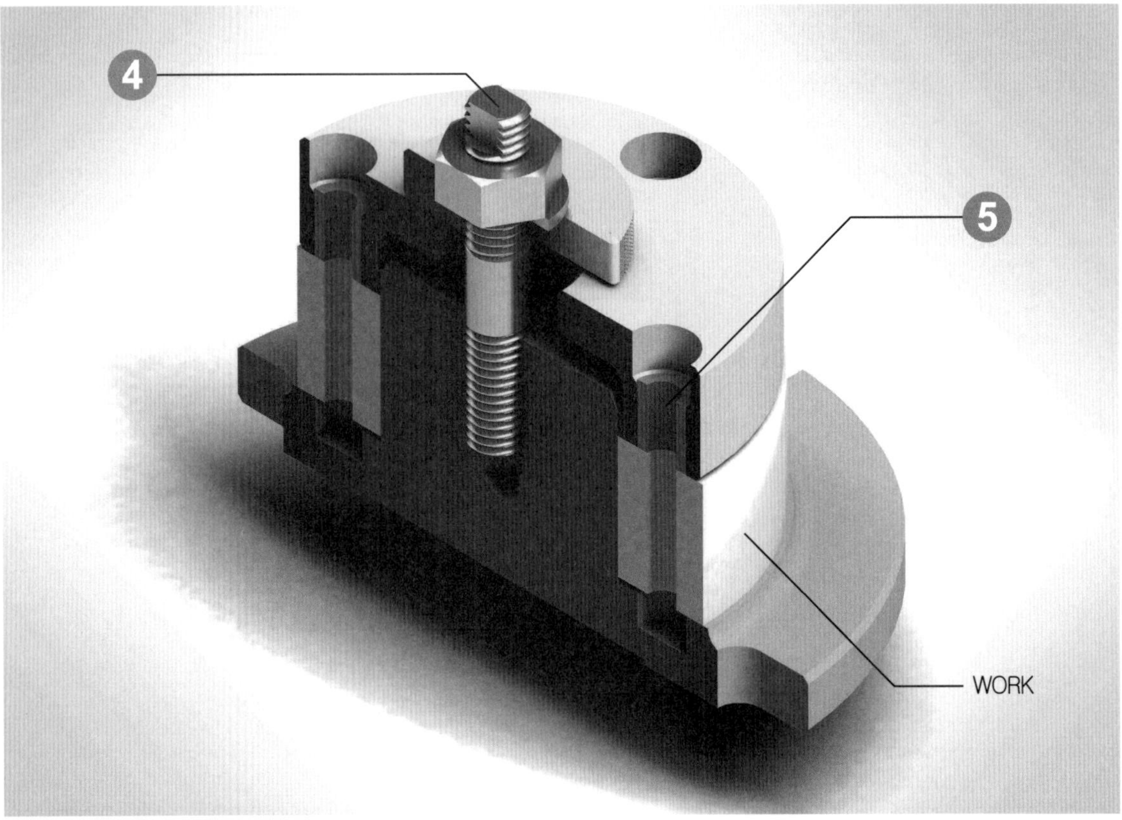

| 탁상 드릴지그-2　　　　　　　　　　　　　　　　　3D 모델링

WORK

탁상 드릴지그-2

분해 등각 구조도

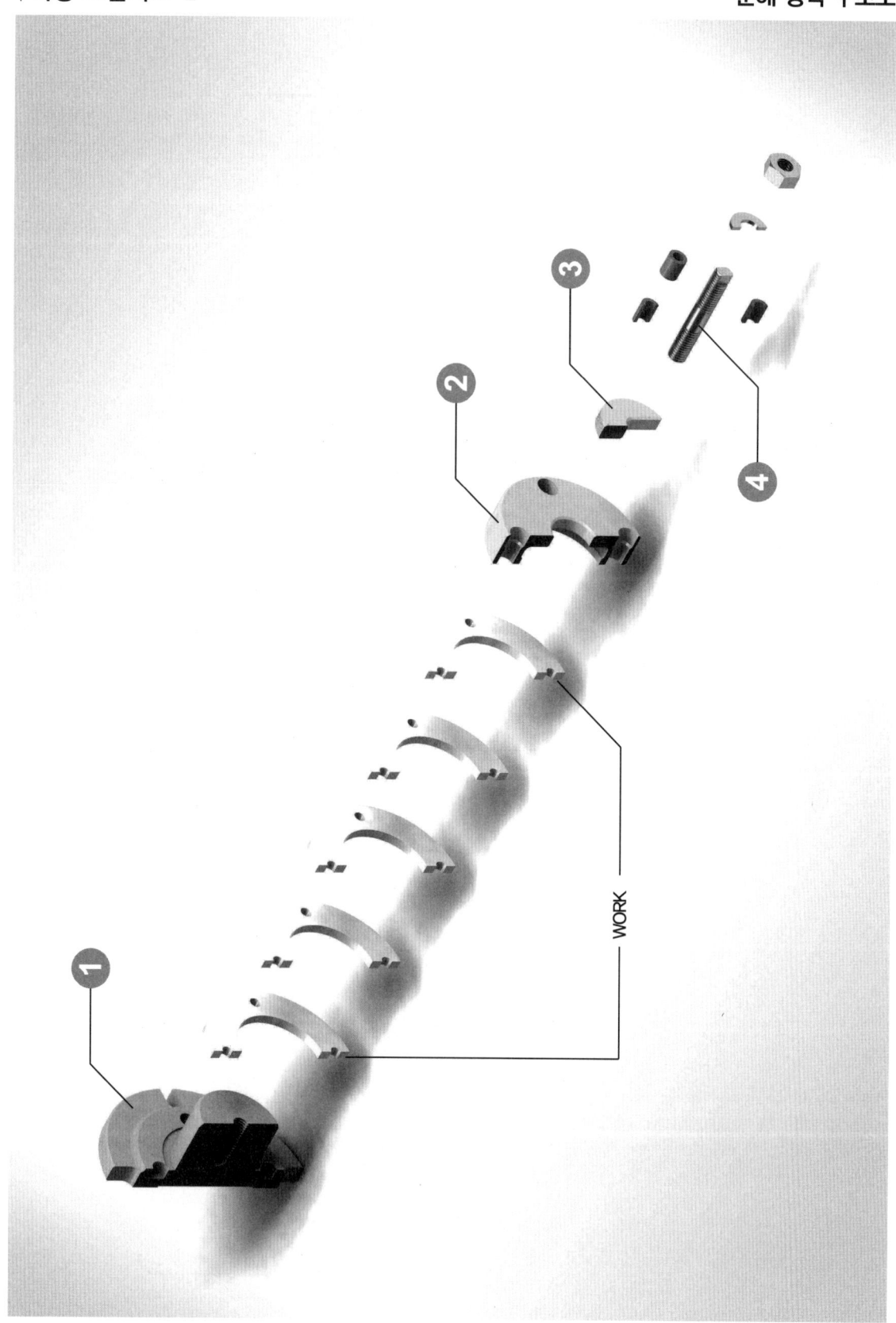

Lesson 16 에어척-1

과제도면

부품도(2D) : 1, 2, 3, 5, 6
등각 투상도(3D) : 1, 2, 3, 5, 6

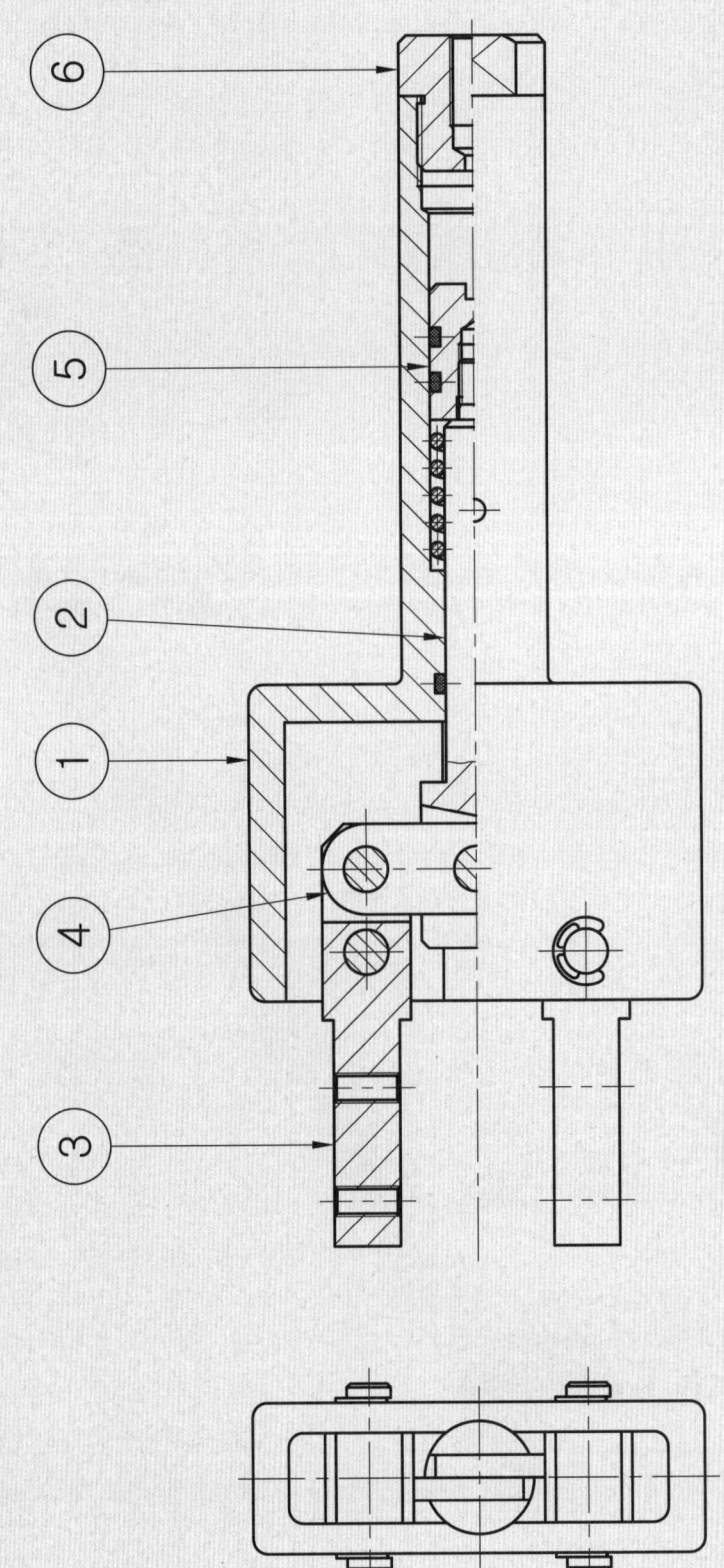

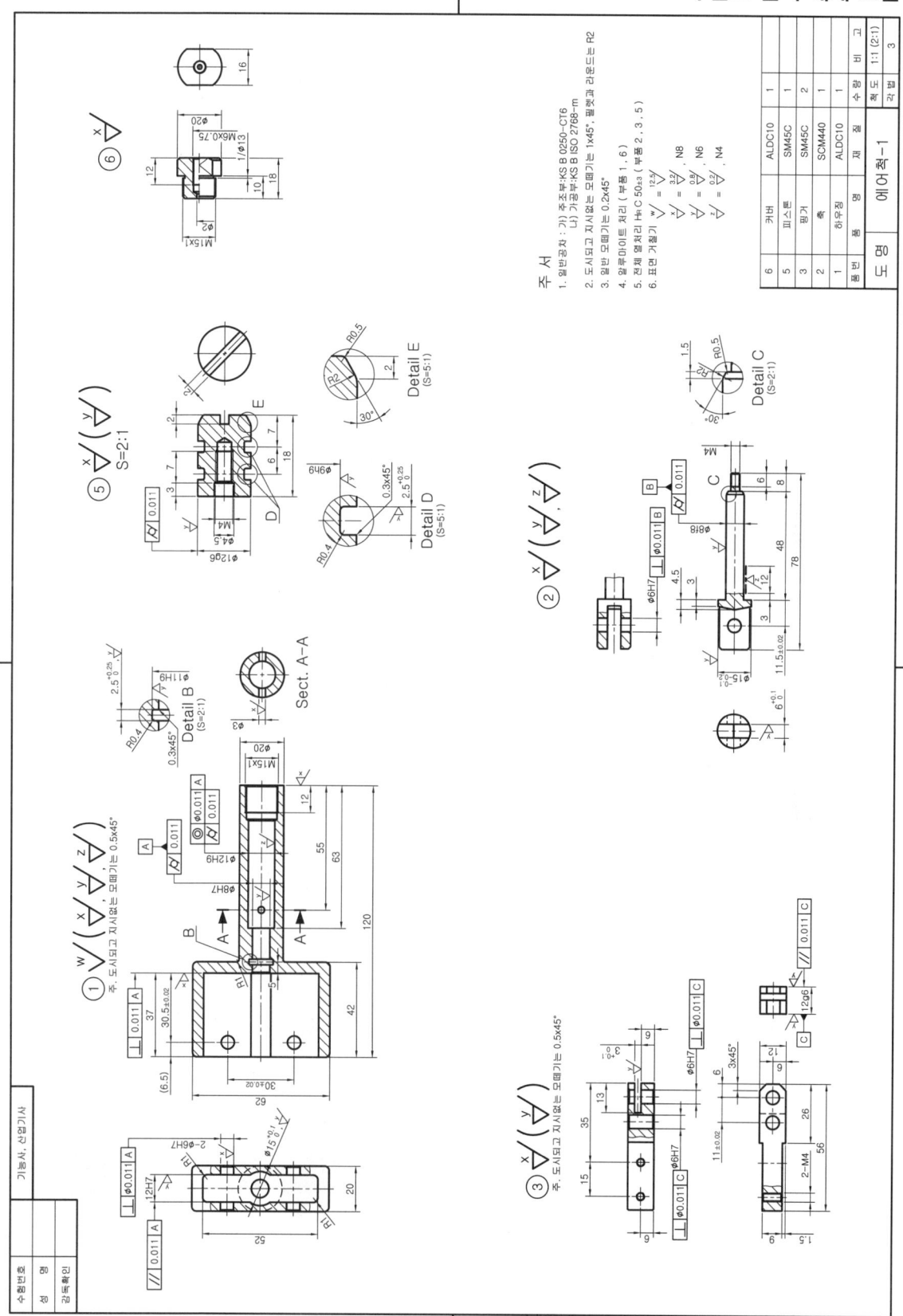

에어척-1

등각 분해도

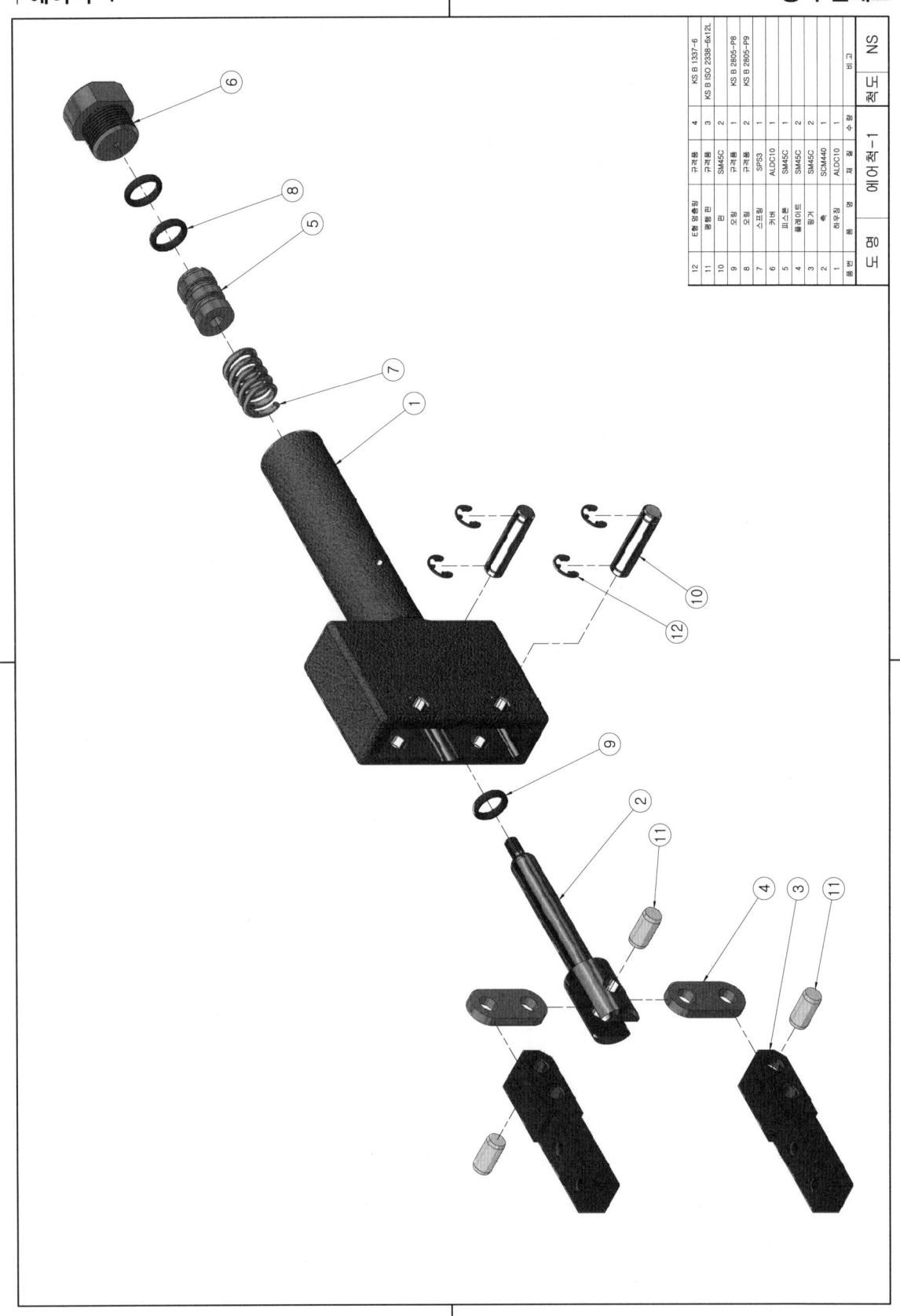

품번	품명	재질	수량	비고
12	E형 멈춤링	규격품	4	KS B 1337-6
11	평행 핀	규격품	3	KS B ISO 2338-6x12L
10	핀	SM45C	2	
9	O링	규격품	1	KS B 2805-P8
8	O링	규격품	2	KS B 2805-P9
7	스프링	SPS3	1	
6	커버	ALDC10	1	
5	피스톤	SM45C	1	
4	플레이트	SM45C	2	
3	핑거	SM45C	2	
2	축	SCM440	1	
1	하우징	ALDC10	1	
품번	품명	재질	수량	비고
도명	에어척-1	척도	NS	

| 에어척-1 | 등각 조립도

| 도명 | 에어척-1 | 척도 | NS |

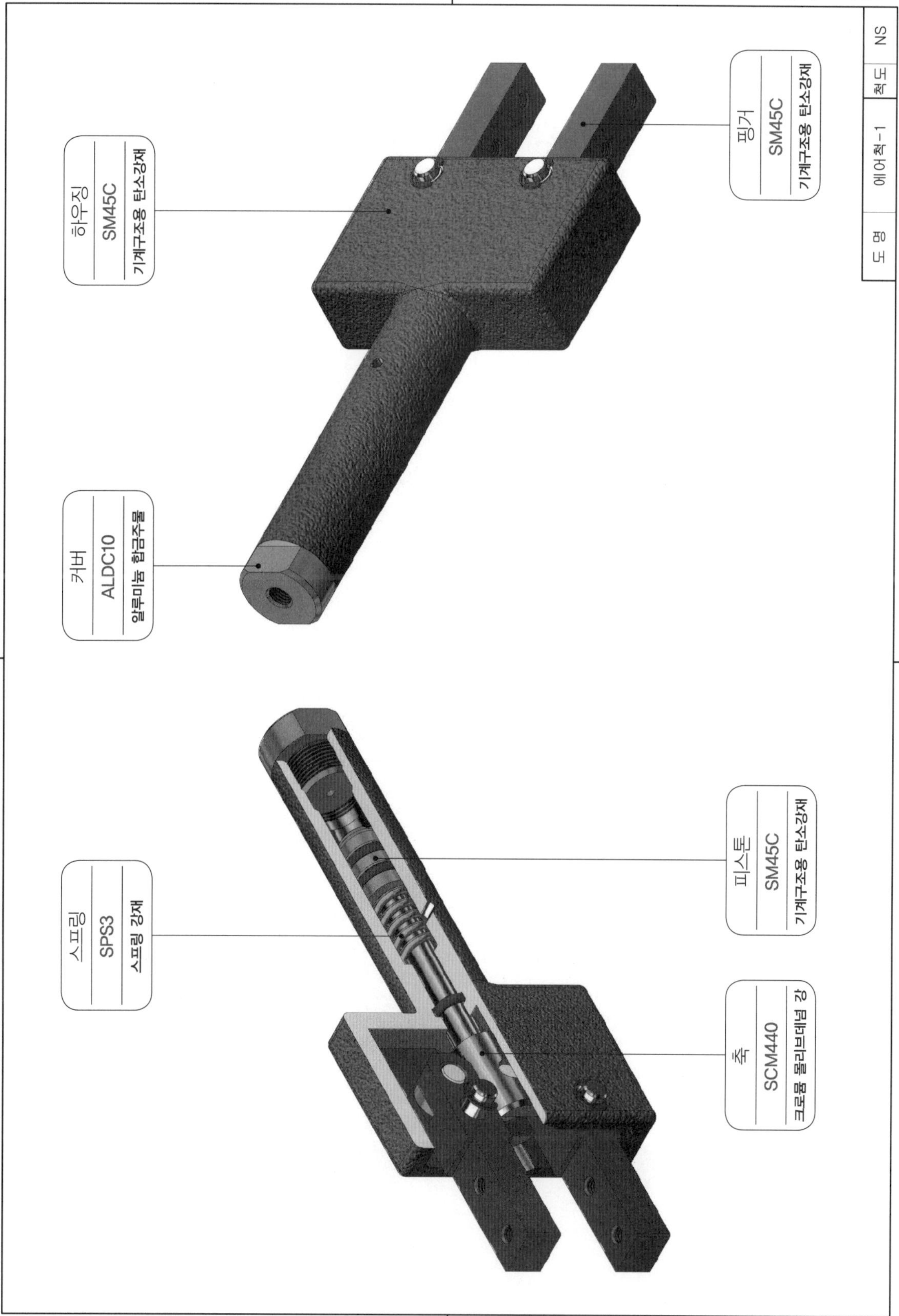

하우징 / SM45C / 기계구조용 탄소강재

핑거 / SM45C / 기계구조용 탄소강재

커버 / ALDC10 / 알루미늄 합금주물

스프링 / SPS3 / 스프링 강재

피스톤 / SM45C / 기계구조용 탄소강재

축 / SCM440 / 크로뮴 몰리브데넘 강

Lesson 17 에어척-2

과제도면

품번(2D) : 1, 2, 3, 5
품번(3D) : 1, 2, 3, 4, 5
등각투상도

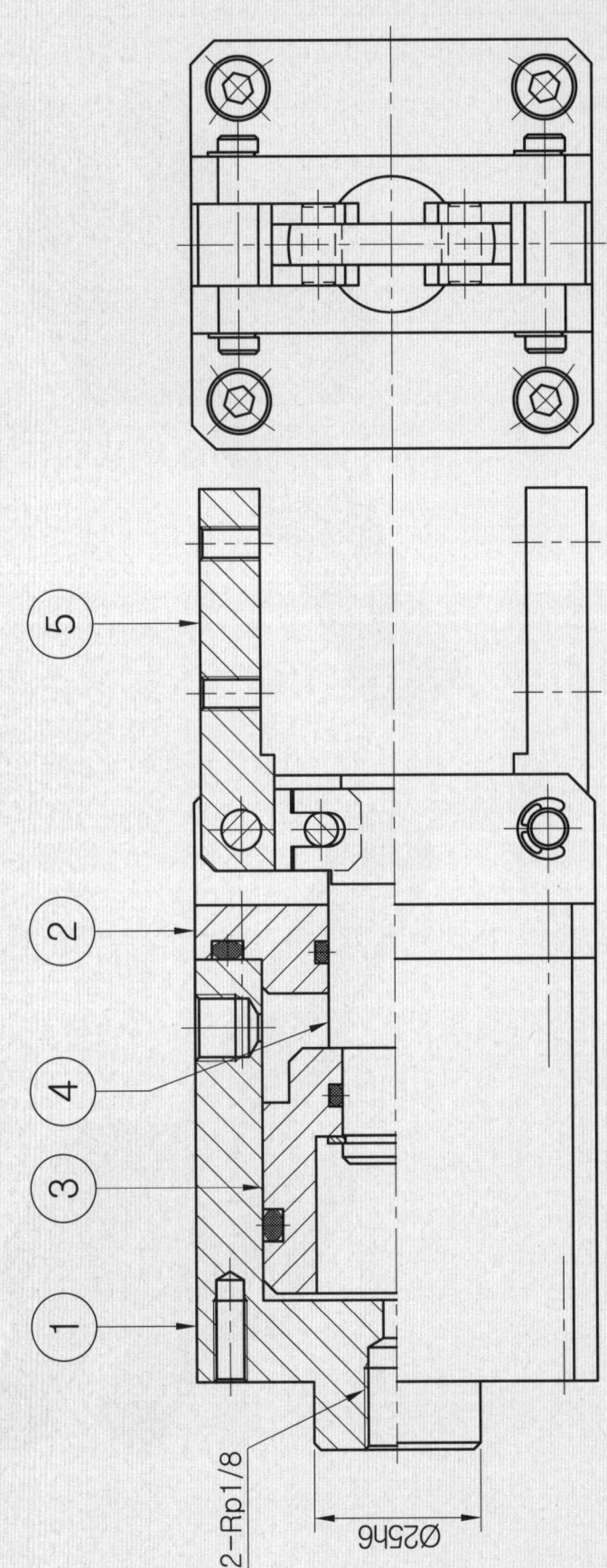

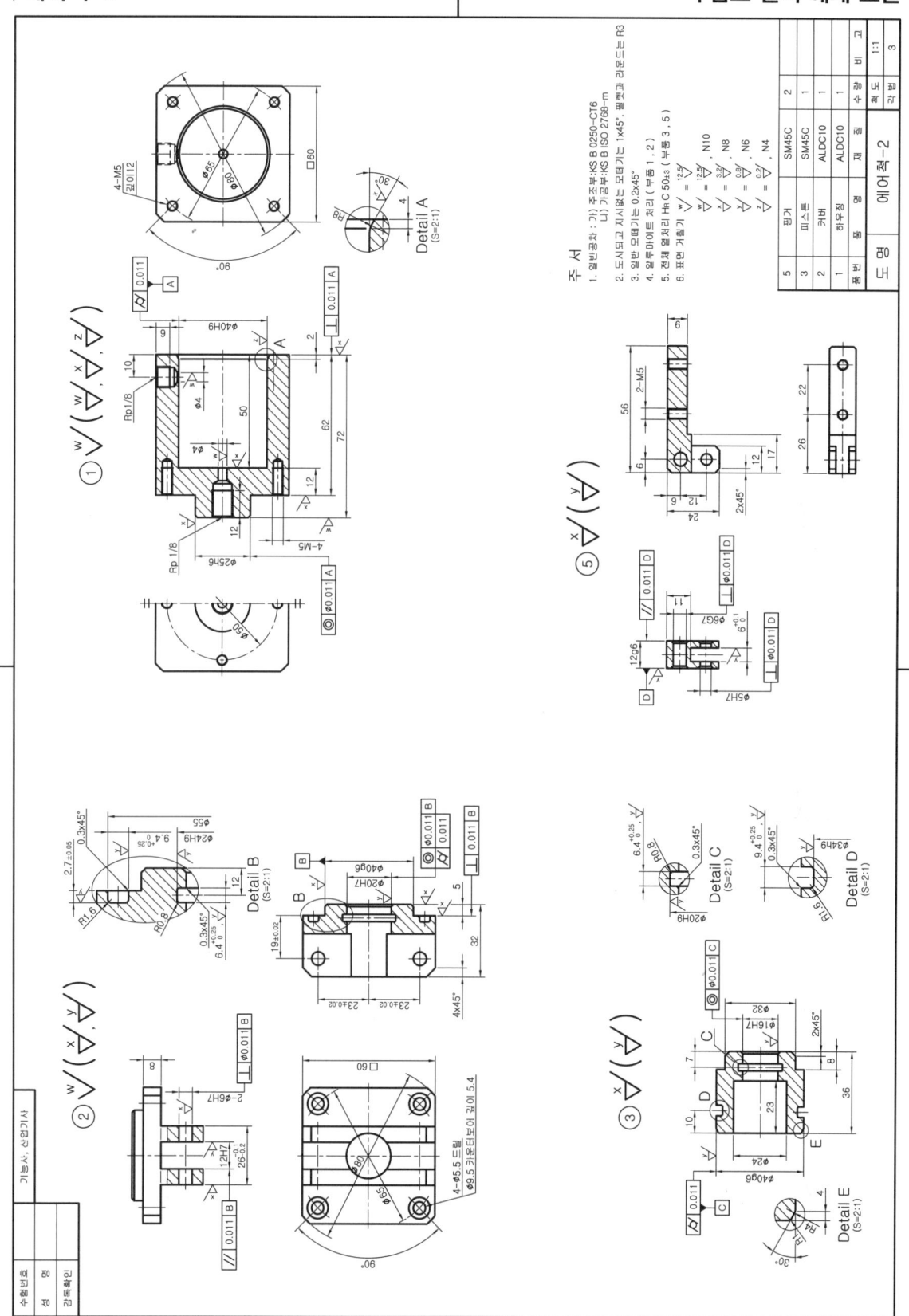

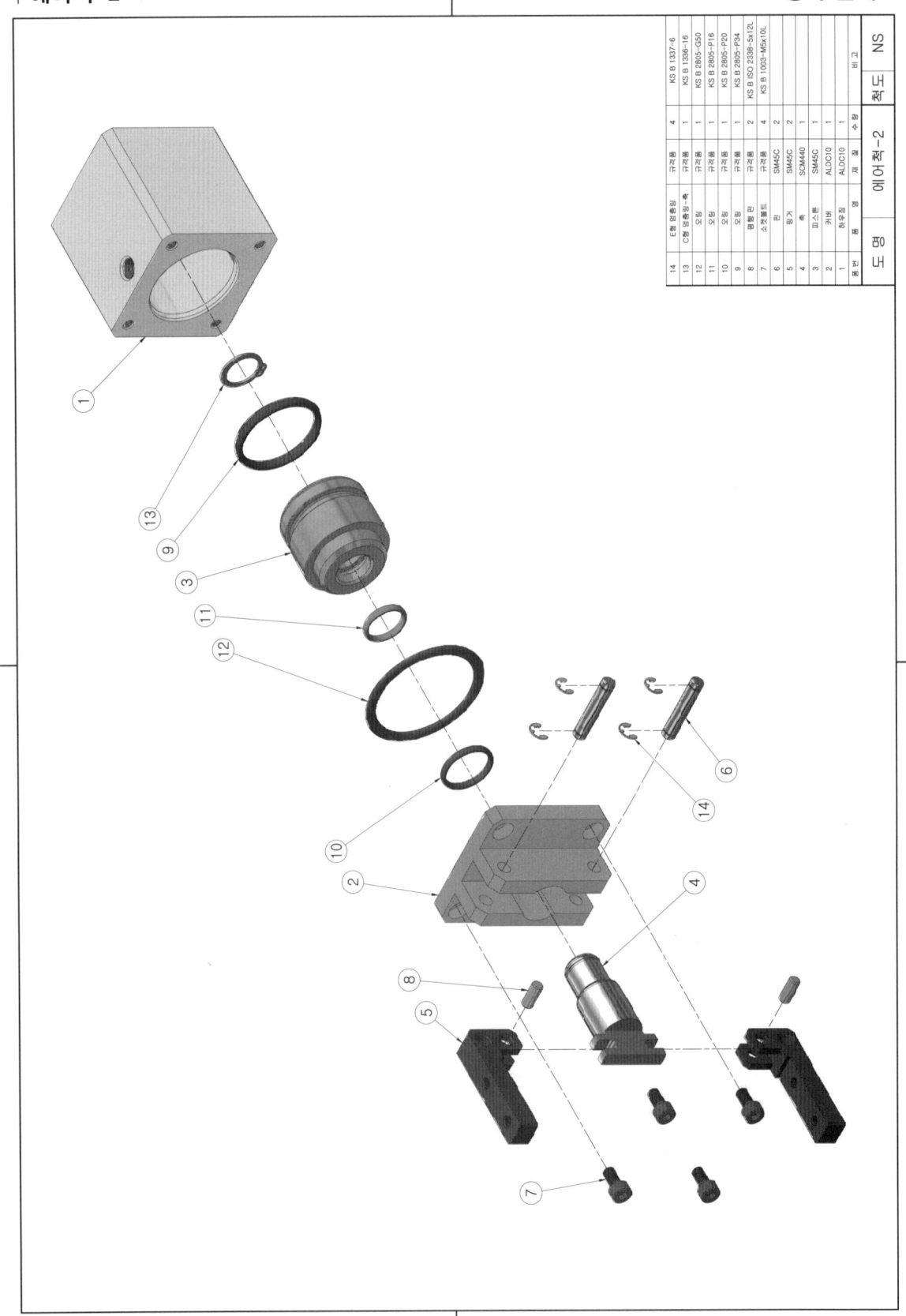

에어척-2 등각 조립도

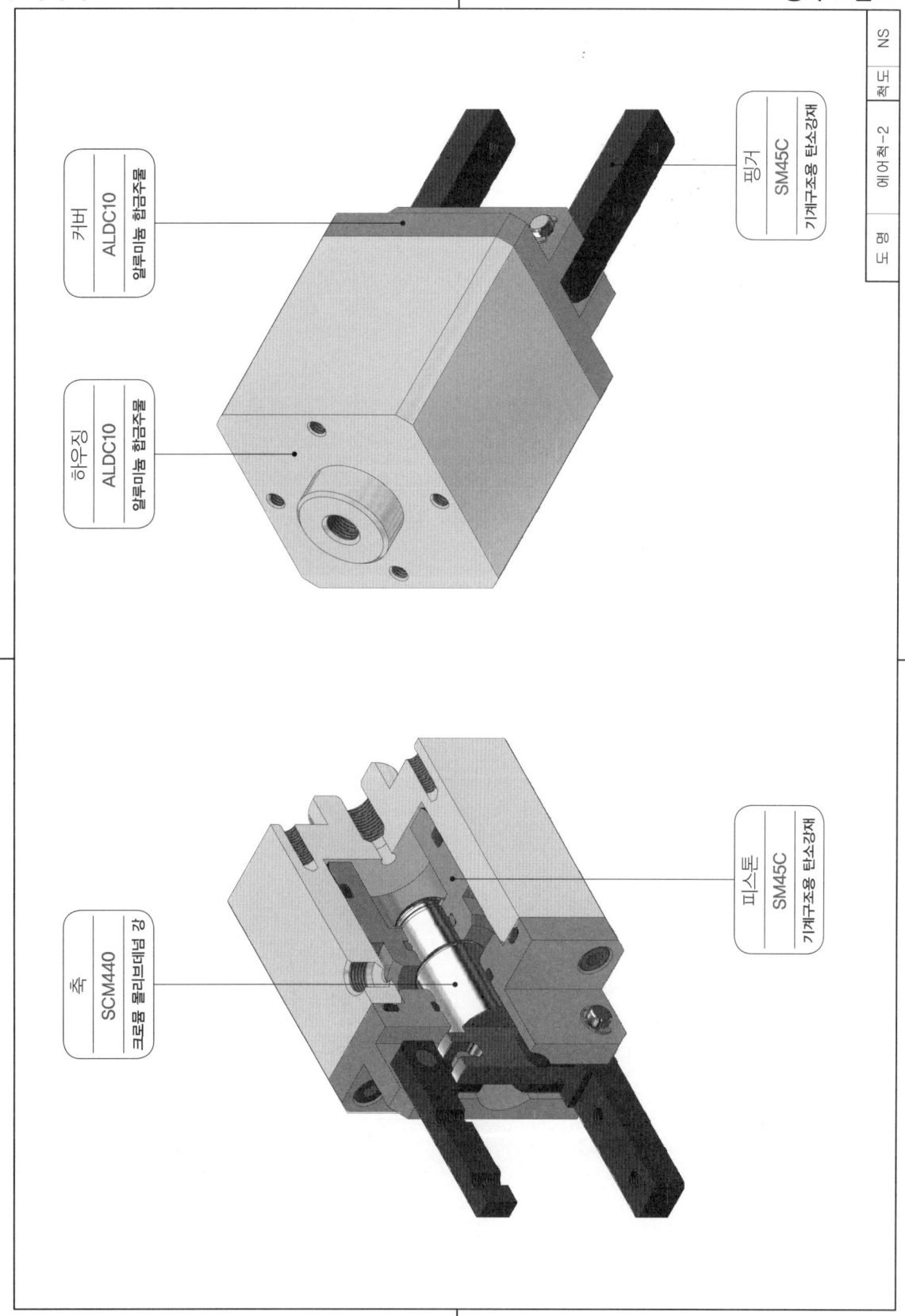

Lesson 18 에어척-3

과제도면

부품도(2D) : 1, 2, 4, 5
등각 투상도(3D) : 1, 2, 3, 4, 5

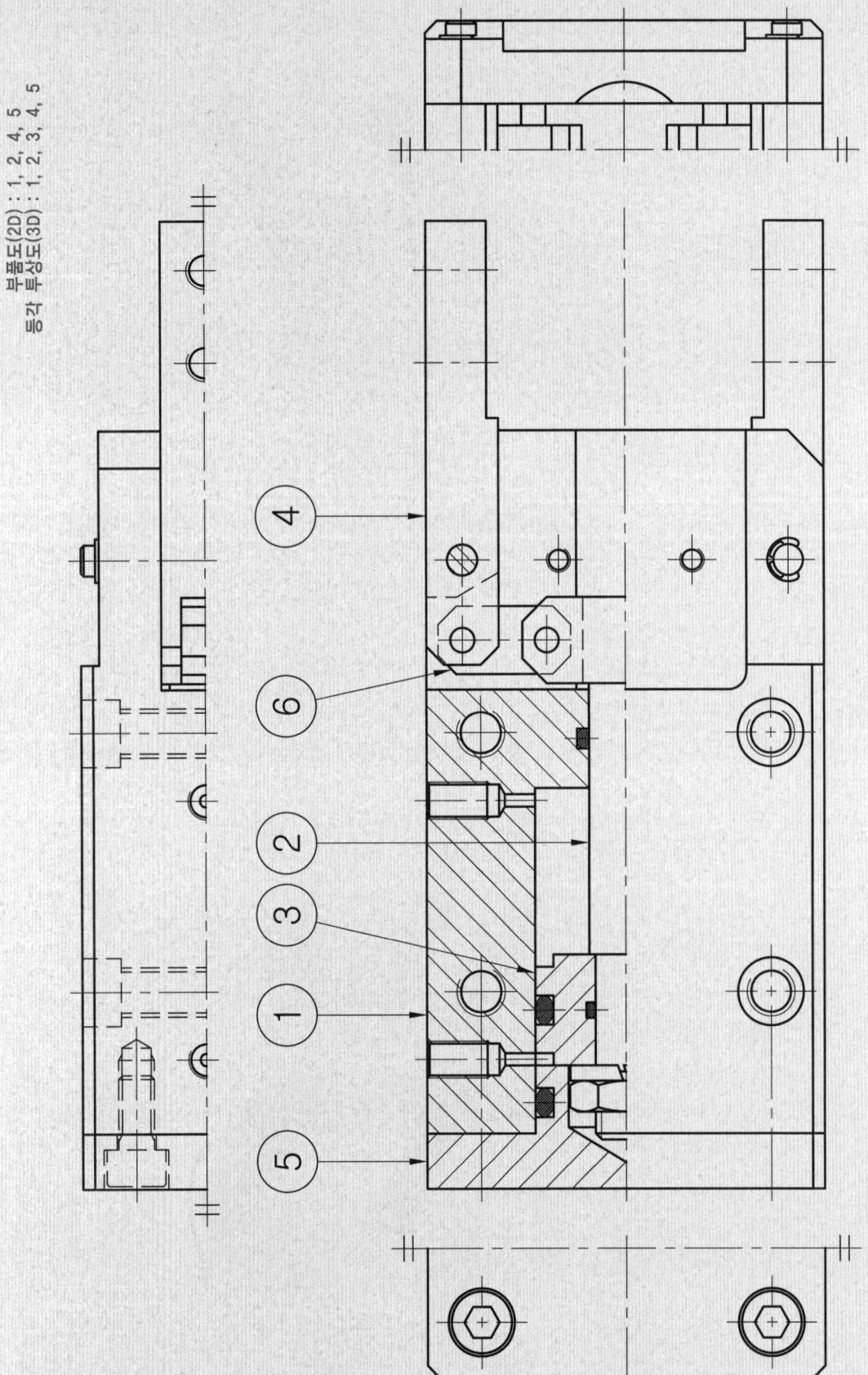

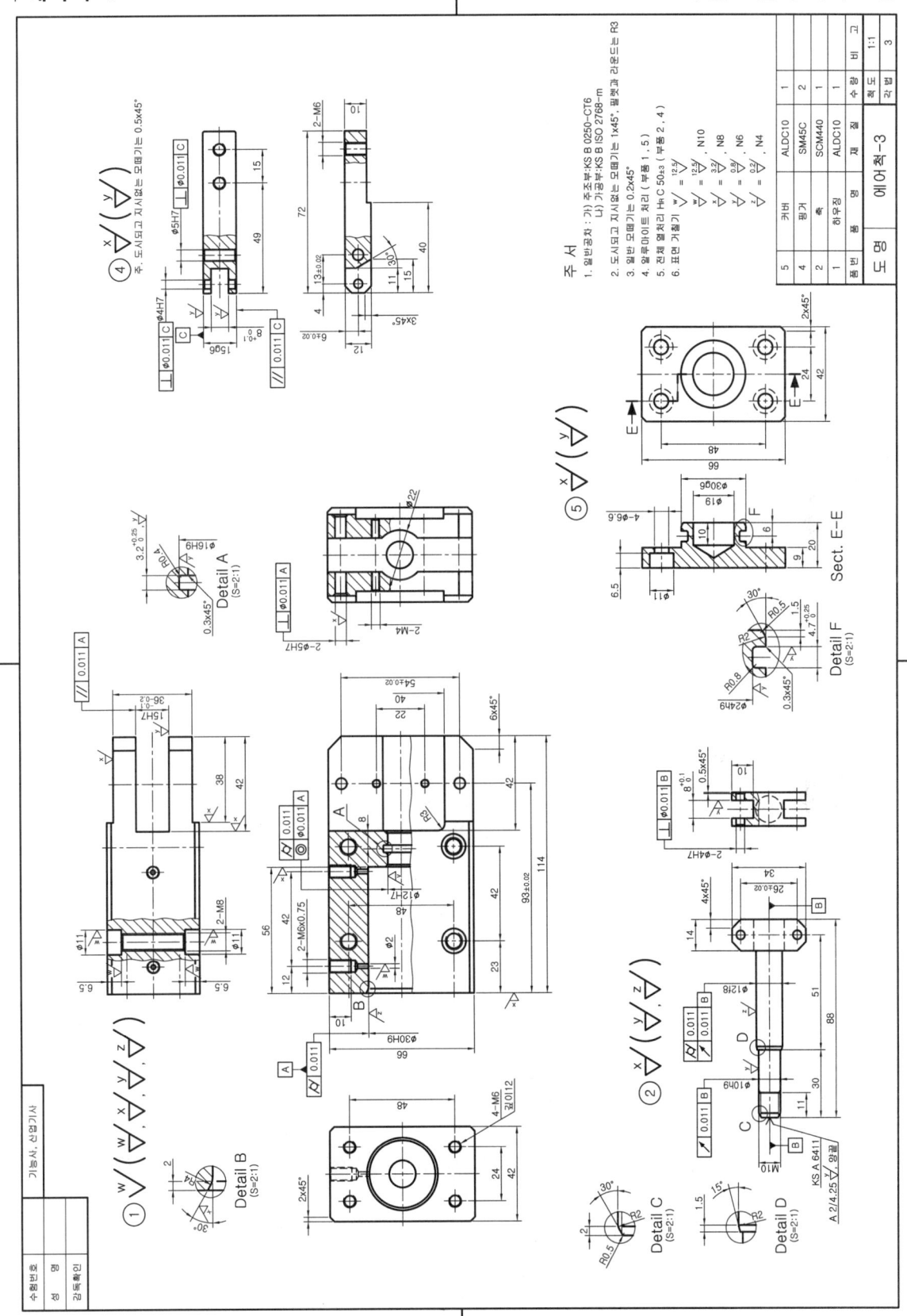

| 에어척-3 | 등각 분해도

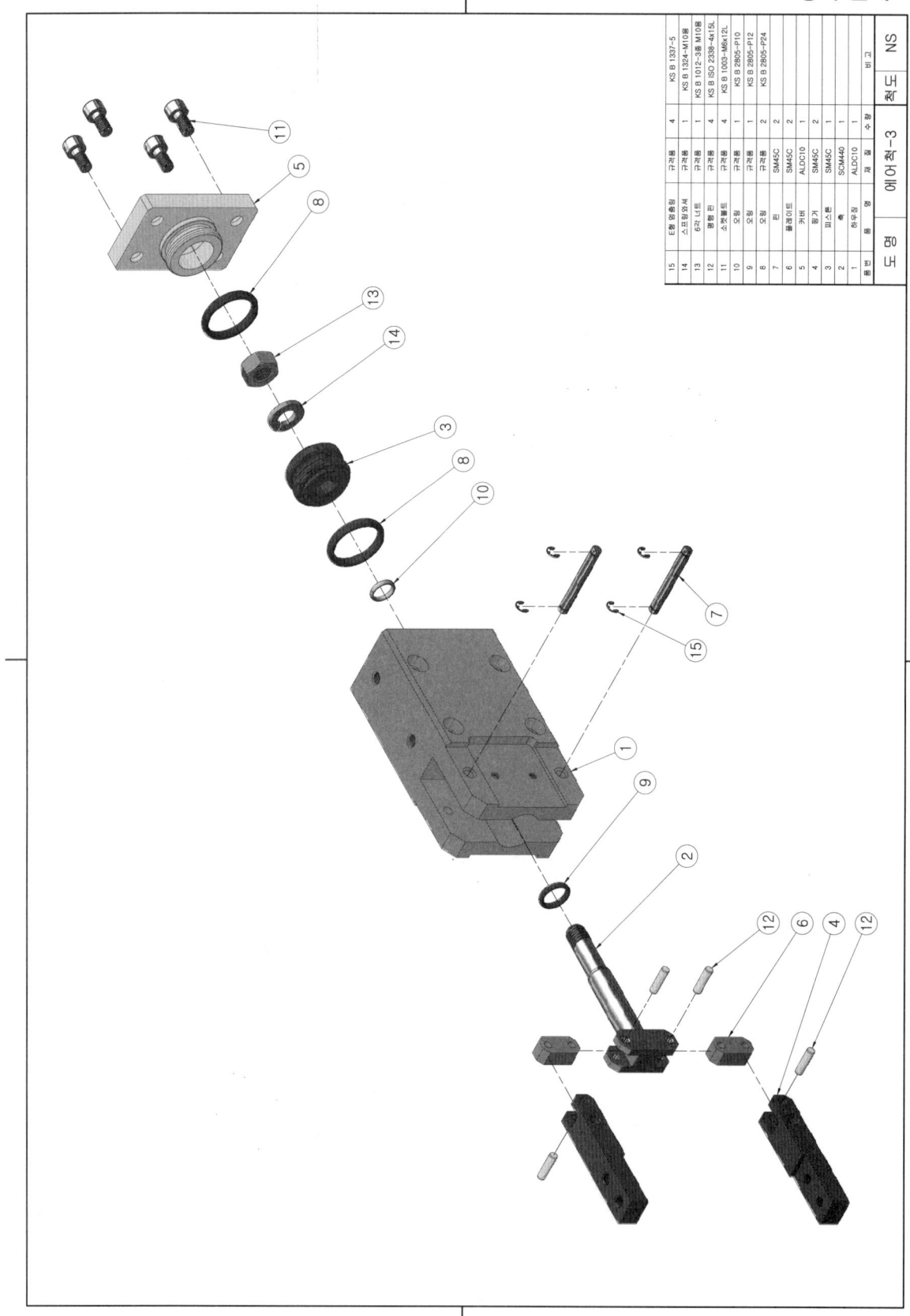

에어척-3 등각 조립도

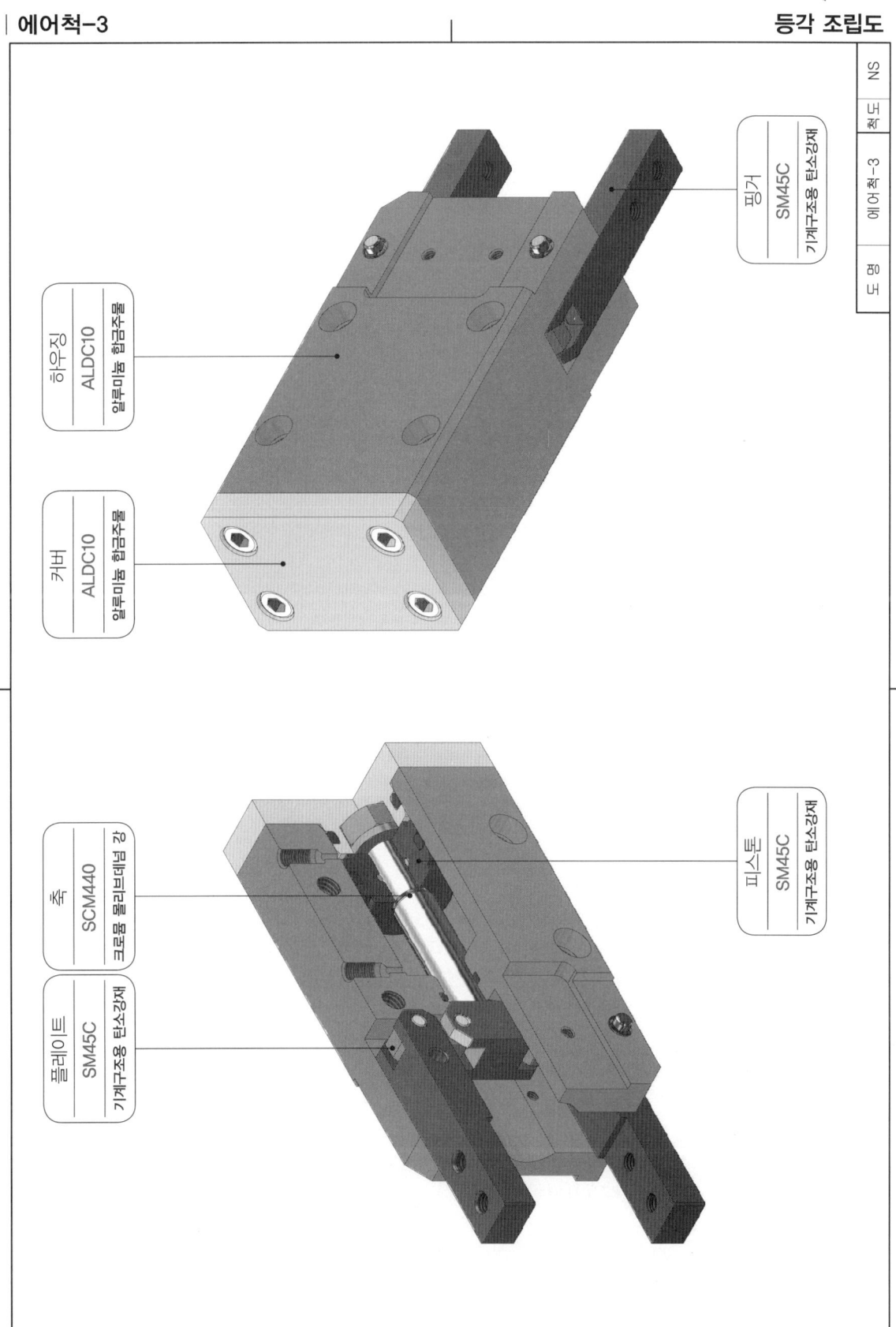

■ 지그와 고정구의 부품별 재료기호 및 열처리 선정 범례

부품의 명칭	재료의 기호	재료의 종류	특징	열처리, 도장
지그 베이스 (JIG Base)	SCM415	크롬 몰리브덴강	기계 가공용	
	SM45C	기계구조용강		
하우징, 몸체 (Housing, Body)	SC480	주강	중대형 지그 바디 주물용 본체 및 몸체	
	GC	주철		
위치결정 핀 (Locating Pin)	STS3	합금공구강	주로 냉간 금형용 STD는 열간 금형용	H$_R$C60~63 경질 크롬 도금, 버핑연마 경질 크롬 도금 + 버핑 연마
지그 부시 (Jig Bush)	SCM415	크롬 몰리브덴강	구기호 : SCM21	드릴, 엔드밀 등 공구 안내용 전체 열처리 H$_R$C65±2
	STC105	탄소공구강	구기호 : STC3	
	STS3 / STS21	탄소공구강	STS3 : 주로 냉간 금형용 STS21 : 주로 절삭 공구강용	
플레이트 (Plate)	SM45C	기계구조용 탄소강		
스프링 (Spring)	SPS3	실리콘 망간강재	겹판, 코일, 비틀림막대 스프링	
	SPS6	크롬 바나듐강재	코일, 비틀림막대 스프링	
	SPS8	실리콘 크롬강재	코일 스프링	
	PW1	피아노선	스프링용	
가이드블록 (Guide Block)	SCM430	크롬 몰리브덴강		
베어링부시 (Bearing Bush)	CAC502A	인청동주물	구기호 : PBC2	
	WM3	화이트 메탈		
브이블록 (V-Block)	STC105	탄소공구강	지그 고정구용, 브이블록, 클램핑 죠	H$_R$C 58~62 H$_R$C 40~50
클램프죠 (Clamping Jaw)	SM45C	기계구조용 탄소강		
로케이터 (Locator)	SCM430	크롬 몰리브덴강	위치결정구, 로케이팅 핀	H$_R$C50±2
메저링핀 (Measuring Pin)			측정 핀	H$_R$C50±2
슬라이더 (Slider)			정밀 슬라이더	H$_R$C50±2
고정다이 (Fixed Die)			고정대	
힌지핀 (Hinge Pin)	SM45C	기계구조용 탄소강		H$_R$C40~45
C와셔 (C-Washer)	SS400	일반구조용 압연강재	인장강도 41~50 kg/mm²	인장강도 400~510 N/mm²
지그용 고리모양 와셔	SS400	일반구조용 압연강재	인장강도 41~50 kg/mm²	인장강도 400~510 N/mm²
지그용 구면 와셔	STC105	탄소공구강	구기호 : STC7	H$_R$C 30~40
지그용 육각볼트, 너트	SM45C	기계구조용 탄소강		
핸들(Handle)	SM35C	기계구조용 탄소강	큰 힘 필요시 SF40 적용	
클램프(Clamp)	SM45C			마모부 H$_R$C 40~50
캠(Cam)	SM45C SM15CK		SM15CK는 침탄열처리용	마모부 H$_R$C 40~50
텅(Tonge)	STC105	탄소공구강	T홈에 공구 위치결정시 사용	
쐐기 (Wedge)	STC85 SM45C	탄소공구강 기계구조용 탄소강	구기호 : STC5	열처리해서 사용
필러 게이지	STC85 SM45C	탄소공구강 기계구조용 탄소강	구기호 : STC5	H$_R$C 58~62
세트 블록 (Set Block)	STC105	탄소공구강	두께 1.5~3mm	H$_R$C 58~62